高校土木工程专业规划教材

钢结构基本原理

崔 佳 主 编
龙莉萍 副主编

中国建筑工业出版社

图书在版编目(CIP)数据

钢结构基本原理/崔佳主编. —北京:中国建筑工业出版社,2008
高校土木工程专业规划教材
ISBN 978-7-112-10354-6

Ⅰ. 钢… Ⅱ. 崔… Ⅲ. 钢结构-高等学校-教材
Ⅳ. TU391

中国版本图书馆 CIP 数据核字(2008)第 142079 号

本书以高等学校土木工程专业指导委员会编制的《高等学校土木工程专业本科教育培养目标和培养方案及课程教学大纲》为依据,结合《钢结构设计规范》(GB 50017—2003)等新规范,系统介绍了钢结构的基本原理、基本知识、计算方法、结构特点及钢构件的稳定理论。

本书共分 7 章,主要内容包括:绪论、钢结构的材料、钢结构的破坏形式及计算方法、轴心受力构件、受弯构件、拉弯和压弯构件、钢结构的连接等。

本书可作为土木工程专业大学本科的教材,也可供从事建筑钢结构设计、施工等相关工程技术人员参考。

* * *

责任编辑:王 跃 吉万旺
责任设计:赵明霞
责任校对:孟 楠 王金珠

高校土木工程专业规划教材
钢结构基本原理
崔 佳 主编
龙莉萍 副主编

*

中国建筑工业出版社出版、发行(北京西郊百万庄)
各地新华书店、建筑书店经销
北京红光制版公司制版
廊坊市海涛印刷有限公司印刷

*

开本:787×1092 毫米 1/16 印张:13¾ 字数:330 千字
2008 年 12 月第一版 2017 年 1 月第八次印刷
定价:**23.00 元**
ISBN 978-7-112-10354-6
(17157)

版权所有 翻印必究
如有印装质量问题,可寄本社退换
(邮政编码 100037)

前　　言

按照高等学校土木工程专业指导委员会的意见，原土木工程专业钢结构课程已被拆分为《钢结构基本原理》和《建筑钢结构设计》两门课，为了适应培养方案的变化，在过去已有钢结构教材的基础上编写了本书。

《钢结构基本原理》是土木工程专业的主要专业基础课之一，是研究建筑钢结构基本工作性能的一门工程技术型课程。本课程是建筑工程专业方向的必修课，课程教学的目的是使学生系统地学习钢结构的基本原理、基本知识、计算方法、结构特点及钢构件的稳定理论。

本书主要依据高等学校土木工程专业指导委员会编制的《高等学校土木工程专业本科教育培养目标和培养方案及课程教学大纲》，同时结合作者多年从事钢结构教学工作的经验编写而成。

本书共分 7 章。第 1 章阐述了钢结构的特点、钢结构的应用及发展。第 2 章主要讲解钢结构对材料性能的要求，包括钢材的物理性能及加工性能；同时讨论了化学成分、冶金缺陷、温度以及应力集中等各种因素对钢材性能的影响；给出了钢结构用钢材的种类和常用钢材规格。第 3 章介绍了钢结构及其构件可能发生的强度破坏、丧失稳定、脆性断裂等破坏形式；着重讲解了用于钢结构设计的概率极限状态设计方法以及我国钢结构设计规范常用的设计表达式。第 4、5、6 章是对轴心受力构件、受弯构件、拉弯压弯构件等基本构件受力特点及计算方法的介绍，由于钢构件承载能力的极限状态通常由整体稳定和局部稳定控制，故在这 3 章里，均穿插介绍了一些基本的结构稳定理论，如构件的弯曲失稳、扭转屈曲、弯扭屈曲、弹性薄板的屈曲以及屈曲后强度等，以便学生能系统地掌握这方面的内容，加深对钢构件设计方法的理解。第 7 章介绍了焊缝、普通螺栓、高强度螺栓连接的工作性能及计算方法，将连接一章放在基本构件学习完成后，是为了帮助学生更容易理解和掌握。

本书既可作为土木工程专业大学本科的教材，也可供有关工程技术人员参考。

参加本书编写的有崔佳（第 1 章）、熊刚（第 2 章）、戴国欣（第 3 章）、周淑容（第 4 章）、陈永庆（第 5 章）、程睿（第 6 章）、聂诗东（第 7 章）、郭莹（附录）。全书由崔佳主编，龙莉萍副主编，负责本书大纲的制定、全书内容的统一、审校、修改和定稿。

对书中的一些疏漏和不当之处，还望读者批评指正。

目 录

1 绪论 ··· 1
  1.1 钢结构的特点 ·· 1
  1.2 钢结构的应用和发展 ·· 2
    1.2.1 钢结构的应用 ·· 2
    1.2.2 钢结构的发展 ·· 5

2 钢结构的材料 ··· 7
  2.1 钢结构对材料的要求 ·· 7
  2.2 钢材的主要性能 ··· 7
    2.2.1 钢材在单向均匀受拉时的工作性能 ····························· 7
    2.2.2 钢材在复杂应力作用下的工作性能 ····························· 9
    2.2.3 钢材在单轴反复应力作用下的工作性能 ····················· 10
    2.2.4 钢材的冷弯性能 ·· 10
    2.2.5 钢材的冲击韧性 ·· 11
  2.3 各种因素对钢材主要性能的影响 ··································· 12
    2.3.1 化学成分 ·· 12
    2.3.2 冶金缺陷 ·· 12
    2.3.3 钢材硬化 ·· 13
    2.3.4 温度影响 ·· 13
    2.3.5 应力集中 ·· 14
  2.4 钢结构用钢材的种类和钢材规格 ··································· 14
    2.4.1 钢材的种类 ··· 14
    2.4.2 钢材的选择 ··· 16
    2.4.3 钢材的规格 ··· 17

3 钢结构的破坏形式及计算方法 ·· 19
  3.1 钢结构的可能破坏形式 ··· 19
    3.1.1 强度破坏及塑性重分布 ·· 19
    3.1.2 整体失稳破坏 ··· 19
    3.1.3 板件局部失稳破坏 ·· 19
    3.1.4 疲劳破坏及损伤累积 ··· 20
    3.1.5 脆性断裂破坏 ··· 20
    3.1.6 刚度不足 ·· 20
  3.2 钢结构的计算方法 ··· 20
    3.2.1 极限状态 ·· 20
    3.2.2 概率极限状态设计方法 ·· 21
    3.2.3 设计表达式 ··· 24

4 轴心受力构件 ·· 27

- 4.1 轴心受力构件的强度和刚度 ································· 28
  - 4.1.1 强度计算 ··· 28
  - 4.1.2 刚度计算 ··· 29
  - 4.1.3 轴心拉杆的计算 ·· 30
- 4.2 轴心受压构件的整体稳定 ·· 31
  - 4.2.1 理想轴心受压构件的临界力 ··································· 31
  - 4.2.2 初始缺陷对轴心压杆件稳定承载力的影响 ·················· 36
  - 4.2.3 实际轴心受压构件的整体稳定承载力和多柱子曲线 ······· 43
- 4.3 格构式轴心受压构件的整体稳定 ······························ 52
  - 4.3.1 格构式轴心受压构件的组成及应用 ··························· 52
  - 4.3.2 格构式轴心受压构件的整体稳定性 ··························· 52
  - 4.3.3 格构式柱分肢的稳定性 ··· 55
  - 4.3.4 缀材及其连接的计算 ·· 55
- 4.4 轴心受压构件的局部稳定 ·· 60
  - 4.4.1 板件的局部稳定性 ··· 60
  - 4.4.2 轴心受压矩形薄板的临界力 ··································· 61
  - 4.4.3 轴心受压构件组成板件的容许宽厚比 ······················· 63
  - 4.4.4 腹板屈曲后强度的利用 ··· 64
- 习题 ··· 65

5 受弯构件 ··· 68
- 5.1 受弯构件的类型和应用 ·· 68
- 5.2 受弯构件的强度和刚度 ·· 70
  - 5.2.1 受弯构件的抗弯强度 ·· 70
  - 5.2.2 受弯构件的抗剪强度 ·· 73
  - 5.2.3 受弯构件的局部承压强度 ······································ 74
  - 5.2.4 受弯构件在复杂应力条件下的折算应力 ·················· 75
  - 5.2.5 受弯构件的刚度 ·· 76
- 5.3 受弯构件的扭转 ·· 76
  - 5.3.1 受弯构件的剪力中心 ·· 77
  - 5.3.2 自由扭转 ··· 78
  - 5.3.3 约束扭转 ··· 79
- 5.4 受弯构件的整体稳定 ··· 82
  - 5.4.1 受弯构件整体稳定的概念 ······································ 82
  - 5.4.2 双轴对称工字形截面简支梁在纯弯曲时的临界弯矩 ····· 83
  - 5.4.3 单轴对称工字形截面梁承受横向荷载作用时的临界弯矩 ··· 83
  - 5.4.4 影响受弯构件整体稳定性的主要因素 ······················ 84
  - 5.4.5 受弯构件整体稳定的计算方法 ································ 85
  - 5.4.6 提高受弯构件整体稳定性的措施 ····························· 87
  - 5.4.7 双向受弯构件的整体稳定计算 ································ 89
- 5.5 受弯构件截面组成板件的局部稳定 ··························· 91
  - 5.5.1 受压翼缘板的局部稳定 ··· 92
  - 5.5.2 腹板的局部稳定 ·· 92

    5.5.3　受弯构件腹板加劲肋的设计 ……………………………………… 96
    5.5.4　组合梁截面考虑屈曲后强度的设计 …………………………… 99
  习题 ………………………………………………………………………… 107

6　拉弯和压弯构件 …………………………………………………………… 109
6.1　概述 …………………………………………………………………… 109
6.2　拉弯和压弯构件的强度 ……………………………………………… 110
6.3　压弯构件的整体稳定 ………………………………………………… 111
    6.3.1　单向弯曲实腹式压弯构件的整体稳定 …………………………… 112
    6.3.2　双向弯曲实腹式压弯构件的整体稳定 …………………………… 118
    6.3.3　单向弯曲格构式压弯构件的整体稳定 …………………………… 118
    6.3.4　双向弯曲格构式压弯构件的整体稳定 …………………………… 119
6.4　压弯构件的局部稳定 ………………………………………………… 124
  习题 ………………………………………………………………………… 127

7　钢结构的连接 …………………………………………………………… 128
7.1　焊缝连接的基本知识 ………………………………………………… 128
    7.1.1　焊缝连接的特点 ………………………………………………… 128
    7.1.2　焊缝连接的形式 ………………………………………………… 128
    7.1.3　焊缝符号表示 …………………………………………………… 130
    7.1.4　焊缝施焊的位置 ………………………………………………… 131
    7.1.5　焊缝施焊的方法 ………………………………………………… 131
    7.1.6　焊缝缺陷及检验 ………………………………………………… 132
7.2　角焊缝连接的设计 …………………………………………………… 133
    7.2.1　角焊缝的工作性能 ……………………………………………… 133
    7.2.2　直角角焊缝强度计算的基本公式 ………………………………… 134
    7.2.3　斜角角焊缝的计算 ……………………………………………… 136
    7.2.4　角焊缝的等级要求 ……………………………………………… 136
    7.2.5　角焊缝的构造要求 ……………………………………………… 136
    7.2.6　直角角焊缝连接计算的应用举例 ………………………………… 138
7.3　对接焊缝连接的设计 ………………………………………………… 146
    7.3.1　焊透的对接焊缝连接设计 ……………………………………… 146
    7.3.2　焊透的对接焊缝连接应用举例 …………………………………… 147
    7.3.3　部分焊透的对接焊缝连接设计 …………………………………… 150
7.4　焊接应力和焊接变形 ………………………………………………… 150
    7.4.1　焊接应力的分类 ………………………………………………… 150
    7.4.2　焊接应力的影响 ………………………………………………… 152
    7.4.3　焊接变形的形式 ………………………………………………… 153
    7.4.4　减少焊接应力和焊接变形的方法 ………………………………… 153
7.5　螺栓连接的基本知识 ………………………………………………… 155
    7.5.1　螺栓连接的形式及特点 ………………………………………… 155
    7.5.2　螺栓的排列要求 ………………………………………………… 156
    7.5.3　螺栓连接的构造要求 …………………………………………… 158

  7.5.4 螺栓的符号表示 ……………………………………………………………… 158
 7.6 普通螺栓连接的设计 …………………………………………………………… 158
  7.6.1 螺栓抗剪的工作性能 …………………………………………………… 158
  7.6.2 普通螺栓的抗剪连接 …………………………………………………… 159
  7.6.3 普通螺栓的抗拉连接 …………………………………………………… 161
  7.6.4 普通螺栓受拉剪共同作用 ……………………………………………… 162
  7.6.5 普通螺栓连接计算的应用举例 ………………………………………… 162
 7.7 高强度螺栓连接的设计 ………………………………………………………… 169
  7.7.1 高强度螺栓的预拉力及抗滑移系数 …………………………………… 169
  7.7.2 高强度螺栓的抗剪连接 ………………………………………………… 170
  7.7.3 高强度螺栓的抗拉连接 ………………………………………………… 171
  7.7.4 高强度螺栓受拉剪共同作用 …………………………………………… 172
  7.7.5 单个螺栓承载力设计值公式汇总 ……………………………………… 173
  7.7.6 高强度螺栓连接计算的应用举例 ……………………………………… 174
 习题 ……………………………………………………………………………………… 177
附录 ………………………………………………………………………………………… 180
附录1 钢材和连接的强度设计值 ……………………………………………………… 180
附录2 轴心受压构件的稳定系数 ……………………………………………………… 181
附录3 受弯构件的容许挠度 …………………………………………………………… 184
附录4 梁的整体稳定系数 ……………………………………………………………… 185
附录5 各种截面回转半径的近似值 …………………………………………………… 189
附录6 型钢表 …………………………………………………………………………… 190
附录7 螺栓规格 ………………………………………………………………………… 209
参考文献 …………………………………………………………………………………… 210

1 绪 论

1.1 钢结构的特点

以钢板、热轧型钢、冷弯薄壁型钢等钢材为主要承重结构材料，通过焊接或螺栓连接组成的承重构件或承重结构称为钢结构。

与其他结构如钢筋混凝土结构、砌体结构、木结构等相比，钢结构有如下一些特点：

(1) 材料强度高、塑性韧性好

与混凝土、砖石、木材及铝合金材料等相比，钢材具有很高的强度，因此，特别适用于建造跨度大、高度高以及荷载重的结构。但由于强度高，一般所需要的构件截面小而壁薄，在受压时容易发生失稳破坏或受刚度控制，强度有时难以得到充分的利用。

钢材的塑性好，在承受静力荷载时，材料吸收变形能的能力强，因此，一般情况下结构不会由于偶然超载而突然断裂，只增大变形，故易于被发现。同时，塑性好还能将局部高峰应力重分配，使应力变化趋于平缓。

钢材的韧性反映了承受动力荷载时材料吸收能量的多少，韧性好，说明材料具有良好的动力工作性能，适宜在动力荷载下工作，因此在地震区采用钢结构较为有利。

(2) 钢结构的重量轻

钢材的密度比混凝土大，但由于强度高，做成的结构却比较轻。结构的轻质性可以用材料的质量密度 ρ 和强度 f 的比值 α 来衡量，α 值越小，结构相对越轻。钢材的 α 值约在 $(1.7\sim3.7)\times10^{-4}/m$；木材为 $5.4\times10^{-4}/m$；钢筋混凝土约为 $18\times10^{-4}/m$。在跨度及承载力相同的条件下，钢屋架的重量仅是钢筋混凝土屋架的 $1/4\sim1/3$，冷弯薄壁型钢屋架甚至接近 $1/10$。

(3) 材质均匀、与力学计算的假定比较符合

钢结构的材料采用单一的钢材，由于冶炼和轧制过程的科学控制，钢材的组织比较均匀，其材质接近于匀质和各向同性体。而钢材的力学性能接近于理想的弹性－塑性体，其弹性模量和韧性模量均较大，因此，钢结构实际受力情况和工程力学计算结果比较符合，在设计中采用的经验公式不多，计算上的不确定性较小，计算结果比较可靠。

(4) 工业化程度高、施工周期短

钢结构所有材料皆已轧制成各种型材，加工简易而迅速。钢结构构件一般在专业加工厂制作，然后再运至现场安装，因此准确度和精确度较高，质量也易于控制。由于钢构件较轻，连接简单，运输安装方便，且施工采用机械化，可以大大缩短现场的施工周期。小量钢结构和轻型钢结构还可在现场制作，简易吊装。

同时，采用螺栓连接的钢结构，在结构加固、改建和可拆卸结构中，也具有其他结构不可替代的优势。

(5) 钢结构的密闭性好

钢结构钢材及焊接连接的水密性和气密性较好，不易渗漏，适用于制作各种压力容器、油罐、气柜、管道等水密性、气密性要求较高的结构。

(6) 钢结构耐腐蚀性差

钢材容易锈蚀，在使用期间必须注意防护，特别是薄壁构件更应注意，如定期除锈和涂刷油漆，以提高其耐久性。这也造成了钢结构的维护费用较高，因此，处于强腐蚀性介质内的建筑物不宜采用钢结构。

钢结构的防腐蚀措施一般采用涂刷防锈油漆或镀锌、镀铝锌等方法。钢结构在涂刷油漆前应彻底除锈，油漆质量和涂层厚度均应符合要求。

(7) 钢结构耐热但不耐火

钢材受热，当温度在200℃以下时，其主要力学性能（屈服点和弹性模量）无太大变化。但温度超过200℃后，不仅强度总趋势呈逐渐下降，还有蓝脆和徐变现象。温度达到600℃左右时，钢材进入塑性状态，强度降为零，已不能继续承载。因此，《钢结构设计规范》规定构件表面温度超过150℃以后必须进行隔热防护，对有防火要求的结构，还必须具备防火保护等措施。

(8) 钢材的脆断

钢结构在低温工作环境下和其他条件下可能发生脆性断裂，设计中应特别注意。

1.2 钢结构的应用和发展

1.2.1 钢结构的应用

钢结构的合理应用范围不仅取决于材料及结构本身的特性，还与国家经济发展水平紧密相连。新中国成立初期，我国钢产量只有十几万吨，远不能满足国民经济各部门的需求，因而钢结构的应用受到一定的限制。近几年来我国钢产量有了很大发展，到2007年，中国以4.89亿t的年生产量，再次成为全球第一大粗钢生产国，钢结构在建筑、桥梁上的应用也逐年上升。

就工业与民用建筑领域而言，钢结构的应用范围大致如下：

(1) 多层和高层建筑

我国过去钢材比较短缺，多层和高层建筑的骨架大多采用钢筋混凝土结构。近年来，钢结构在此领域已逐步得到发展，特别是在高层建筑领域。因为钢材的抗拉、抗压、抗剪强度高，因而钢结构构件结构断面小、自重轻。采用钢结构承重骨架，可比钢筋混凝土结构减轻自重约1/3以上。结构自重轻，可以减少运输和吊装费用，基础的负载也相应减少，在地质条件较差地区，可以降低基础造价。此外，钢结构自重轻也可显著减少地震作用，一般情况下，地震作用可减少40%左右。钢材良好的弹塑性性能，还可使承重骨架及节点等在地震作用下具有良好的延性。

我国现代高层建筑钢结构自20世纪80年代中期起步，第一幢高层建筑钢结构为43层、165m高的深圳发展中心大厦。此后，在北京、上海、深圳、大连等地又陆续有高层建筑钢结构建成。较具代表性的如81层、325m高的深圳地王大厦（图1-1），60层、208m高的北京京广中心（图1-2）、北京中央电视台新大楼（图1-3）以及上海环球金融中心（图1-4）等。

图 1-1　深圳地王大厦

图 1-2　北京京广中心

图 1-3　中央电视台新楼

图 1-4　上海环球金融中心

（2）大跨度及大悬挑结构

公共建筑中的大会堂、影剧院、展览馆、体育馆、加盖体育场、航空港等由于建筑使用空间的要求，常常需要采用大跨度或大悬挑结构。大跨度及大悬挑结构主要是在自重荷载下工作，为了减轻结构自重，需要采用高强轻质材料，因此最适宜采用钢结构。

为 2008 年北京奥运会修建的各类体育场馆，如国家体育场"鸟巢"（图 1-5，跨度 290m×340m）、国家游泳中心"水立方"（图 1-6，最大跨度 125m）就是大跨度钢结构的代表。图 1-7 所示的可容纳 8 万人的天津奥林匹克中心体育场挑棚，则采用了大悬挑结构的形式。

（3）工业厂房

吊车起重量较大或工作较繁重的车间，如冶金厂房的平炉、转炉车间，混铁炉车间，初轧车间；重型机械厂的铸钢车间，水压机车间，锻压车间等，因为承受的荷载较大，抗疲劳强度的要求较高，多采用钢骨架。此外，设有较大锻锤的车间，其骨架直接承受的动力荷载尽管不大，但间接的振动却极为强烈，也多采用钢结构。

图 1-5　国家体育场"鸟巢"

图 1-6　国家游泳中心"水立方"

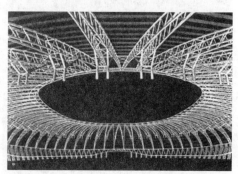

图 1-7　天津奥林匹克中心体育场

近年网架结构及轻型门式刚架结构的大量应用，在一般的工业厂房也越来越多地采用了钢结构。

（4）高耸结构

高耸结构要求具备较强的抗风及抗地震能力，同时，也希望有较轻的结构自重。高耸结构包括塔架和桅杆结构，如电视塔、微波塔、输电线塔、钻井塔、环境大气监测塔、无线电天线桅杆、广播发射桅杆等，高达450m的广州新电视塔观光塔（图1-8）就是其中的代表。高耸结构有时候也用于一些城市巨型雕塑及纪念性建筑，如美国纽约的自由女神像、法国巴黎的埃菲尔铁塔（图1-9）等。

（5）轻型结构

包括轻型门式刚架房屋钢结构（图1-10）、冷弯薄壁型钢结构以及钢管结构。这类结构主要用于使用荷载较轻或中等跨度的建筑，其特点是屋面及墙面均采用轻质维护材料，自重及竖向荷载较小，因而结构的用钢量很低，甚至低于钢筋混凝土结构中的钢筋用量。近年来轻型钢结构已广泛应用于仓库、办公室、工业厂房及体育设施，并向住宅楼和别墅方向发展。

（6）板壳结构

由于钢材良好的密闭性能，钢结构常用于制作各种板壳结构如油库、油罐、燃气库、高炉、热风炉、漏斗、烟囱、水塔以及各种管道等。

（7）可拆卸或移动的结构

采用螺栓连接的钢结构拆卸方便，可用于建筑工地的生产、生活附属用房，临时展览馆等。移动结构如塔式起重机、履带式起重机的吊臂、龙门起重机等也常用钢结构制作。

图1-8 广州新电视塔

图1-9 法国巴黎埃菲尔铁塔

图1-10 轻型门式刚架结构

（8）其他特种结构

如栈桥、管道支架、井架和海上采油平台等。

1.2.2 钢结构的发展

钢结构的发展始终伴随着科学的进步与技术的创新，主要体现在材料、连接形式、结构体系、设计计算方法及施工技术等领域。

从所用材料看，早期的金属结构主要是采用铸铁、锻铁，后来发展到以普通碳素钢和低合金钢作为承重结构材料，近年来又发展了铝合金，并逐步发展高强度低合金钢材。现行国家标准《钢结构设计规范》（GB 50007—2003），就是在推荐传统Q235钢、Q345钢和Q390钢的基础上，又增加推荐了Q420钢，钢的品种也有所增加。

从钢结构连接方式的发展看，在生铁和熟铁时代主要采用的是销钉连接，19世纪初发展到铆钉连接，20世纪初有了焊接连接，后期则发展了高强度螺栓连接。

从结构的形式看，早期钢结构主要用于桥梁和铁塔、储气库等。我国在公元前200多年秦始皇时代就曾用铁造桥墩。公元 60 年左右汉明帝时代建造了铁链悬桥（兰津桥）。山东济宁寺铁塔和江苏镇江甘露寺铁塔也是很古的建筑，1927 年建成沈阳皇姑屯机车厂钢结构厂房，1931 年建成广州中山纪念堂钢结构圆屋顶，1937 年建成钱塘江大铁桥。新中国成立后，钢结构应用日益扩大，如 1957 年建成武汉长江大桥，1968 年建成南京长江大桥。近 20 多年，我国过江及跨海大桥的建设更是突飞猛进，最具代表性的如杭州湾跨海大桥，它全长 36km，是世界上最长的跨海大桥；位于长江下游安徽省芜湖市的芜湖长江大桥，跨江主桥长 2193m，全长 10616m，是目前中国最长的公铁两用桥；还有号称世界第一拱桥的重庆朝天门大桥，大桥采用钢桁架拱的结构形式，主跨达 552m，比世界著名拱桥——澳大利亚悉尼大桥的主跨还要长。

钢结构后来逐步发展到工业及民用建筑、水工结构以及板壳结构如高炉、储液库等。在房屋建筑中，高层和大跨成为钢结构的主要发展方向。我国高层建筑钢结构自 20 世纪 80 年代末、90 年代初从北京、上海、深圳等地起步，陆续兴建了一批高层钢结构，如北京的国贸中心（高 155.2m）、京城大厦（高 182m）、京广中心大厦（高 208m）；上海的国贸中心大厦（高 139m）、深圳发展中心大厦（高 165m）、地王商业大厦（楼顶面高 325m，塔尖处高 384m）等，这些高层钢结构的建成表明了我国高层建筑发展的新趋势。超高层结构近年来得到很大发展和应用。

结构体系的革新也是今后钢结构研究的方向，如钢结构住宅项目的推广实施，以及在大跨度、空间结构、网壳结构、悬索结构、膜结构等方面的运用。

由于钢构件受压时的稳定问题比较突出，常不能发挥高强度钢材的作用，而混凝土结构具有良好的受压性能，采用钢和混凝土组合构件可以充分发挥两种材料的优势，近年来，组合梁、组合楼板、钢管混凝土以及型钢混凝土等组合结构体系在各类建筑中也得到了广泛应用。

我国现行《钢结构设计规范》（GB 50017—2003）与 1988 年规范（GBJ 17—88）比较，除在设计方法上又有所改进和提高外，还增加了一些新的内容，这些改进和新增内容也表明了钢结构今后的发展方向。

目前钢结构的设计方法采用考虑分布类型的二阶矩概率法计算结构可靠度，从而制订了以概率理论为基础的极限状态设计法（简称概率极限状态设计法）。这个方法的特点主要表现在不是用经验的安全系数，而是用根据各种不定性分析所得的失效概率（或可靠指标）去度量结构可靠性，并使所计算的结构构件的可靠度达到预期的一致性和可比性。但是这个方法还有待发展，因为它计算的可靠度还只是构件或某一截面的可靠度，而不是结构体系的可靠度，也不适用于疲劳计算的反复荷载或动力荷载作用下的结构。

近年来，优化理论在结构设计上得到成功应用，国内外钢结构设计软件也日趋成熟，计算机辅助设计及绘图等都得到很大发展。

最近几年，我国成品钢材朝着品种齐全、材料标准化方向发展。国产建筑钢结构用钢在数量、品种和质量上都有了较大改进，热轧 H 型钢、彩色钢板、冷弯型钢的年生产能力大大提高，为钢结构发展创造了重要条件。

我国近年来钢结构制造工业的机械化水平已有了较大提升，但在现场质量控制、吊装安装技术以及技术工人水平等方面还需要进一步提高。

2 钢结构的材料

2.1 钢结构对材料的要求

钢结构的原材料是钢，钢的种类繁多，性能差别也很大，适用于建筑结构的钢材只是其中的一小部分。建筑用钢材必须具有良好的力学性能及加工性能，即必须符合下列要求：

(1) 较高的抗拉强度 f_u 和屈服点 f_y

钢材的屈服强度 f_y 是衡量结构承载能力的指标，在相同条件下，较高的 f_y 可以使结构有较小的截面面积，以减轻结构自重、节约钢材和降低造价。而抗拉强度 f_u 是衡量钢材经过较大变形后的抗拉能力，它直接反映钢材内部组织的优劣，同时，作为一种安全储备，f_u 高可以增加结构的安全保障。

(2) 较高的塑性和韧性

钢材的塑性和韧性好，结构在静载和动载作用下有足够的应变能力，既可以减轻结构脆性破坏的倾向，又能通过较大的塑性变形调整局部峰值应力，同时，还具有较好的抵抗重复荷载作用的能力。

(3) 良好的工艺性能

工艺性能主要指钢材冷加工、热加工的性能和可焊性。良好的工艺性能保证了钢材易于加工成各种形式的结构或构件，而且不致因加工而对材料的强度、塑性、韧性等造成较大的不利影响。

根据结构的具体工作条件，有时还要求钢材具有适应低温、高温和腐蚀性环境的能力。

按以上要求，现行国家标准《钢结构设计规范》(GB 50017—2003) 具体规定：承重结构的钢材应具有抗拉强度、伸长率、屈服点和碳、硫、磷含量的合格保证；焊接结构尚应具有冷弯试验的合格保证；对某些承受动力荷载的结构以及重要的受拉或受弯的焊接结构尚应具有常温或负温冲击韧性的合格保证。

2.2 钢材的主要性能

2.2.1 钢材在单向均匀受拉时的工作性能

钢材的各项力学性能指标一般通过标准试件的单向拉力试验获得。在常温静载情况下，普通碳素钢标准试件单向均匀受拉试验时的应力—应变 ($\sigma-\varepsilon$) 曲线如图 2-1。由此试验曲线可获得有关钢材的主要力学性能指标。

2.2.1.1 单向均匀受拉时的强度性能

图 2-1 中 $\sigma-\varepsilon$ 曲线的 OP 段为直线，表示钢材具有完全弹性性质，这时应力与应变成

正比，可由弹性模量 E 定义，即 $\sigma=E\varepsilon$，材料的弹性模量 $E=\tan\alpha$，为该段直线的斜率。此段应力的最高点 P 所对应的应力值 f_p 称为比例极限。

曲线的 PE 段仍具有弹性，但非线性，即为非线性弹性阶段。这时应力与应变之间的关系可以用其增量表示，即 $E_t=\mathrm{d}\sigma/\mathrm{d}\varepsilon$，$E_t$ 叫做切线模量。此段上限 E 点的应力 f_e 称为弹性极限。弹性极限和比例极限相距很近，实际上很难区分，故通常只提比例极限。

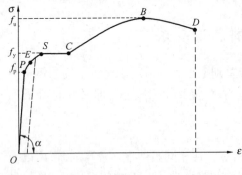

图 2-1 碳素结构钢的应力—应变曲线

应力超过比例极限后，随着荷载的增加，曲线在 ES 段出现非弹性性质，即应变 ε 与应力 σ 不再成正比，此时的变形包括了弹性变形和塑性变形两部分，表现在卸荷曲线上，成为与 OP 平行的直线（图 2-1 中的虚线），留下永久性的残余变形。此段上限 S 点的应力 f_y 称为屈服点，对于低碳钢，此时出现明显的屈服台阶 SC 段，此阶段表现为在应力保持不变的情况下，应变继续增加。

在屈服台阶 SC 段，开始进入塑性流动范围时，曲线波动较大，以后逐渐趋于平稳，其最高点和最低点分别称为上屈服点和下屈服点。上屈服点和试验条件（加荷速度、试件形状、试件对中的准确性等）有关，下屈服点则对此不太敏感，所以设计中以下屈服点作为材料强度的依据。

对于没有缺陷和残余应力影响的试件，比例极限和屈服点比较接近，且屈服点前的应变很小（对低碳钢约为 0.15%）。为了简化计算，通常假定屈服点以前钢材为完全弹性，屈服点以后则为完全塑性，这样就可把钢材视为理想的弹—塑性体，其应力—应变曲线可以用双直线近似代替，如图 2-2 所示。

在屈服台阶的末端（C 点），结构将产生很大的残余变形（对低碳钢，此时的应变 $\varepsilon_c=2.5\%$ 左右），过大的残余变形在使用上是不允许的，表明钢材的承载能力达到了最大限度。因此，在设计时取屈服点为钢材可以达到的最大应力。

高强度钢（如热处理钢）没有明显的屈服点和屈服台阶。这类钢的屈服条件是根据试验分析结果而人为规定的，故称为条件屈服点（或屈服强度）。条件屈服点是以卸荷后试件中残余应变为 0.2% 时所对应的应力定义的，一般用 $f_{0.2}$ 表示，见图 2-3。由于这类钢材不具有明显的塑性平台，设计中不宜利用它的塑性。

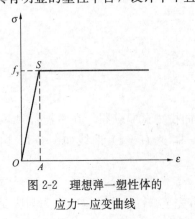

图 2-2 理想弹—塑性体的应力—应变曲线

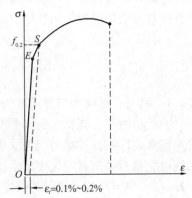

图 2-3 高强度钢的应力—应变曲线

超过屈服台阶的末端 C 点后，材料出现应变硬化，曲线上升，直至曲线最高处的 B 点，这点的应力 f_u 称为抗拉强度或极限强度。当应力达到 B 点时，试件发生颈缩现象，至 D 点而断裂。当以屈服点的应力 f_y 作为强度限值时，抗拉强度 f_u 成为材料的强度储备。

2.2.1.2　塑性性能

钢材的塑性性能可以用伸长率衡量，试件被拉断时的绝对变形值与试件原标距之比的百分数，称为伸长率。当试件标距长度与试件直径 d（圆形试件）之比为 10 时，以 δ_{10} 表示，当该比值为 5 时，以 δ_5 表示。伸长率代表材料在单向拉伸时的塑性应变的能力。

屈服强度、抗拉强度和伸长率是钢材最重要的三项力学性能指标。

2.2.1.3　钢材物理性能指标

钢材在单向受压（粗而短的试件）时，受力性能基本上和单向受拉时相同。受剪的情况也相似，但剪切屈服点 τ_y 及抗剪极限强度 τ_u 均较受拉时为低，剪变模量 G 也低于弹性模量 E。

钢材和钢铸件的弹性模量 E、剪变模量 G、线性膨胀系数 α 和质量密度 ρ 见表 2-1。

钢材和钢铸件的物理性能指标　　　　　表 2-1

弹性模量 E（N/mm²）	剪变模量 G（N/mm²）	线膨胀系数 α（1/℃）	质量密度 ρ（kg/m³）
206×10^3	79×10^3	12×10^{-6}	7850

2.2.2　钢材在复杂应力作用下的工作性能

在单向拉力试验中，单向应力达到屈服点时，钢材即进入塑性状态。在复杂应力，如平面或立体应力（图 2-4）作用下，钢材由弹性状态转入塑性状态的屈服条件是按折算应力 σ_{red} 与单向应力下的屈服点相比较来判断。对于接近理想弹-塑性材料的钢材，试验证明折算应力 σ_{red} 的计算采用能量强度理论（或第四强度理论）较为合适。根据能量强度理论，在三向应力作用下，折算应力 σ_{red} 以主应力表示时可按下式计算：

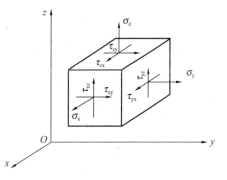

图 2-4　复杂应力

$$\sigma_{red} = \sqrt{\frac{1}{2}\left[(\sigma_1-\sigma_2)^2+(\sigma_2-\sigma_3)^2+(\sigma_3-\sigma_1)^2\right]} \quad (2\text{-}1)$$

以应力分量表示时可按下式计算：

$$\sigma_{red} = \sqrt{\sigma_x^2+\sigma_y^2+\sigma_z^2-(\sigma_x\sigma_y+\sigma_y\sigma_z+\sigma_z\sigma_x)+3(\tau_{xy}^2+\tau_{yz}^2+\tau_{zx}^2)} \quad (2\text{-}2)$$

当 $\sigma_{red} < f_y$ 时即为弹性状态，$\sigma_{red} \geqslant f_y$ 时为塑性状态。

如三向应力中有一向应力很小（如厚度较小，厚度方向的应力可忽略不计）或为零时，则属于平面应力状态，式（2-2）所定义的屈服条件成为：

$$\sigma_{red} = \sqrt{\sigma_x^2+\sigma_y^2+\sigma_z^2-\sigma_x\sigma_y+3\tau_{xy}^2} = f_y \quad (2\text{-}3)$$

在一般的梁中，只存在正应力 σ 和剪应力 τ，则

$$\sigma_{red} = \sqrt{\sigma^2+3\tau^2} = f_y \quad (2\text{-}4)$$

对只有剪应力作用的纯剪状态，令式（2-4）中的 $\sigma=0$，则

$$\sigma_{red}=\sqrt{3\tau^2}=\sqrt{3}\tau=f_y$$

由此得钢材的剪切屈服强度

$$\tau_y=\frac{f_y}{\sqrt{3}}=0.58f_y \tag{2-5}$$

我国现行国家标准《钢结构设计规范》（GB 50017—2003）对钢材抗剪强度的取值是基于式（2-5），即取钢材的抗剪设计强度为抗拉设计强度的 0.58 倍。

由式（2-1）可见，当 σ_1、σ_2、σ_3 为同号应力且数值接近时，即使它们都远远大于 f_y，折算应力仍小于 f_y，说明材料很难进入塑性状态。当平面或立体应力皆为拉应力时，材料破坏时没有明显的塑性变形产生，即材料处于脆性状态。

2.2.3 钢材在单轴反复应力作用下的工作性能

钢材在单轴反复应力作用下的工作特性，也可用应力—应变曲线表示。试验表明，当构件反复应力 $|\sigma|\leqslant f_y$，即材料处于弹性阶段时，由于弹性变形是可逆的，因此反复应力作用下钢材的材性无变化，也不存在残余变形。当钢材的反复应力 $|\sigma|>f_y$，即材料处于弹塑性阶段时，重复应力和反复应力引起塑性变形的增长，如图 2-5 所示。图 2-5（a）表示重复加载是在卸载后马上进行的应力—应变图，应力应变曲线不发生变化。图 2-5（b）表示重新加载前有一定间歇时期（在室内温度下大于 5 天）后的应力—应变曲线。从图中看出，屈服点提高，韧性降低，并且极限强度也稍有提高。这种现象称为钢的时效现象。图 2-5（c）表示反复应力作用下钢材的应力—应变曲线，多次反复加载后，钢材的强度下降，这种现象称为钢材疲劳。疲劳破坏表现为突然发生的脆性断裂。

图 2-6 表示 Q235 钢，在 $\sigma=\pm 366\text{N/mm}^2$，$\varepsilon=-0.017524\sim 0.017476$，循环次数 $n=684$ 时的应力—应变滞回曲线。

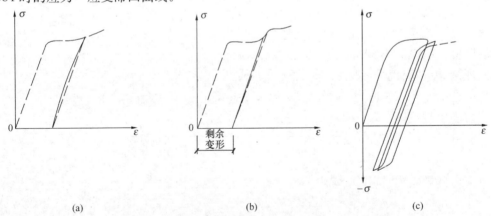

图 2-5 重复或反复加载时钢材的 $\sigma-\varepsilon$ 图

2.2.4 钢材的冷弯性能

结构在制作、安装过程中要进行冷加工，尤其是焊接结构焊后变形的调直等工序，都需要钢材有较好的冷弯性能。冷弯性能由冷弯试验确定（图 2-7）。试验时按照规定的弯心直径在试验机上用冲头加压，使试件弯成 180°，如试件外表面不出现裂纹和分层，即为合格。冷弯试验不仅能直接检验钢材的弯曲变形能力或塑性性能，还能暴露钢材内部的

冶金缺陷，如硫、磷偏析和硫化物与氧化物的掺杂情况，这些都将降低钢材的冷弯性能。因此，冷弯性能合格是鉴定钢材在弯曲状态下的塑性应变能力和钢材质量的综合指标。

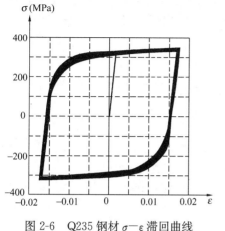

图 2-6　Q235 钢材 $\sigma-\varepsilon$ 滞回曲线

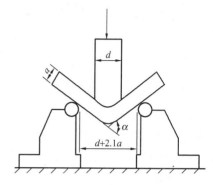

图 2-7　钢材冷弯试验示意图

2.2.5　钢材的冲击韧性

拉力试验所表现的钢材性能，如强度和塑性，是静力性能，而韧性试验则可获得钢材的动力性能。韧性是钢材抵抗冲击荷载的能力，它用材料在断裂时所吸收的总能量（包括弹性和非弹性能）来量度，其值为图 2-6 中 $\sigma-\varepsilon$ 曲线与横坐标所包围的总面积，总面积愈大韧性愈高，故韧性是钢材强度和塑性的综合指标。通常是当钢材强度提高时，韧性降低则表示钢材趋于脆性。

钢材的抗脆断性能用冲击韧性来衡量，因为结构的脆性断裂通常是发生在缺口高峰应力处（此处常为三向受拉的应力状态），因此钢材的冲击韧性测量常用带缺口的试件。材料的冲击韧性数值随试件缺口形式和使用试验机不同而异。2007 年 1 月国家标准局发布了新的国家标准《碳素结构钢》（GB 700—2006），规定冲击韧性采用夏比（Charpy）V 形缺口试件（图 2-8a）在摆锤式冲击试验机上进行，所得结构以所消耗的功 C_v 表示，单位为"J"，试验结果不除以缺口处的截面面积。过去我国长期以来皆采用梅氏（Mesnager）试件在试验机上进行试验（图 2-8b），所得结果以单位截面积上所消耗的冲击功率表

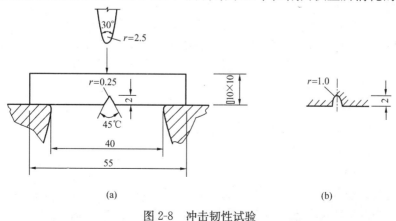

图 2-8　冲击韧性试验

（a）夏比试件试验；（b）梅氏试件 U 形缺口

示，单位为"J/cm²"。由于夏比试件比梅氏试件具有更为尖锐的缺口，更接近构件中可能出现的严重缺陷，近年来用 C_v 能量表示材料冲击韧性的方法日趋普遍。

由于低温对钢材的脆性破坏有显著影响，在寒冷地区建造的结构不但要求钢材具有常温（20℃）冲击韧性指标，还要求具有负温（0℃、-20℃或-40℃）冲击韧性指标，以保证结构具有足够的抗脆性破坏能力。

2.3 各种因素对钢材主要性能的影响

2.3.1 化学成分

钢是由各种化学成分组成的，化学成分及其含量对钢的性能特别是力学性能有着重要的影响。铁（Fe）是钢材的基本元素，纯铁质软，在碳素结构钢中约占99%，碳和其他元素仅占1%，但对钢材的力学性能却有着决定性的影响。其他元素包括硅（Si）、锰（Mn）、硫（S）、磷（P）、氮（N）、氧（O）等。低合金钢中还含有少量（低于5%）合金元素，如铜（Cu）、钒（V）、钛（Ti）、铌（Nb）、铬（Cr）等。

在碳素结构钢中，碳是仅次于纯铁的主要元素，它直接影响钢材的强度、塑性、韧性和可焊性等。碳含量增加，钢的强度提高，而塑性、韧性和疲劳强度下降，同时恶化钢的可焊性和抗腐蚀性。因此，尽管碳是使钢材获得足够强度的主要元素，对含碳量仍要加以限制，钢结构用钢的含碳量一般不大于0.22%，在用作焊接结构的钢材中，一般应控制在0.12%~0.20%之间。

硫和磷都是钢材中的杂质，是钢中的有害成分，它们降低钢材的塑性、韧性、可焊性和疲劳强度。硫能生成易于熔化的硫化铁，当热加工或焊接温度达到800~1200℃时，钢材即可能变脆出现裂纹，谓之热脆。此外，硫还会降低钢的冲击韧性、疲劳强度和抗锈蚀性能，因此，一般硫的含量应不超过0.045%。在低温时，磷使钢变脆，谓之冷脆。磷的含量一般不应超过0.045%。但是，磷可提高钢材的强度和抗锈性。可使用的高磷钢，其含量可达0.12%，这时应减少钢材中的含碳量，以保持一定的塑性和韧性。

氧和氮也是钢中的有害杂质。氧的作用和硫类似，使钢热脆；氮的作用和磷类似，使钢冷脆。由于氧、氮容易在熔炼过程中逸出，一般不会超过极限含量，故通常不要求作含量分析。

硅和锰是钢中的有益元素，它们都是炼钢的脱氧剂。它们使钢材的强度提高，含量不过高时，对塑性和韧性无显著的不良影响。在碳素结构钢中，硅的含量应不大于0.3%，锰的含量为0.3%~0.8%。对于低合金高强度结构钢，锰的含量可达1.0%~1.6%，硅的含量可达0.55%。

钒和钛是钢中的合金元素，能提高钢的强度和抗腐蚀性能，又不显著降低钢的塑性。铜在碳素结构钢中属于杂质成分。它可以显著地提高钢的抗腐蚀性能，也可以提高钢的强度，但对可焊性有不利影响。

2.3.2 冶金缺陷

常见的冶金缺陷有偏析、非金属夹杂、气孔、裂纹及分层等。偏析是钢中化学成分的不一致和不均匀性，特别是硫、磷偏析会严重恶化钢材的塑性、冷弯性能、冲击韧性及焊接性能。非金属夹杂是钢中含有硫化物与氧化物等杂质，浇铸时的非金属夹杂物在轧制后能造成钢材的分层，会严重降低钢材的冷弯性能。气孔是浇铸钢锭时，由氧化铁与碳作用所生成的一氧化碳气体不能充分逸出而形成的。这些缺陷都将影响钢材的力学性能。

冶金缺陷对钢材性能的影响，不仅在结构或构件受力工作时表现出来，有时在加工制作过程中也可表现出来。

2.3.3 钢材硬化

冷拉、冷弯、冲孔、机械剪切等冷加工使钢材产生很大塑性变形，从而提高了钢的屈服点，同时降低了钢的塑性和韧性，这种现象称为冷作硬化（或应变硬化）。

在高温时熔化于铁中的少量氮和碳，随着时间的增长逐渐从纯铁中析出，形成自由碳化物和氮化物，对纯铁体的塑性变形起遏制作用，从而使钢材的强度提高，塑性、韧性下降。这种现象称为时效硬化，俗称老化。时效硬化的过程一般很长，但如在材料塑性变形后加热，可使时效硬化发展特别迅速，这种方法谓之人工时效。

此外还有应变时效，是应变硬化（冷作硬化）后又加时效硬化。

由于硬化的结果总是要降低钢材的塑性和韧性，因此，在普通钢结构中，不利用硬化所提高的强度，有些重要结构还要求对钢材进行人工时效后检验其冲击韧性。另外，对于加工所形成的局部硬化部分，还应用刨边或扩钻予以消除，以保证结构具有足够的抗脆性破坏能力。

2.3.4 温度影响

钢材性能随温度变动而有所变化。总的趋势是：温度升高，钢材强度降低，应变增大；反之，温度降低，钢材强度会略有增加，塑性和韧性却会降低而变脆（图 2-9）。

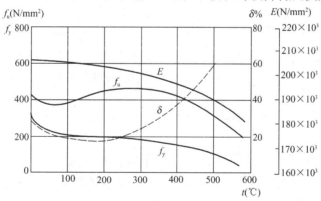

图 2-9 温度对钢材机械性能的影响

温度升高，约在 200℃ 以内钢材性能没有很大变化，430～540℃ 之间强度急剧下降，600℃ 时强度很低不能承担荷载。但在 250℃ 左右，钢材的强度反而略有提高，同时塑性和韧性均下降，材料有转脆的倾向，钢材表面氧化膜呈现蓝色，称为蓝脆现象。钢材应避免在蓝脆温度范围内进行热加工。当温度在 260～320℃ 时，在应力持续不变的情况下，钢材以很缓慢的速度

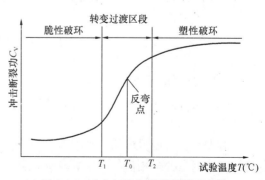

图 2-10 冲击韧性与温度的关系曲线

继续变形,此种现象称为徐变现象。

当温度从常温开始下降,特别是在负温度范围内时,钢材强度虽有提高,但其塑性和韧性降低,材料逐渐变脆,这种性质称为低温冷脆。图 2-10 是钢材冲击韧性与温度的关系曲线。由图可见,随着温度的降低 C_v 值迅速下降,材料将由塑性破坏转变为脆性破坏,同时可见这一转变是在一个温度区间 T_1T_2 内完成的,此温度区 T_1T_2 称为钢材的脆性转变温度区,在此区内曲线的反弯点(最陡点)所对应的温度 T_0 称为转变温度。如果把低于 T_0 完全脆性破坏的最高温度 T_1 作为钢材的脆断设计温度即可保证钢结构低温工作的安全。每种钢材的脆性转变温度区及脆断设计温度需要由大量的实验资料和使用经验统计分析确定。

2.3.5 应力集中

钢材的工作性能和力学性能指标都是以轴心受拉杆件中应力沿截面均匀分布的情况作为基础的。实际上在钢结构的构件中有时存在着孔洞、槽口、凹角、截面突然改变以及钢材内部缺陷等。此时,构件中的应力分布将不再保持均匀,而是在某些区域产生局部高峰应力,在另外一些区域则应力降低,形成所谓应力集中现象(图 2-11)。高峰区的最大应力与净截面的平均应力之比称为应力集中系数。研究表明,在应力高峰区域总是存在着同号的双向或三向应力,这是因为由高峰拉应力引起的截面横向收缩受到附近低应力区的阻碍而引起垂直于内力方向的拉应力 σ_y,在较厚的构件里还产生厚度方向的应力 σ_z,使材料处于复杂受力状态,由能量强度理论得知,这种同号的平面或立体应力场有使钢材变脆的趋势。应力集中系数愈大,变脆的倾向亦愈严重。

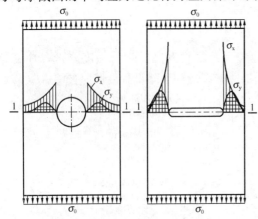

图 2-11 孔洞及槽孔处的应力集中

由于建筑钢材塑性较好,在一定程度上能促使应力进行重分配,使应力分布严重不均的现象趋于平缓。故受静荷载作用的构件在常温下工作时,在计算中可不考虑应力集中的影响。但在负温下或动力荷载作用下工作的结构,应力集中的不利影响将十分突出,往往是引起脆性破坏的根源,故在设计中应采取措施避免或减小应力集中,并选用质量优良的钢材。

2.4 钢结构用钢材的种类和钢材规格

2.4.1 钢材的种类

钢按用途可分为结构钢、工具钢和特殊钢(如不锈钢等)。结构钢又分建筑用钢和机械用钢。

按冶炼方法,钢可分为转炉钢和平炉钢(还有电炉钢,是特种合金钢,不用于建筑)。当前的转炉钢主要采用氧气顶吹转炉钢,侧吹(空气)转炉钢所含杂质多,使钢易脆,质量很低,且目前多数已改建成氧气转炉钢,故规范中已取消这种钢的使用。平炉钢质量好，但冶炼时间长，成本高。氧气转炉钢质量与平炉钢相当而成本则较低。

按脱氧方法，钢可分为沸腾钢（代号为F）、半镇静钢（代号为b）、镇静钢（代号为Z）和特殊镇静钢（代号为TZ）。镇静钢脱氧充分，沸腾钢脱氧较差，半镇静钢介于镇静钢和沸腾钢之间。结构用钢一般采用镇静钢，尤其是近年轧制钢材的钢坯推广采用连续铸锭法生产，钢材必然为镇静钢。若采用沸腾钢，不但质量差，价格并不便宜，而且供货困难。

按成型方法分类，钢可分为轧制钢（热轧、冷轧）、锻钢和铸钢。

按化学成分分类，钢又分为碳素钢和合金钢。在建筑工程中采用的是碳素结构钢、低合金高强度结构钢和优质碳素结构钢。

(1) 碳素结构钢

其国家标准（GB 700—2006）是参照国际标准化组织 ISO 630《结构钢》制订的。按质量等级将钢分为 A、B、C、D 四级，A 级钢只保证抗拉强度、屈服点、伸长率，必要时尚可附加冷弯试验的要求，化学成分对碳、锰可以不作为交货条件。B、C、D 级钢均保证抗拉强度、屈服点、伸长率、冷弯和冲击韧性（分别为+20℃、0℃、-20℃）等力学性能。化学成分对碳、硫、磷的极限含量比旧标准要求更加严格。

钢的牌号由代表屈服点的字母 Q、屈服点数值、质量等级符号（A、B、C、D）和脱氧方法符号（若常用镇静钢和特殊镇静钢，其代号可以省去）等四个部分按顺序组成。

根据钢材厚度（直径）小于等于16mm 时的屈服点数值，普通碳素钢分为 Q195、Q215、Q235、Q255、Q275，它们分别相当于旧标准中的1号、2号、3号、4号和5号钢。钢结构一般用 Q235，因此钢的牌号根据需要可采用 Q235-A、Q235-B、Q235-C 和 Q235-D 等。冶炼方法一般由供方自行决定，设计者不再另行提出，如需方有特殊要求时可在合同中加以注明。

(2) 低合金高强度结构钢

国家标准（GB/T 1591—94）代替（GB 1591—88）于1995年1月1日实施。新标准不用钢的品种表示钢的牌号。采用与碳素结构钢相同的钢的牌号表示方法，仍然根据钢材厚度（直径）小于等于16mm 时的屈服点大小，分为 Q295、Q345、Q390、Q420、Q460。它们与旧标准相应的钢的牌号见表2-2。

新旧低合金高强度结构钢标准牌号对照表　　表2-2

GB/T 1591—94	GB 1591—88
Q295	09MnV、09MnNb、09Mn2、12Mn
Q345	12MnV、14MnNb、16Mn、16MnRE、18Nb
Q390	15MnV、15MnTi、16MnNb
Q420	15MnVN、14MnVTiRE
Q460	

低合金高强度结构钢的牌号仍有质量等级符号，除与碳素结构钢 A、B、C、D 四个等级相同外，增加一个等级 E，E 级钢主要是要求-40℃的冲击韧性。钢的牌号如：Q345-B、Q390-C 等。低合金高强度结构钢一般为镇静钢，因此钢的牌号中不注明脱氧方法。冶炼方法也由供方自行选择。

A 级钢不进行冷弯试验，也没有冲击韧性的保证，因此，当有需要时，需补充冷弯试验。其他质量级别的钢如供方能保证弯曲试验结果符合规定要求，可不作检验。Q460 和各牌号 D、E 级钢一般不供应型钢、钢棒。

(3) 优质碳素结构钢

优质碳素结构钢以不热处理或热处理（退火、正火或高温回火）状态交货，要求热处理状态交货的应在合同中注明,未注明者,按不热处理交货,如用于高强度螺栓的45号优质碳素结构钢需经热处理,强度较高,对塑性和韧性又无显著影响。

(4) 耐大气腐蚀用钢(耐候钢)

在钢冶炼过程中,加入少量特定的合金元素,如Cu、P、Cr、Ni等,使之在金属基体表面上形成保护层,以提高钢材耐大气腐蚀性能,这类钢统称为耐大气腐蚀钢或耐候钢。我国现行生产的这类钢分为高耐候结构钢和焊接结构用耐候钢两类。

按照现行国家标准GB/T4171—2006的规定,高耐候结构钢适用于耐大气腐蚀的建筑结构,产品通常在交货状态下使用,但作为焊接结构用材时,板厚应大于16mm。这类钢的耐候性能比焊接结构用耐候钢好,故称作高耐候结构钢。高耐候结构钢按化学成分分为:铜磷钢和铜磷铬镍钢两类。其牌号表示方法是由分别代表"屈服点"和"高耐候"的拼音字母Q和GNH以及屈服点的数字组成,含Cr、Ni的高耐候钢在牌号后加代号"L"。例如牌号Q345GNHL表示屈服点为345MPa、含有铬镍的高耐候钢。高耐候钢分为Q295GNH、Q295GNHL、Q345GNH、Q345GNHL、Q390GNH五种牌号。

焊接结构用耐候钢以保持钢材具有良好的焊接性能为特点,其适用厚度可达100mm。在现行国家标准《焊接结构用耐候钢》(GB/4172—2000)中,其牌号表示由代表"屈服点"的字母Q和"耐候"的字母NH以及钢材的质量等级(C、D、E)顺序组成,例如Q355NHC。共分为Q235NH、Q295NH、Q355NH、Q460NH四种牌号。

(5) 其他建筑用钢

对于一些复杂或大跨度的建筑钢结构,有时需要用到铸钢。按《钢结构设计规范》(GB 50017—2003)的规定,铸钢材应符合国家标准《一般工程用铸造碳素钢》(GB/T11352)规定。

现行设计规范中建议使用的钢材强度级别为Q235、Q345、Q390和Q420,对于强度更高的钢材如Q460或更高级别的钢号,在国内外均有应用。高强度钢往往是通过冶炼时增加更多的合金元素及热处理工艺而获得,当用于大跨度、特重型结构中受强度控制的构件时,有明显的节约钢材效果,例如美国在超高层建筑中,就有在底部几层承重结构中应用热处理高强度钢A514的,这种钢材的屈服强度即使板厚达60mm时,仍保持有690MPa,与20mm厚的钢板一样。日本建筑结构用钢中也允许采用屈服强度高达460MPa的SM570钢种,我国在奥运工程国家体育场"鸟巢"中,也部分采用了Q460钢。但在建筑钢结构中这一类高强度钢一般不会大量采用,因为除强度因素外,还需考虑钢材的工艺性能、加工费用等。

一般来说,钢材的强度与其韧性和可焊性往往是逆向的关系,强度高则韧性低、焊接性能变坏,这主要是由于合金元素含量增加的缘故。但随着轧制工艺的革新,出现了利用轧制余热的控轧工艺,控轧钢材各种性能(强度、韧性和可焊性)可同时改善,例如国外现在已能生产屈服强度高达500MPa、焊接性能良好的控轧H型钢。可以预测,在不久的将来,加工性能良好的高强度钢也将在建筑钢结构中占有一席之地。

2.4.2 钢材的选择

2.4.2.1 选用原则

钢材的选择在钢结构设计中是首要的一环,选择的目的是结构保证安全可靠和做到经济合理。

选择钢材时应综合考虑的主要因素有：
（1）结构的重要性

对重型工业建筑结构、大跨度结构、高层或超高层的民用建筑结构或构筑物等重要结构，应考虑选用质量好的钢材。对一般工业与民用建筑结构，可按工作性质分别选用普通质量的钢材。另外，按《建筑结构可靠度设计统一标准》（GB 50068—2001）规定的安全等级，把建筑物分为一级（重要的）、二级（一般的）和三级（次要的）。安全等级不同，要求的钢材质量也应不同。

（2）荷载情况

结构上作用的荷载可分为静态荷载和动态荷载两种。直接承受动态荷载的结构和强烈地震区的结构，应选用综合性能好的钢材；一般承受静态荷载的结构则可选用价格较低的 Q235 或 Q345 钢。

（3）连接方法

钢结构的连接方法有焊接和非焊接两种。由于在焊接过程中会产生焊接变形、焊接应力以及其他焊接缺陷，如咬肉、气孔、裂纹、夹渣等，有导致结构产生裂缝或脆性断裂的危险。因此，焊接结构对材质的要求应严格一些。例如，在化学成分方面，焊接结构必须严格控制碳、硫、磷的极限含量，而非焊接结构对含碳量可降低要求。

（4）结构所处的温度和环境

钢材处于低温时容易冷脆，因此在低温条件下工作的结构，尤其是焊接结构，应选用具有良好抗低温脆断性能的镇静钢。此外，露天结构的钢材容易产生时效，有害介质作用的钢材容易腐蚀、疲劳和断裂，也应加以区别，选择不同材质。

（5）钢材厚度

薄钢材辊轧次数多，轧制的压缩比大，而厚度大的钢材压缩比小。所以厚度大的钢材不但强度较小，而且塑性、冲击韧性和焊接性能也较差。因此，厚度大的焊接结构应采用材质较好的钢材。

2.4.2.2 钢材选择的建议

对钢材质量的要求，一般地说，承重结构的钢材应保证抗拉强度、屈服点、伸长率和硫、磷的极限含量，对焊接结构尚应保证碳的极限含量，因此，由于 Q235-A 钢的碳含量不作为交货条件，故不允许用于焊接结构。

焊接承重结构以及重要的非焊接承重结构的钢材应具有冷弯试验的合格保证。

对于需要验算疲劳以及主要的受拉或受弯的焊接结构的钢材，应具有常温冲击韧性的合格保证。当结构工作温度等于或低于0℃但高于-20℃时，Q235 钢和 Q345 钢应具有 0℃ 冲击韧性的合格保证；对 Q390 钢和 Q420 钢应具有-20℃冲击韧性的合格保证。当结构工作温度等于或低于-20℃时，对 Q235 钢和 Q345 钢应具有-20℃冲击韧性的合格保证；对 Q390 钢和 Q420 钢应具有-40℃冲击韧性的合格保证。

2.4.3 钢材的规格

钢结构采用的型材有热轧成型的钢板、型钢以及冷弯（或冷压）成型的薄壁型钢。

热轧钢板有厚钢板（厚度 4.5～60mm）和薄钢板（厚度为 0.35～4mm），还有扁钢（厚度为 4～60mm，宽度为 30～200mm，此钢板宽度小）。钢板的表示方法为，在符号"—"后加"宽度×厚度×长度"，如—600×10×1200，单位为"mm"。

热轧型钢有 H 型钢、角钢、工字钢、槽钢和钢管（图 2-12）。

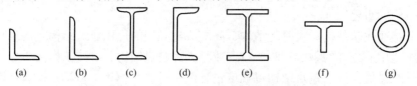

图 2-12　热轧型钢截面

角钢分等边和不等边两种。不等边角钢（图 2-12b）的表示方法为，在符号"L"后加"长边宽×短边宽×厚度，如 L100×80×8，对于等边角钢（图 2-12a）则以边宽和厚度表示，如 L100×8，单位皆为"mm"。

工字钢（图 2-12c）有普通工字钢和轻型工字钢之分，用号数表示，号数即为其截面高度的厘米数。20 号以上的工字钢，同一号数有三种腹板厚度，分别为 a、b、c 三类，如 I30a、I30b、I30c，由于 a 类腹板较薄，用作受弯构件较为经济。轻型工字钢的腹板和翼缘均较普通工字钢薄，因而在相同重量下其截面模量和回转半径均较大。

槽钢（图 2.12d）有普通槽钢和轻型槽钢两种，也以其截面高度的厘米数编号，如[30a。号码相同的轻型槽钢，其翼缘较普通槽钢宽而薄，腹板也较薄，回转半径较大，重量较轻。

H 型钢（图 2.12e）是世界各国使用很广泛的热轧型钢，与普通工字钢相比，其翼缘内外两侧平行，便于与其他构件相连。它可分为宽翼缘 H 型钢（代号 HW，翼缘宽度 B 与截面高度 H 相等）、中翼缘 H 型钢（代号 HM，$B≈2/3H$）和窄翼缘 H 型钢［代号 HN，$B=(1/3～1/2)H$］。各种 H 型钢均可剖分为 T 型钢（图 2-12f）供应，对应于宽翼缘、中翼缘、窄翼缘，其代号分别为 TW、TM 和 TN。H 型钢和剖分 T 型钢的规格标记均采用高度 H×宽度 B×腹板厚度 t_1×翼缘厚度 t_2 表示。例如 HM340×250×9×14，其剖分 T 型钢为 TM170×250×9×14，单位均为"mm"。

钢管（图 2-12g）有无缝钢管和焊接钢管两种，用符号"Φ"后面加"外径×厚度"表示，如 Φ400×6，单位为"mm"。

冷弯薄壁型钢（图 2-13a～i）是用薄钢板（一般采用 Q215、Q235 或 Q345 钢），经模压或弯曲而制成，其壁厚一般为 1.5～5mm。其实，冷弯薄壁型钢的壁厚并无特别的限制，主要取决于加工设备的能力，在国外，冷弯薄壁型钢的壁厚已经用到了 1in.（25.4mm）。

有防锈涂层的彩色压型钢板（图 2-13j），所用钢板厚度为 0.4～1.6mm，一般用作轻型屋面及墙面等维护结构。

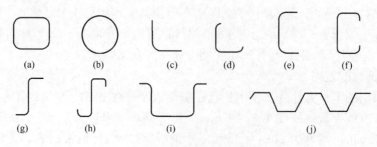

图 2-13　薄壁型钢截面

3 钢结构的破坏形式及计算方法

钢结构的整体或其局部工作特性，主要决定于建造所选用的钢材材料性能和按照一定的制造工艺要求而经历的一系列加工过程。设计环节采用的建筑结构体系与连接构造、工地安装产生的错误与偏差、使用过程承受的外界作用如各类荷载及气象条件、结构所处不同的工作环境等，对其性能也具有不可忽视的影响。

钢结构设计计算的过程，就是对其建造期以及使用期内可能出现的各种预期破坏形式逐一罗列，依据科学有效的方法、手段，合理地控制各种破坏发生的可能性。

3.1 钢结构的可能破坏形式

3.1.1 强度破坏及塑性重分布

目前建筑钢结构可选用的钢材品种主要以其强度高低或特殊要求分类，而且必须具备良好的塑性性能。钢材有两种完全不同的破坏形式，即塑性破坏和脆性破坏，钢结构的理想破坏形式一般为塑性破坏。

塑性破坏是由于结构或构件的变形过大，超过了材料或构件的应变能力而产生的，而且仅在构件的应力达到了钢材的抗拉强度 f_u 后才发生。破坏前构件产生较大的塑性变形，断裂后的断口呈纤维状，色泽发暗。在塑性破坏前，由于总有较大的塑性变形发生，且变形持续的时间较长，容易及时发现而采取措施予以补救，不致引起严重后果。另外，塑性变形后出现内力重分布，使结构中原先受力不等的部分应力趋于均匀，因而提高了结构的承载能力。

常规的建筑钢结构设计，将屈服强度 f_y 作为钢材强度的极限，以构件局部达到或超越屈服强度作为其承载能力的临界控制信号，屈服强度 f_y 与抗拉强度 f_u 之间的强度差普遍被视为结构的安全储备。

建筑钢材的塑性性能在一定条件下可以加以利用。如简支钢梁可以容忍塑性在最大弯矩截面上有一定的发展，连续梁以及钢框架结构按塑性方法设计时允许结构中出现塑性铰及内力重分布等。当然，这样的利用应当建立在充分的工程经验和科学的计算方法基础之上。

3.1.2 整体失稳破坏

钢材与其他建筑结构材料如木材、天然石材、混凝土材料比较，强度要高得多。在相同的结构体系和荷载情况下，钢结构构件截面较小。结构或构件受压时的稳定问题在钢结构设计中非常突出，一旦结构或构件局部有受压的可能，设计时就应当考虑稳定因素设法防止结构或构件整体失稳。

3.1.3 板件局部失稳破坏

某些情况下，组成构件结构之板件的局部丧失稳定会先于构件整体失稳出现。局部失稳的发生可能最终促成或导致结构或结构件的整体丧失稳定，造成破坏。但在某些特定条件下，局部失稳并不是构件承载能力的最终极限，则可以容忍其发生，甚至有目的地对屈曲后强度加以利用。

屈曲后强度的应用与计算，在钢结构受弯构件、轴心受力柱及压弯构件的腹板设计部分，《钢结构设计规范》（GB 50017—2003）均给出了有关指导条文。

3.1.4 疲劳破坏及损伤累积

钢结构疲劳破坏，是指在重复或交变荷载作用下，裂纹不断发展最终达到其临界状态而产生的脆性断裂。工业建筑中供厂房内桥式吊车行走的吊车梁，有可能出现结构疲劳问题。

疲劳破坏是累积损伤的结果。疲劳破坏一般要经历裂纹形成、裂纹缓慢扩展、最后突然断裂三个阶段。建筑钢结构不可避免地存在微观缺陷，这些缺陷包含或类似于微裂纹，在反复荷载作用下，材料先在其缺陷处产生塑性变形和硬化而生成一些极小的裂痕，此后这种微观裂痕逐渐发展成宏观裂纹，试件截面削弱，而在裂纹根部出现应力集中现象，使材料处于三向拉应力状态，塑性变形受到限制。当反复荷载达到一定的循环次数时，材料终于破坏，并表现为突然的脆性断裂。因此，建筑钢结构疲劳破坏过程实际上只经历后两个阶段。

3.1.5 脆性断裂破坏

钢结构所用的材料虽然有较高的塑性和韧性，但在一定的条件下，仍然有脆性破坏的可能性。

构件脆性破坏前塑性变形很小，甚至没有塑性变形，计算应力可能小于钢材的屈服点f_y，断裂从压力集中处开始。可能引起钢材发生脆性破坏的因素，主要有钢材的质量（如硫、磷、碳等的含量）、时效、应力集中、使用温度和力的作用性质等。冶金和机械加工中产生的缺陷，特别是缺口和裂纹，也常是断裂的发源地。结构或构件脆性破坏前没有明显的预兆，无法及时觉察和采取补救措施。同时，由于个别构件的破坏常引起整个结构的倒塌，后果严重。在设计、施工和使用钢结构时，要特别注意防止出现脆性破坏。

3.1.6 刚度不足

结构或结构构件由于刚度设计不恰当可能造成受荷后变形过大，在动力荷载作用下出现振动并削弱结构或结构件的稳定性能。但它不一定必然导致结构破坏而"不能使用"，其直接影响主要是与结构适用性有关的"不好使用"问题。钢结构由于材料强度高，在跨度比较大、层高比较高的情况下，由强度设计所选择的构件尺寸往往较细长，因而刚度不足的问题比较突出。

3.2 钢结构的计算方法

3.2.1 极限状态

结构计算的目的在于保证所设计的结构和结构构件在施工期间以及建成后的使用过程中能满足预期的安全性、适用性、耐久性要求。因此，结构设计准则应当这样来表述：结构由各种荷载所产生的效应（内力和变形）不大于结构（包括连接）由材料性能和几何因素等所决定的抗力或规定限值。假如影响结构功能的各种因素，如荷载大小、材料强度的高低、截面尺寸、计算模式、施工质量等都是确定性的,则按上述准则进行结构计算应该说是非常容易的。但是,这里提到的影响结构功能的诸因素都程度不同地具有不确定性。要想恰当地描述这些变量,目前首选的数学工具是随机变量(或随机过程)。因此,在一定条件下,荷载效应存在超越设计抗力的可能性。那么,结构的安全,只能在一定的概率意义下作出保证。

参照国际标准《General Principles on Reliability for Structures》ISO 2394,我国现行工程类国家标准《建筑结构可靠度设计统一标准》(GB 50068—2001)给出了极限状态的概念:当结构或其组成部分超过某一特定状态就不能满足设计规定的某一功能要求时,此特定状态就称为该功能的极限状态。

结构的极限状态一般分为下面两类:

(1)承载能力极限状态,对应于结构或结构构件达到最大承载能力或是出现不适于继续承载的变形,包括倾覆、强度破坏、疲劳破坏、丧失稳定、结构变为机动体系或出现过度的塑性变形。

(2)正常使用极限状态,对应于结构或结构构件达到正常使用或耐久性能的某项规定限值,包括出现影响正常使用或影响外观的变形,出现影响正常使用或耐久性能的局部损坏以及影响正常使用的振动。

在处理某些问题时,极限状态还可以描述为不可逆极限状态与可逆极限状态两类。不可逆极限状态是指:当产生超越极限状态的作用被移去后,仍将永久地保持超越效应(如结构损坏或功能失常)状态,除非结构被重新修复,承载能力极限状态一般被认为是不可逆的,正常使用极限状态若被超越如结构产生永久性局部损坏和永久性不可接受的变形,也是不可逆的;可逆极限状态是指:产生超越极限状态的作用被移去后不再保持超越效应状态,正常使用极限状态若被超越后并无永久性局部损坏和永久性不可接受的变形产生,则其是可逆的。

3.2.2 概率极限状态设计方法

结构设计问题一直为人们所重视,是因为一个建筑物的破坏很可能带来生命和财产的重大损失。公元前2200年,巴比伦国王罕姆拉比(Hammurabi)曾制订法律规定:

假如房屋倒塌,导致业主死亡,则房屋建造者应判处死刑;

假如导致业主的儿子死亡,则建造者的儿子应判处死刑;

假如导致业主的奴隶死亡,则建造者应以等量的奴隶赔偿;

假如导致财物损失,则建造者应予补偿,对倒塌房屋要由建造者重建,费用由建造者承担。

人类建造历史上,对于结构需要进行设计以及怎样进行设计,已经大体经历了由直接经验阶段、安全系数阶段,逐步向基于现代概率统计学理论的概率方法阶段过渡的一个过程。依靠直接经验进行建造并力图避免结构倒塌的可能,是早期相当粗略的也是唯一的选择;安全系数将人类对结构设计的认识引入方法这一层次,用一个安全系数综合考虑建造及使用过程面对的风险;当前世界多数国家采用或趋于采用的概率极限状态设计法,是通过对结构安全可能产生影响的各个设计变量的统计特征的计算分析,以一个概率(计算值)来刻画和衡量结构的安全工作性能的。

结构的工作性能可以用结构的功能函数进行描述。若结构设计时工程师们必须考虑的影响结构可靠性的设计变量（随机变量）有 n 个，写成 x_1，x_2，……，x_n，则在这 n 个随机变量之间通常可以建立起某种特定的函数关系：

$$Z=g(x_1, x_2, \cdots\cdots, x_n) \tag{3-1}$$

通常人们将公式（3-1）称为结构的功能函数。式中各个设计变量 x_i（$i=1, 2, \cdots n$）分别表达拟设计结构采用的材料之强度、构件截面尺寸或其力学特征、荷载效应或其效应组合等。

在仅仅考虑两个设计变量的情况下，以结构构件的抗力 R、荷载效应 S 这两个基本变量来表达结构的功能函数，式（3-1）可以写作：

$$Z=g(R, S)=R-S \tag{3-2}$$

式（3-2）中 R 和 S 是随机变量，其函数 Z 也是一个随机变量。在工程实践中，可能出现下列三种情况：

$Z=g(R, S)=R-S>0$，结构处于安全状态；

$Z=g(R, S)=R-S=0$，结构达到临界状态，即极限状态；

$Z=g(R, S)=R-S<0$，结构处于失效状态。

由于设计基本变量普遍具有程度不一的不确定性，如作用于结构的荷载有出现潜在高值的可能，材料性能也存在出现潜在低值的可能，即使设计者采用了相当保守的结构设计方案，但在结构建造期或投入使用后，谁也不能保证其绝对安全可靠。因此，对所设计结构的安全性能只能给出一定的概率保证。这和进行其他有风险的工作一样，只要安全的概率足够大，或者说，失效概率足够小，便可以认为所设计的结构是安全的。

按照概率极限状态设计方法，结构的可靠度定义为："结构在规定的时间内，在规定的条件下，完成预定功能的概率"。这里所说"完成预定功能"就是对于结构设计规范规定的设计时必须考虑的某种功能（如强度条件、裂纹宽度、整体稳定等）来说，结构处于安全状态（$Z \geqslant 0$）的概率要足够大。这样若以 p_s 表示结构的安全概率（结构的可靠度），则上述定义可表达为：

$$p_s = P(Z \geqslant 0) \tag{3-3}$$

若用 p_f 表示结构的失效概率（结构的不可靠度），则：

$$p_f = P(Z<0) \tag{3-4}$$

由于事件 $Z<0$ 与事件 $Z \geqslant 0$ 是对立的，所以结构可靠度 p_s 与结构的失效概率 p_f 之间存在以下关系：

$$p_s + p_f = 1 \tag{3-5}$$

或写成：

$$p_s = 1 - p_f \tag{3-6}$$

因此，结构可靠度的计算可以转换为结构失效概率的计算。而可靠的结构设计则是指设计控制目标要使结构的失效概率"足够小"，小到人们普遍可以接受的程度。实际上，绝对安全可靠的结构，即安全概率 $p_s=1$ 或失效概率 $p_f=0$ 的结构是没有的。

为了方便地计算结构的失效概率 p_f，需

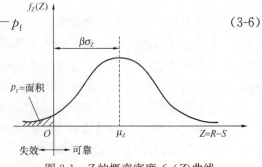

图 3-1 Z 的概率密度 $f_Z(Z)$ 曲线

要获得关于功能函数随机变量 Z 的分布信息。图 3-1 示出 Z 的概率密度 $f_Z(Z)$ 曲线，图中纵坐标处 $Z=0$，结构处于极限状态；纵坐标以左区域 $Z<0$，结构处于失效状态；纵坐标以右区域 $Z>0$，结构处于安全状态。图中阴影部分的面积之值表示事件 $Z<0$ 的概率，也即是结构的失效概率 p_f，理论上可用公式(3.7)求得：

$$p_f = P(Z<0) = \int_{-\infty}^{0} f_Z(Z)\mathrm{d}Z \tag{3-7}$$

就工程实践的大多数情况来说，Z 的分布规律很难求出。这使得概率极限状态设计法一直不能付诸实用。20 世纪 60 年代末期，美国学者康奈尔（Cornell, C. A）提出比较系统的一次二阶矩计算方法，才使得概率设计法变通进入了实用阶段。

一次二阶矩方法不直接计算结构的失效概率 p_f，而是将图 3-1 中 Z 的平均值 μ_Z 用 Z 的标准差 σ_Z 来度量，引进 β，则有：

$$\mu_Z = \beta \sigma_Z \tag{3-8}$$

由此得

$$\beta = \mu_Z / \sigma_Z \tag{3-9}$$

式中 β 称为结构的可靠指标或安全指标。显然，只要 Z 的分布一定，β 与 p_f 就有一一对应的关系。而且，随 β 增大，p_f 减小；β 减小时，p_f 增大。

特别地，当 Z 服从正态分布时，β 与 p_f 的关系式为：

$$\beta = \Phi^{-1}(1-p_f) \tag{3-10}$$

$$p_f = \Phi(-\beta) \tag{3-11}$$

式中　$\Phi(\cdot)$——标准正态分布函数；

$\Phi^{-1}(\cdot)$——标准正态分布反函数。

正态分布条件下，β 与 p_f 的对应关系如表 3-1 所示。

正态分布时 β 与 p_f 的对应值　　　　　　　　　　表 3-1

可靠指标 β	4.2	4.0	3.7	3.5	3.2	3.0	2.7
失效概率 p_f	1.34×10^{-6}	3.17×10^{-5}	1.08×10^{-4}	2.33×10^{-4}	6.87×10^{-4}	1.35×10^{-3}	3.47×10^{-3}

如果 Z 为非正态分布变量，目前国际上通行的解决办法是，用"当量正态化方法"将非正态变量转化为正态变量，然后再按上述同样方法处理或进行相关计算。

可靠指标 β（或失效概率 p_f）的计算避开了 Z 的全分布的推求，只利用其分布的特征值，即一阶原点矩（均值）μ_Z 和二阶中心矩（方差）σ_Z^2，这两者对于任何分布皆可按下式求得：

$$\mu_Z = \mu_R - \mu_S \tag{3-12}$$

$$\sigma_Z^2 = \sigma_R^2 + \sigma_S^2 \quad (\text{设 } R \text{ 和 } S \text{ 是统计独立的}) \tag{3-13}$$

式中　μ_R、μ_S——分别为抗力 R 和荷载效应 S 的平均值；

σ_R、σ_S——分别为抗力 R 和荷载效应 S 的均方差。

按一定要求经实测取得足够的数据，便可作出统计分析获得 R 和 S 各自的均值 μ_R、μ_S 与方差 σ_R^2、σ_S^2，进而由式（3-9）、式（3-10）、式（3-11）求得可靠指标 β（或失效概率 p_f）的计算值。

公式（3-2）表达的功能函数是线性的较简单的情形，当 Z 为非线性函数时，可将此函数展开成泰勒级数而只保留其线性项,由式（3-15）、式（3-16）计算有关均值和方差,再用式（3-9）、式（3-10）、式（3-11）求得可靠指标 β 或失效概率 p_f。

$$Z = g(x_1, x_2, \cdots\cdots, x_n) \quad \text{（非线性函数）} \tag{3-14}$$

$$\mu_Z \approx g(\mu_{x1}, \mu_{x2}, \cdots\cdots, \mu_{xn}) \quad \text{（展成泰勒级数只保留一次项）} \tag{3-15}$$

$$\sigma_Z^2 \approx \sum_{i=1}^{n} \left(\frac{\partial g}{\partial x_i}\bigg|_{\mu}\right)^2 \sigma_{xi}^2 \tag{3-16}$$

式中　μ_{xi}——随机变量 x_i 的均值,$(\cdot|_\mu)$ 表示计算偏导数时各个变量均用各自的平均值赋值。

仍然考虑两个设计变量情况,有：

$$\beta = \frac{\mu_Z}{\sigma_Z} = \frac{\mu_R - \mu_S}{\sqrt{\sigma_R^2 + \sigma_S^2}} \tag{3-17}$$

将式（3-17）写成下式：

$$\mu_R = \mu_S + \beta(\sigma_R + \sigma_S) \tag{3-18}$$

令：

$$\alpha_R = \frac{\sigma_R}{\sqrt{\sigma_R^2 + \sigma_S^2}} \tag{3-19}$$

$$\alpha_S = \frac{\sigma_S}{\sqrt{\sigma_R^2 + \sigma_S^2}} \tag{3-20}$$

得到：

$$\mu_R - \alpha_R \beta \sigma_R = \mu_S + \alpha_S \beta \sigma_S \tag{3-21}$$

如果令：

$$R^* = \mu_R - \alpha_R \beta \sigma_R \tag{3-22}$$

$$S^* = \mu_S + \alpha_S \beta \sigma_S \tag{3-23}$$

式（3-21）写成设计式：

$$R^* \geqslant S^* \tag{3-24}$$

式中,R^*、S^* 分别为变量 R 和 S 的设计验算点坐标,式（3-24）就是概率极限状态方法的设计式。由于这种设计（处理方式）不需要考虑 Z 的全分布而只用到设计变量的二阶矩,对非线性功能函数采用泰勒级数展开仅保留一次项进行线性化,故此法被称为一次二阶矩法。

对于可靠指标 β 的合理取值,各国均倾向用校准法求得。所谓"校准法",就是对现有结构构件进行反演计算和综合分析求得其平均可靠指标,以此作为确定今后设计时应采用的目标可靠指标的基础。我国《建筑结构可靠度设计统一标准》（GB 50068—2001）按破坏类型（延性或脆性破坏倾向）与安全等级（根据破坏后果和建筑物类型分为一、二、三级,级数越高,破坏后果越不严重）分别规定了结构构件按承载能力极限状态以及正常使用极限状态设计时采用的不同 β 值（详见《建筑结构可靠度设计统一标准》GB 50068—2001）。

3.2.3　设计表达式

现行《钢结构设计规范》（GB 50017—2003）除疲劳计算外,采用以概率理论为基础的极限状态设计方法,用分项系数的设计表达式进行计算。与安全系数设计方法不同,这些分项系数不是凭经验确定的,而是以可靠指标 β 为基础用概率方法求出,也就是将式（3-21）或式（3-24）转化为等效的以基本变量标准值和分项系数表达的形式。

现以简单的荷载（$G+Q$）组合情况为例,分项系数设计式（3-24）可写成：

$$R^* \geqslant S_G^* + S_Q^* \tag{3-25}$$

即
$$\frac{R_K}{\gamma_R} \geqslant \gamma_G S_{GK} + \gamma_Q S_{QK} \tag{3-26}$$

式中　R_K——抗力标准值（按规范设计公式由材料强度标准值和截面公称尺寸计算而得）；

S_{GK}、S_{QK}——分别为永久荷载（G）效应标准值、某一可变荷载（Q）效应标准值；

γ_R——抗力分项系数；

γ_G、γ_Q——分别为永久荷载、某一可变荷载的荷载分项系数。

为使式（3-25）与式（3-26）等价，必须满足：

$$\gamma_R = R_K/R^* \tag{3-27a}$$
$$\gamma_G = S_G^*/S_{GK} \tag{3-27b}$$
$$\gamma_Q = S_Q^*/S_{QK} \tag{3-27c}$$

由式（3-21）知，R^*、S_G^*、S_Q^*之值不仅与可靠指标β有关，而且与各设计基本变量的统计参数（平均值、标准值）有关。因此，对每一种基本构件来说，在给定β目标值的情况下，γ_R、γ_G、γ_Q值将随荷载效应比值$\rho = S_{QK}/S_{GK}$变动而变动，这对于设计来说显然是不方便的。如果分别取γ_G、γ_Q为定值，γ_R亦按各基本构件取不同的定值，则所设计的结构构件的实际可靠指标β就不可能与给定的目标β值完全一致。为此，可用优化法寻求最佳的分项系数值，使这两个β的差值最小，并考虑工程经验来确定。

《建筑结构可靠度设计统一标准》（GB 50068—2001）依据计算和分析，规定在一般情况下荷载分项系数：

$$\gamma_G = 1.2 \; ; \; \gamma_Q = 1.4$$

当永久荷载效应与可变荷载效应异号时，这时永久荷载对设计是有利的（例如屋盖在负风压作用下有被掀起的可能时）应取：

$$\gamma_G = 1.0 \; ; \; \gamma_Q = 1.4$$

在荷载分项系数确定后，按照使所设计的结构构件的实际β值与规范规定的目标β值总体差值最小的要求，对钢结构构件抗力分项系数进行分析，结合工程经验，《钢结构设计规范》（GB 50017—2003）规定：Q235钢的抗力分项系数$\gamma_R = 1.087$；Q345、Q390和Q420钢的抗力分项系数$\gamma_R = 1.111$。

钢结构设计计算用应力列式表达，采用钢材强度设计值作为控制值。所谓"强度设计值"（用f表示），是钢的屈服强度f_y（新的国家标准用R_{eH}表达屈服强度）除以抗力分项系数γ_R的商，如Q235钢抗拉强度设计值为$f = f_y/\gamma_R = f_y/1.087$；对于端面承压和连接的强度设计值则为极限强度$f_u$（新国家标准用$R_m$表达极限强度）除以抗力分项系数$\gamma_R$，即$f = f_u/\gamma_R = f_u/1.538$。

按照《建筑结构可靠度设计统一标准》（GB 50068—2001）、《建筑结构荷载规范》（GB 50009—2001）的规定：对于承载能力极限状态，荷载效应基本组合产生的效应按下列应力设计表达式中最不利值确定：

$$\gamma_0 \left(\gamma_G \sigma_{Gk} + \gamma_{Q1} \sigma_{Q1k} + \sum_{i=2}^{n} \gamma_{Qi} \psi_{ci} \sigma_{Qik} \right) \leqslant f \tag{3-28}$$

$$\gamma_0 \left(\gamma_G \sigma_{Gk} + \sum_{i=1}^{n} \gamma_{Qi} \psi_{ci} \sigma_{Qik} \right) \leqslant f \tag{3-29}$$

式中 γ_0——结构重要性系数,对安全等级为一级、二级、三级的结构构件分别取不小于 1.1、1.0、0.9;

σ_{Gk}——永久荷载标准值在结构构件截面或连接中产生的应力;

σ_{Q1k}——起控制作用的第一个可变荷载标准值在结构构件截面或连接中产生的应力;

σ_{Qik}——其他第 i 个可变荷载标准值在结构构件截面或连接中产生的应力;

γ_G——永久荷载分项系数,当永久荷载效应对结构构件的承载能力不利时取 1.2,但对公式(3-29)则取 1.35。当永久荷载效应对结构构件的承载能力有利时,取为 1.0;

γ_{Q1}、γ_{Qi}——第 1 个和其他第 i 个可变荷载分项系数,当可变荷载效应对结构构件的承载能力不利时,取 1.4(当楼面活荷载大于 4.0kN/m^2 时,取 1.3);有利时,取为 0;

ψ_{ci}——第 i 个可变荷载的组合值系数,按《建筑结构荷载规范》(GB 50009—2001)的规定采用。

对于一般排架、框架结构,式(3-28)可采用下列简化式计算:

$$\gamma_0 \left(\gamma_G \sigma_{Gk} + \psi \sum_{i=1}^{n} \gamma_{Qi} \sigma_{Qik} \right) \leqslant f \tag{3-30}$$

式中 ψ——简化式中采用的荷载组合系数,一般情况下可采用 0.9;当只有 1 个可变荷载时,取 $\psi=1.0$。

需要注意的是,对于永久荷载效应控制的组合,其应力设计表达式(3-29)并没有相应的所谓简化设计式。

对于偶然组合,极限状态设计表达式宜按下列原则确定:偶然作用的代表值不乘以分项系数;与偶然作用同时出现的可变荷载,应根据观测资料和工程经验采用适当的代表值,具体的设计表达式及各种系数,应符合专门规范的规定。对于正常使用极限状态,按《建筑结构可靠度设计统一标准》(GB 50068—2001)的规定要求分别采用荷载的标准组合、频遇组合和准永久组合进行设计,并使变形等设计不超过相应的规定限值。钢结构只考虑荷载的标准组合,其设计式为:

$$v_{Gk} + v_{Q1k} + \sum_{i=2}^{n} \psi_{ci} v_{Qik} \leqslant [v] \tag{3-31}$$

式中 v_{Gk}——永久荷载的标准值在结构或结构构件中产生的变形值;

v_{Q1k}——起控制作用的第一个可变荷载的标准值在结构或结构构件中产生的变形值;

v_{Qik}——其他第 i 个可变荷载标准值在结构或结构构件中产生的变形值;

$[v]$——结构或结构构件变形的容许值,按《钢结构设计规范》(GB 50017—2003)相关规定采用。

4 轴心受力构件

轴心受力构件广泛应用于各种平面和空间桁架、网架、塔架和支撑等杆件体系结构中。这类结构通常假设其节点为铰接连接,当无节间荷载作用时,只受轴向拉力和压力的作用,分别称为轴心受拉构件和轴心受压构件。轴心受压构件也常用作支承其他结构的承重柱,如工业建筑的工作平台支柱等。图 4-1 即为轴心受力构件在工程中应用的一些实例。

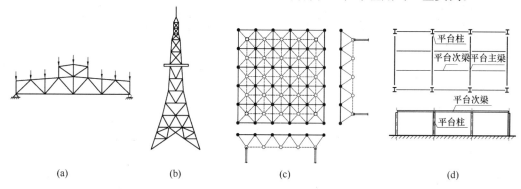

图 4-1 轴心受力构件在工程中的应用
(a) 桁架;(b) 塔架;(c) 网架;(d) 工作平台柱

轴心受力构件的常用截面形式可分为实腹式和格构式两大类。

实腹式构件制作简单,与其他构件连接也较方便,其常用截面形式很多。可直接选用单个型钢截面,如圆钢、钢管、角钢、T 型钢、槽钢、工字钢、H 型钢等(图 4-2a),也可选用由型钢或钢板组成的组合截面(图 4-2b)。一般桁架结构中的弦杆和腹杆,除 T 型钢外,也常采用角钢或双角钢组合截面(图 4-2c),在轻型结构中则可采用冷弯薄壁型钢截面(图 4-2d)。以上这些截面中,截面紧凑(如圆钢和组成板件宽厚比较小截面)或对两主轴刚度相差悬殊者(如单槽钢、工字钢),一般只可能用于轴心受拉构件。而受压构件通常采用较为开展、组成板件宽而薄的截面。

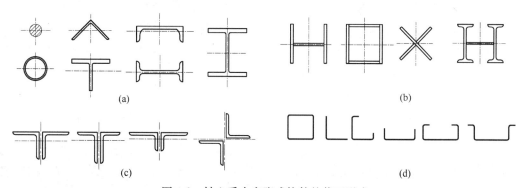

图 4-2 轴心受力实腹式构件的截面形式

格构式构件容易使压杆实现两主轴方向的等稳定性，刚度大，抗扭性能也好，用料较省。其截面一般由两个或多个型钢肢件组成（图 4-3），肢件间采用缀条（图 4-4a）或缀板（图 4-4b）连成整体，缀板和缀条统称为缀材。

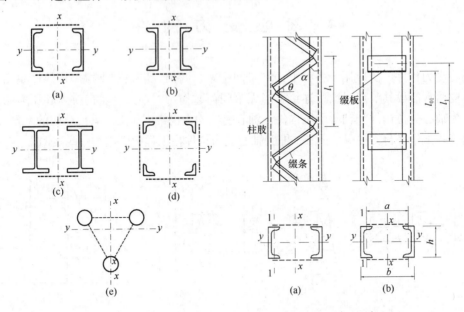

图 4-3　格构式构件的常用截面形式　　　图 4-4　格构式构件的缀材布置
　　　　　　　　　　　　　　　　　　　　　　(a) 缀条柱；(b) 缀板柱

轴心受力构件的计算应同时满足承载能力极限状态和正常使用极限状态的要求。对于承载能力极限状态，受拉构件一般以强度控制，而受压构件需同时满足强度和稳定性的要求。对于正常使用极限状态，是通过保证构件的刚度——限制其长细比来达到的。因此，按受力性质的不同，轴心受拉构件的计算包括强度和刚度计算，而轴心受压构件的计算则包括强度、稳定性和刚度计算。

4.1　轴心受力构件的强度和刚度

4.1.1　强度计算

轴心受力构件的强度承载力是以截面的平均应力达到钢材的屈服应力为极限。但当构件的截面有局部削弱时，截面上的应力分布不再是均匀的，在孔洞附近有如图 4-5（a）所示的应力集中现象。在弹性阶段，孔壁边缘的最大应力 σ_{max} 可能达到构件毛截面平均应力 σ_a 的三倍。若拉力继续增加，当孔壁边缘的最大应力达到材料的屈服强度以后，应力不再继续增加而只发展塑性变形，截面上的应力产生塑性重分布，最后达到均匀分布（图 4-5b）。因此，对于有孔洞削弱的轴心受力构件，仍以其净截面的

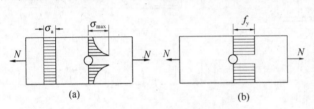

图 4-5　有孔洞拉杆的截面应力分布
(a) 弹性状态应力；(b) 极限状态应力

平均应力达到其强度限值作为计算时的控制值。这就要求在设计时应选用具有良好塑性性能的材料。

轴心受力构件的强度按下式计算：

$$\sigma = \frac{N}{A_n} \leqslant f \tag{4-1}$$

式中　N——构件的轴心拉力或压力设计值；

　　　f——钢材的抗拉强度设计值；

　　　A_n——构件的净截面面积。

当轴心受力构件采用普通螺栓连接时，若螺栓为并列布置（图 4-6a），A_n 按最危险的正交截面（Ⅰ-Ⅰ截面）计算。若螺栓错列布置（图 4-6b、c），构件既可能沿正交截面Ⅰ-Ⅰ破坏，也可能沿齿状截面Ⅱ-Ⅱ破坏。截面Ⅱ-Ⅱ的毛截面长度较大但孔洞较多，其净截面面积不一定比截面Ⅰ-Ⅰ的净截面面积大。A_n 应取Ⅰ-Ⅰ和Ⅱ-Ⅱ截面的较小面积计算。

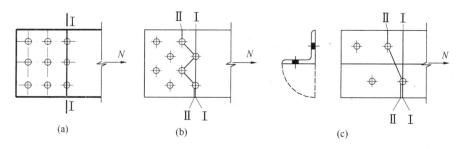

图 4-6　净截面面积计算

当轴心受力构件采用高强度螺栓摩擦型连接时，其净截面强度计算详见第 7 章。

4.1.2　刚度计算

为满足结构的正常使用要求，轴心受力构件不应做得过分柔细，而应具有一定的刚度，以保证构件不会产生过度的变形。

受拉和受压构件的刚度是以其长细比 λ 来衡量的，当构件的长细比太大时，会产生下列不利影响：

（1）在运输和安装过程中产生弯曲或过大的变形；

（2）使用期间因其自重而明显下挠；

（3）在动力荷载作用下发生较大的振动。

此外，压杆的长细比若过大，除具有前述各种不利因素外，还使得构件的极限承载力显著降低，同时，初弯曲和自重产生的挠度也将对构件的整体稳定带来不利影响。

规范在总结了钢结构长期使用经验的基础上，根据构件的重要性和荷载情况，对构件的最大长细比 λ 提出了要求，即

$$\lambda = \frac{l_0}{i} \leqslant [\lambda] \tag{4-2}$$

式中　l_0——构件的计算长度；

　　　i——截面的回转半径；

　　　$[\lambda]$——构件的容许长细比。

表 4-1 是受拉构件的容许长细比规定。

受拉构件的容许长细比　　　　　　　　表 4-1

项次	构件名称	承受静力荷载或间接承受动力荷载的结构		直接承受动力荷载的结构
		一般建筑结构	有重级工作制吊车的厂房	
1	桁架的杆件	350	250	250
2	吊车梁或吊车桁架以下的柱间支撑	300	200	—
3	其他拉杆、支撑、系杆等（张紧的圆钢除外）	400	350	—

注：1. 承受静力荷载的结构中，可仅计算受拉构件在竖向平面内的长细比；
    2. 在直接或间接承受动力荷载的结构中，计算单角钢受拉构件的长细比时，应采用角钢的最小回转半径；但在计算交叉杆件平面外的长细比时，可采用与角钢肢边平行轴的回转半径；
    3. 中、重级工作制吊车桁架下弦杆的长细比不宜超过200；
    4. 在设有夹钳吊车或刚性料耙等硬钩吊车的厂房中，支撑（表中第 2 项除外）的长细比不宜超过 300；
    5. 受拉构件在永久荷载与风荷载组合作用下受压时，其长细比不宜超过 250；
    6. 跨度等于或大于 60m 的桁架，其受拉弦杆和腹杆的长细比不宜超过 300（承受静力荷载或间接承受动力荷载）或 250（直接承受动力荷载）。

规范对压杆容许长细比的规定更为严格，见表 4-2。

受压构件的容许长细比　　　　　　　　表 4-2

项次	构件名称	容许长细比
1	柱、桁架和天窗架中的杆件	150
	柱的缀条、吊车梁或吊车桁架以下的柱间支撑	150
2	支撑（吊车梁或吊车桁架以下的柱间支撑除外）	200
	用以减小受压构件长细比的杆件	200

注：1. 桁架（包括空间桁架）的受压腹杆，当其内力等于或小于承载能力的 50％时，容许长细比值可取 200；
    2. 计算单角钢受压构件的长细比时，应采用角钢的最小回转半径；但在计算交叉杆件平面外的长细比时，可采用与角钢肢边平行轴的回转半径；
    3. 跨度等于或大于 60m 的桁架，其受压弦杆和端压杆的容许长细比值宜取 100，其他受压腹杆可取 150（承受静力荷载或间接承受动力荷载）或 120（直接承受动力荷载）。

4.1.3　轴心拉杆的计算

受拉构件没有整体稳定和局部稳定问题，极限承载力一般由强度控制，所以，设计时只考虑强度和刚度。

钢材比其他材料更适合于受拉，所以钢拉杆不但用于钢结构，还用于钢与钢筋混凝土或木材的组合结构中。此种组合结构的受压构件用钢筋混凝土或木材制作，而拉杆用钢材做成。

【例 4-1】　如图 4-7 所示，一有中级工作制吊车的厂房屋架的双角钢拉杆，截面为 2L100×10，角钢上有交错排列的普通螺栓孔，孔径 $d=20$mm。试计算此拉杆所能承受的最大拉力及容许达到的最大计算长度。钢材为 Q235 钢。

【解】　查型钢表附表 6-5，2L100×10 角钢：$i_x=3.05$cm，$i_y=4.52$cm。$f=215$N/mm^2，角钢的厚度为 10mm，在确定危险截面之前先把它按中面展开如图 4-7（b）所示。

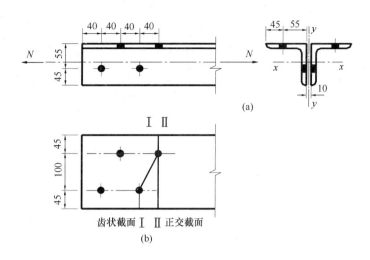

图 4-7 例 4-1 图

正交净截面（Ⅱ-Ⅱ）的面积为：
$$A_n = 2 \times (45 + 100 + 45 - 20) \times 10 = 34.0 \text{cm}^2$$

齿状净截面（Ⅰ-Ⅰ）的面积为：
$$A_n = 2 \times (45 + \sqrt{100^2 + 40^2} + 45 - 2 \times 20) \times 10 = 31.5 \text{cm}^2$$

危险截面是齿状截面，此拉杆所能承受的最大拉力为：
$$N = A_n f = 31.5 \times 10^2 \times 215 = 677000 \text{N} = 677 \text{kN}$$

容许的最大计算长度为：

对 x 轴，$\quad l_{0x} = [\lambda] \cdot i_x = 350 \times 30.5 = 10675 \text{mm}$

对 y 轴，$\quad l_{0y} = [\lambda] \cdot i_y = 350 \times 45.2 = 15820 \text{mm}$

4.2 轴心受压构件的整体稳定

在荷载作用下，轴心受压构件的破坏方式主要有两类：短而粗的轴心受压构件主要是强度破坏；长而细的轴心受压构件主要是失去整体稳定性而破坏。细长的轴心受压构件受外力作用后，当截面上的平均应力远低于钢材的屈服强度时，常由于其内力和外力间不能保持平衡的稳定性，稍微扰动即促使构件产生很大的变形而丧失承载能力，这种现象就称为丧失整体稳定性，或称屈曲。由于钢材强度高，钢结构构件的截面大都轻而薄，因而轴心压杆的破坏常是由失去整体稳定性所控制。

稳定问题对钢结构是一个极其重要的问题。在钢结构工程事故中，因失稳导致破坏者较为常见。近几十年来，由于结构形式的不断发展和较高强度钢材的应用，使构件更超轻型而薄壁，更容易出现失稳现象，因而对结构稳定性的研究以及对结构稳定知识的掌握也就更有必要。

4.2.1 理想轴心受压构件的临界力

所谓理想轴心压杆就是假定杆件完全挺直，荷载沿杆件形心轴作用，杆件在受荷之前没有初始应力，也没有初弯曲和初偏心等缺陷，截面沿杆件是均匀的。如果此种杆件失稳，叫做发生屈曲。

视构件的截面形状和尺寸，理想轴心压杆可能发生三种不同的屈曲形式：

（1）弯曲屈曲——只发生弯曲变形，杆件的截面只绕一个主轴旋转，杆的纵轴由直线变为曲线。这是双轴对称截面最常见的屈曲形式，也是钢结构中最基本、最简单的屈曲形式。单轴对称截面绕其非对称轴屈曲时也会发生弯曲屈曲。

图 4-8（a）就是两端铰支（即支承端能自由绕截面主轴转动但不能侧移和扭转）工字形截面压杆发生绕弱轴（y 轴）的弯曲屈曲情况。

（2）扭转屈曲——失稳时杆件除支承端外的各截面均绕纵轴扭转，这是少数双轴对称截面压杆可能发生的屈曲形式。图 4-8（b）为长度较小的十字形截面杆件可能发生的扭转屈曲情况。

（3）弯扭屈曲——单轴对称截面绕其对称轴屈曲时，杆件在发生弯曲变形的同时必然伴随着扭转。图 4-8（c）即为 T 字形单轴对称截面的弯扭屈曲情况。

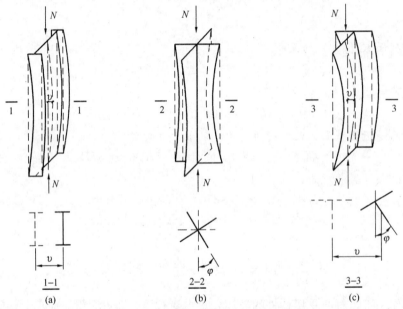

图 4-8 轴心压杆的屈曲变形
(a) 弯曲屈曲；(b) 扭转屈曲；(c) 弯扭屈曲

在普通钢结构中，对轴心受压构件的稳定性主要考虑的是弯曲屈曲。实际轴心压杆必然存在一定的初始缺陷，如初弯曲、荷载的初偏心和残余应力等。为了分析的方便，通常先假定不存在这些初始缺陷，即按理想轴心受压构件进行分析，然后再分别考虑以上初始缺陷的影响。

4.2.1.1 理想轴心受压构件的弹性弯曲屈曲

如图 4-9 所示两端铰支的理想细长压杆，当压力 N 较小时，杆件只产生轴向的压缩变形，杆轴保持平直。如有干扰使之微弯，干扰撤去后，杆件就恢复原来的直线状态，这表示荷载对微弯杆各截面的外力矩小于各截面的抵抗力矩，直线状态的平衡是稳定的。当逐渐加大 N 力到某一数值时，如有干扰，杆件就可能微弯，而撤去此干扰后，杆件仍然保持微弯状态不再恢复其原有的直线状态（图 4-9a），这时除直线形式的平衡外，还存在微弯状态下的平衡位置。这种现象称为平衡的"分枝"，而且此时外力和内力的平衡是随遇的,叫做随遇平衡或中性平衡。当外力 N 超过此数值时,微小的干扰将使杆件产生很大的弯曲变形,随即产生破坏,此时的平衡是不稳定的,即杆件"屈曲"。中性平衡状态是从稳定平衡过渡到不稳定平衡的一个临界状态,所以称此时的外力 N 值为临界力。此临界力可定义为理想轴心压杆呈微弯状态的轴心压力。

轴心压杆发生弯曲时,截面中将引起弯矩 M 和剪力 V,若沿杆件长度上任一点由弯矩产生的变形为 y_1,由剪力产生的变形为 y_2(图 4-9),则任一点的总变形为 $y=y_1+y_2$。由材料力学知:

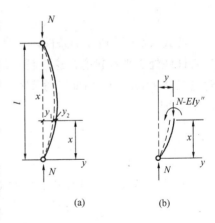

图 4-9 两端铰支轴心压杆
屈曲时的临界状态

$$\frac{d^2 y_1}{dx^2} = -\frac{M}{EI}$$

而剪力 V 产生的轴线转角为:

$$\gamma = \frac{dy_2}{dx} = \frac{\beta}{GA} \cdot V = \frac{\beta}{GA} \cdot \frac{dM}{dx}$$

式中 A、I——杆件截面面积和惯性矩;
   E、G——材料的弹性模量和剪变模量;
   β——与截面形状有关的系数。

因为

$$\frac{d^2 y_2}{dx^2} = \frac{\beta}{GA} \cdot \frac{dV}{dx} = \frac{\beta}{GA} \cdot \frac{d^2 M}{dx^2}$$

所以

$$\frac{d^2 y}{dx^2} = \frac{d^2 y_1}{dx^2} + \frac{d^2 y_2}{dx^2} = -\frac{M}{EI} + \frac{\beta}{GA} \cdot \frac{d^2 M}{dx^2}$$

在随遇平衡状态,由于任意截面的弯矩 $M=N \cdot y$,得:

$$\frac{d^2 y}{dx^2} = -\frac{N}{EI} y + \frac{\beta N}{GA} \cdot \frac{d^2 y}{dx^2}$$

或

$$y''\left(1-\frac{\beta N}{GA}\right) + \frac{N}{EI} y = 0 \tag{4-3a}$$

令 $k^2 = \dfrac{N}{EI\left(1-\dfrac{\beta N}{GA}\right)}$,则得到下式:

$$y'' + k^2 y = 0 \tag{4-3b}$$

这是一个常系数线性二阶齐次方程,其通解为:

$$y = A\sin kx + B\cos kx \tag{4-3c}$$

式中 A、B 为待定常数,由边界条件确定:

对两端铰支杆,当 $x=0$ 时,$y=0$,可由式 (4-3c) 得 $B=0$,从而

$$y = A\sin kl \tag{4-3d}$$

又由 $x=l$ 处 $y=0$,得

$$A\sin kl = 0 \tag{4-3e}$$

使式（4-3e）成立的条件，一是 $A=0$，但由式（4-3d）知，若 $A=0$ 则有 $y=0$，意味着杆件处于平直状态，这与杆件屈曲时保持微弯平衡的前提相悖，不是我们所需要的解。二是 $\sin kl = 0$，由此可得 $kl = n\pi$（$n=1, 2, 3\cdots$），取最小值 $n=1$，得 $kl=\pi$，$k^2 = \pi^2/l^2$，即

$$k^2 = \frac{N}{EI\left(1-\dfrac{\beta N}{GA}\right)} = \frac{\pi^2}{l^2} \tag{4-3f}$$

上式中解出 N，即为中性平衡时的临界力 N_{cr}：

$$N_{cr} = \frac{\pi^2 EI}{l^2} \cdot \frac{1}{1+\dfrac{\pi^2 EI}{l^2}\cdot\dfrac{\beta}{GA}} = \frac{\pi^2 EI}{l^2} \cdot \frac{1}{1+\dfrac{\pi^2 EI}{l^2}\cdot\gamma_1} \tag{4-3}$$

式中　$\gamma_1 = \beta/(GA)$——单位剪力时的轴线转角；

　　　l——两端铰支杆的长度。

又由式（4-3d），可得到两端铰支杆的挠曲线方程为：

$$y = A\sin\pi x/l$$

式中　A——杆长中点的挠度，是很微小的不定值。

临界状态时的截面平均应力称为临界应力 σ_{cr}：

$$\sigma_{cr} = \frac{N_{cr}}{A} = \frac{\pi^2 E}{\lambda^2} \cdot \frac{1}{1+\dfrac{\pi^2 EA}{\lambda^2}\cdot\gamma_1} \tag{4-4}$$

式中　$\lambda = l/i$——杆件的长细比；

　　　$i = \sqrt{I/A}$——对应于屈曲轴的截面回转半径。

通常剪切变形的影响较小，对实腹构件若略去剪切变形，临界力或临界应力只相差3‰左右。若只考虑弯曲变形，则上述临界力和临界应力一般称为欧拉临界力 N_E 和欧拉临界应力 σ_E，它们的表达式为：

$$N_E = \frac{\pi^2 EI}{l^2} = \frac{\pi^2 EA}{\lambda^2} \tag{4-5}$$

$$\sigma_E = \frac{\pi^2 E}{\lambda^2} \tag{4-6}$$

在上述欧拉临界力和临界应力的推导中，假定弹性模量 E 为常量（即材料符合虎克定律），所以只有当求得的欧拉临界应力 σ_E 不超过材料的比例极限 f_p 时，式（4-6）才是有效的，即

$$\sigma_E = \frac{\pi^2 E}{\lambda^2} \leqslant f_p$$

或长细比　$\lambda \geqslant \lambda_p = \pi\sqrt{E/f_p}$

4.2.1.2　理想轴心受压构件的弹塑性弯曲屈曲

当杆件的长细比 $\lambda < \lambda_p$ 时，临界应力超过了材料的比例极限 f_p，此时弹性模量 E 不再是常量，上述推导的欧拉临界力即式（4-5）不再适用，此时应考虑钢材的非弹性性能。

图 4-10 表示一弹塑性材料的应力—应变曲线，在应力到达比例极限 f_p 以前为一直线，其斜率为一常量，即弹性模量 E；在应力到达 f_p 以后则为一曲线，其切线斜率随应力的大小而变化。斜率 $d\sigma/d\varepsilon = E_t$ 称为钢材的切线模量。轴压构件的非弹性屈曲（或称弹塑性屈曲）问题既需考虑几何非线性（二阶效应），又需考虑材料的非线性，因此确定杆件的临界力较为困难。对于这个问题，历史上曾出现过两种理论来解决。

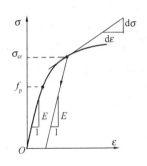

图 4-10 应力—应变曲线

(1) 双模量理论

双模量理论认为理想轴心压杆在微弯的中性平衡时，截面的平均应力（临界应力 σ_{cr}）要叠加上弯曲应力。即构件弯曲受压侧的纤维（凹边）应力由于构件弯曲将有所增加，而弯曲受拉侧的纤维（凸边）应力由于构件弯曲将有所减少，如图 4-11（c）所示，也就是由于构件的弯曲使凹边"加载"，使凸边"卸载"。加载时应力—应变关系应遵循相应于切线模量 E_t 的规律，而卸载时其关系应遵循相应于弹性模量 E 的变化规律（见图 4-10）。因为 $E_t < E$，而两侧弯曲应力拉、压之和绝对值应相等，所以中和轴应由形心轴向受拉纤维一侧移动（图 4-11b）。

令 I_1、I_2 分别为构件凸边（弯曲受拉区）和凹边（弯曲受压区）截面对中和轴的惯性矩，则可像弹性屈曲那样建立微分方程。若忽略剪切变形的影响，内、外弯矩的平衡方程为：

$$-(EI_1 + E_t I_2)y'' = N \cdot y$$

解此微分方程，得理想轴心压杆微弯状态的弹塑性临界力为：

$$N_{cr,r} = \frac{\pi^2 (EI_1 + E_t I_2)}{l^2} = \frac{\pi^2 E_r I}{l^2} \tag{4-7}$$

式中 $E_r = \dfrac{EI_1 + E_t I_2}{I}$ ——折算模量。

(2) 切线模量理论

切线模量理论假设，当轴心力达到理论导出的临界压力 $N_{cr,t}$ 时，杆件还保持顺直，但微弯时，轴心力增加了 ΔN；同时还假设虽然 ΔN 很小，但所增加的平均压应力恰好等于截面凸侧所产生的弯曲拉应力。因此认为全截面各处都是应变和应力增加，没有退降区，这就使切线模量 E_t 通用于全截面（图 4-12）。

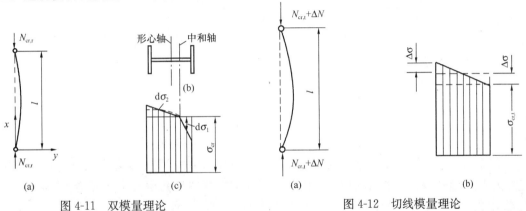

图 4-11 双模量理论   图 4-12 切线模量理论

由于 ΔN 可以比 $N_{cr,t}$ 小得多，故仍取 $N_{cr,t}$ 作为本理论的临界力；又由于整个截面采用了同一个切线模量，所以中和轴与形心轴重合。与弹性屈曲情况相比，切线模量理论可只用切线模量 E_t 代替弹性模量 E，根据欧拉荷载同样的推导，可得临界力和临界应力分别为：

$$N_{cr,t} = \frac{\pi^2 E_t I}{l^2} \tag{4-8}$$

$$\sigma_{cr,t} = \frac{\pi^2 E_t}{\lambda^2} \tag{4-9}$$

由于切线模量 E_t 小于折算模量 E_r，所以切线模量临界力 $N_{cr,t}$ 小于双模量临界力 $N_{cr,r}$。

切线模量理论是德国科学家恩格塞尔（F. Engesser）于 1889 年首先提出，随后他于 1895 年根据雅幸斯基（Ясинкии）的建议，考虑"弹性卸载"提出了双模量理论。嗣后几十年一直认为双模量理论是正确的，但是许多柱子试验的结果却又与切线模量的计算结果更为接近。这个问题长期得不到满意的解释。直到 1947 年，香来（Shanley）才利用其有名的柱子力学模型成功地解释了这个问题。他认为理想轴心压杆弹塑性阶段，切线模量理论更有实用价值。

4.2.2 初始缺陷对轴心压杆件稳定承载力的影响

实际轴心压杆与理想轴心压杆不一样，它不可避免地存在初始缺陷。这些初始缺陷有力学缺陷和几何缺陷两种，力学缺陷包括残余应力和截面各部分屈服点不一致等；几何缺陷包括初弯曲和加载初偏心等。其中对轴心压杆弯曲稳定承载力影响最大的是残余应力、初始弯曲和初始偏心。

4.2.2.1 残余应力的影响

建筑钢材小试件的应力—应变曲线可认为是理想弹塑性的，即可假定屈服点 f_y 与比例极限 f_p 相等（图 4-13a），也就是在屈服点 f_y 之前为完全弹性，应力达到 f_y 就呈完全塑性。从理论上来说，压杆临界应力与长细比的关系曲线（柱子曲线）应如图 4-13（b）所示，即当 $\lambda \geqslant \pi\sqrt{E/f_y}$ 时为欧拉曲线；当 $\lambda < \pi\sqrt{E/f_y}$ 时，则由屈服条件 $\sigma_{cr} = f_y$ 控制，为一水平线。

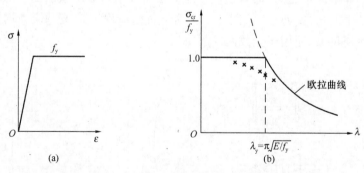

图 4-13 理想弹塑性材料的应力—应变曲线和柱子曲线

但是，一般压杆的试验结果却常处于图 4-13（b）用"×"标出的位置，它们明显地比上述理论值低。在一个时期内，人们是用试件的初弯曲和初偏心来解释这些试验结果，后来在 20 世纪 50 年代初期，人们才发现试验结果偏低的原因还有残余应力的影响，而且对有些压杆残余应力的影响是最主要的。

(1) 残余应力产生的原因和分布

残余应力是钢结构构件还未承受荷载前即已存在于构件截面上的自相平衡的初始应力，其产生的原因主要有：

① 焊接时的不均匀加热和不均匀冷却，这是焊接结构最主要的残余应力（详见第7章）；

② 型钢热轧后的不均匀冷却；

③ 板边缘经火焰切割后的热塑性收缩；

④ 构件经冷校正后产生的塑性变形。

残余应力有平行于杆轴方向的纵向残余应力和垂直于杆轴方向的横向残余应力，对板件厚度较大的截面，还存在厚度方向的残余应力。横向及厚度方向残余应力的绝对值一般很小，而且对杆件承载力的影响甚微，故通常只考虑纵向残余应力。图 4-14 为轧制 H 型钢量测得到的纵向残余应力示例。拉应力取正值；压应力取负值。

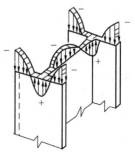

图 4-14 H 型钢的纵向残余应力示例

根据实际情况测定的残余应力分布图一般是比较复杂而离散的，不便于分析时采用。因此，通常是将残余应力分布图进行简化，得出其计算简图。结构分析时采用的纵向残余应力计算简图，一般由直线或简单的曲线组成，如图 4-15 所示。其中图 4-15 (a) 是轧制普通工字钢的纵向残余应力分布图，由于其腹板较薄，热轧后首先冷却，翼缘在冷却收缩过程中受到腹板的约束，因此翼缘中产生纵向残余拉应力，而腹板中部受到压缩作用产生纵向压应力。图 4-15 (b) 是轧制 H 型钢，由于翼缘较宽，其端部先冷却，因此具有残余压应力，其值为 $\sigma_{rc}=0.3f_y$ 左右（f_y 为钢材屈服点），而残

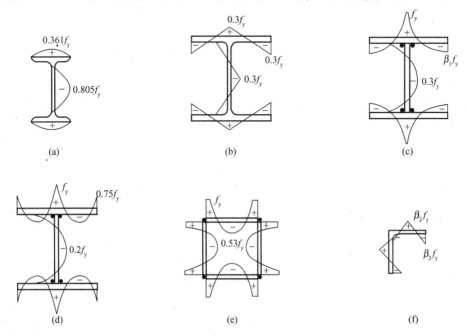

图 4-15 纵向残余应力简化图（$\beta_1=0.3\sim0.6$，$\beta_2\approx0.25$）

余应力在翼缘宽度上的分布，西欧各国常假设为抛物线，美国则常取为直线。图4-15（c）为翼缘是轧制边或剪切边的焊接工字形截面，其残余应力分布情况与轧制H型钢类似，但翼缘与腹板连接处的残余拉应力通常达到钢材屈服点。图4-15（d）为翼缘是火焰切割边的焊接工字形截面，翼缘端部和翼缘与腹板连接处都产生残余拉应力，而后者也经常达到钢材屈服点。图4-15（e）是焊接箱形截面，焊缝处的残余拉应力也达到钢材的屈服点，为了互相平衡，板的中部自然产生残余压应力。图4-15（f）是轧制等边角钢的纵向残余应力分布图。以上的残余应力一般假设沿板的厚度方向不变，板内外都是同样的分布图形，但此种假设只是在板件较薄的情况才能成立。

对厚板组成的截面，残余应力沿厚度方向有较大变化，不能忽视。图4-16（a）为轧制厚板焊接的工字形截面沿厚度方向的残余应力分布图，其翼缘板外表面具有残余压应力，端部压应力可能达到屈服点；翼缘板的内表面与腹板连接焊缝处有较高的残余拉应力（达f_y）；而在板厚的中部则介于内、外表面之间，随板件宽厚比和焊缝大小而变化。图4-16（b）是轧制无缝圆管，由于外表面先冷却，后冷却的内表面受到外表面的约束，故有残余拉应力，而外表面具有残余压应力，从而产生沿厚度变化的残余应力，但其值不大。

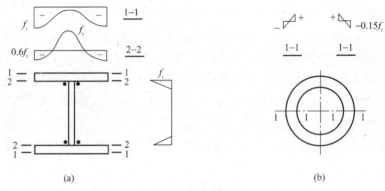

图4-16　厚板（或厚壁）截面的残余应力

（2）短柱的平均应力—应变曲线

残余应力的存在也可用短柱试验来验证，从杆件截取一短段（其长细比不大于10，使受压时不会失稳）进行压力试验，可以绘出平均应力$\sigma=N/A$与应变ε的关系曲线。现以图4-15（b）的H型钢为例说明残余应力的影响。为了说明问题的方便，将对受力性能影响不大的腹板部分略去（图4-17a），假设柱截面集中于两翼缘。

假设翼缘端部残余压应力$\sigma_{rc}=0.3f_y$，当外力产生的应力$\sigma=N/A$小于$0.7f_y$时，截面全部为弹性的。如外力增加使σ达到$0.7f_y$以后，翼缘端部开始屈服并逐渐向内发展，能继续抵抗增加外力的弹性区逐渐缩小（图4-17b、c）。所以，在应力—应变曲线（图4-17e）中，$\sigma=0.7f_y$之点（图4-17e中A点）即为最大残余压应力为$0.3f_y$的有效比例极限f_p所在点。由此可知，有残余应力的短柱的有效比例极限为：

$$f_p = f_y - \sigma_{rc}$$

式中　σ_{rc}——截面中绝对值最大的残余压应力。

（3）考虑残余应力的轴心受压直杆的临界应力

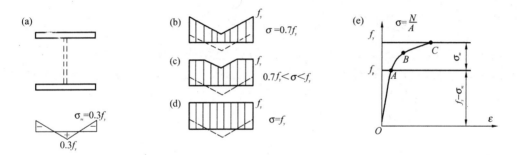

图 4-17 轧制 H 型钢短柱试验应力变化和 σ-ε 曲线

根据轴心压杆的屈曲理论,当屈曲时的平均应力 $\sigma = N/A \leqslant f_p$ 或长细比 $\lambda \geqslant \lambda_p = \pi\sqrt{E/f_p}$ 时,可采用欧拉公式计算临界应力。当 $\sigma > f_p$ 或 $\lambda < \lambda_p$ 时,杆件截面内将出现部分塑性区和部分弹性区(图 4-17c)。由切线模量理论知,微弯时无应变变号,即弯曲应力都是增加。由于截面塑性区应力不可能再增加,能够产生抵抗力矩的只是截面的弹性区,此时的临界力和临界应力应为:

$$N_{cr} = \frac{\pi^2 E I_e}{l^2} = \frac{\pi^2 E I}{l^2} \cdot \frac{I_e}{I}$$

$$\sigma_{cr} = \frac{\pi^2 E}{\lambda^2} \cdot \frac{I_e}{I}$$

式中　I_e——弹性区的截面惯性矩(或有效惯性矩);
　　　I——全截面的惯性矩。

仍以忽略腹板部分的轧制 H 型钢(图 4-17a)为例,推求其弹塑性阶段的临界应力值。当 $\sigma = N/A > f_p$ 时,翼缘中塑性区和应力分布如图 4-18(a)、(b)所示,翼缘宽度为 b,弹性区宽度为 kb。

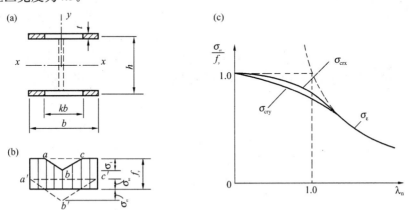

图 4-18 仅考虑残余应力的柱子曲线

当杆件绕 $x-x$ 轴(强轴)屈曲时:

$$\sigma_{crx} = \frac{\pi^2 E}{\lambda_x^2} \cdot \frac{I_{ex}}{I_x} = \frac{\pi^2 E}{\lambda_x^2} \cdot \frac{2t(kb)h^2/4}{2tbh^2/4} = \frac{\pi^2 E}{\lambda_x^2} \cdot k \qquad (4\text{-}10)$$

当杆件绕 $y-y$ 轴(弱轴)屈曲时:

$$\sigma_{\text{cry}} = \frac{\pi^2 E}{\lambda_y^2} \cdot \frac{I_{\text{ey}}}{I_y} = \frac{\pi^2 E}{\lambda_y^2} \cdot \frac{2t(kb)h^2/2}{2tb^3/12} = \frac{\pi^2 E}{\lambda_y^2} \cdot k^3 \quad (4\text{-}11)$$

由于 $k<1.0$，故知残余应力对弱轴的影响比对强轴的影响要大得多。

因为 k 为未知量，不能用公式（4-10）和式（4-11）直接求临界应力，需要根据力的平衡条件再建立一个平均应力（σ_{cr}）的计算公式。

由图 4-18（b）的应力分布情况，如残余应力为直线分布，因 $\triangle abc \sim \triangle a'b'c'$，故：

$$\frac{\sigma_1}{\sigma_{\text{rc}}+\sigma_{\text{rt}}} = \frac{kb}{b}$$

即
$$\sigma_1 = k(\sigma_{\text{rc}}+\sigma_{\text{rt}})$$

集合阴影区的力，除以面积，可以得到平均应力，即

$$\sigma_{\text{crx}}(\text{或}\ \sigma_{\text{cry}}) = \frac{2btf_y - 2kbt \times 0.5k(\sigma_{\text{rc}}+\sigma_{\text{rt}})}{2bt} = f_y - \frac{\sigma_{\text{rc}}+\sigma_{\text{rt}}}{2} \cdot k^2 \quad (4\text{-}12)$$

联合求解公式（4-10）和公式（4-12）可求得 σ_{crx}；联合求解公式（4-11）和式（4-12）可得到 σ_{cry}。画成如图 4-18（c）所示的无量纲柱子曲线，纵坐标是屈曲应力 σ_{cr} 与屈服强度 f_y 的比值，横坐标是相对长细比（正则化长细比）$\lambda_n = \frac{\lambda}{\pi}\sqrt{f_y/E}$。由图 4-18（c）可知，在 $\lambda_n = 1.0$ 处残余应力对轴心压杆稳定承载力的影响最大。

4.2.2.2 初弯曲的影响

实际的压杆不可能完全挺直，总会有微小的初始弯曲。初弯曲的曲线形式多种多样，对两端铰支杆，通常假设初弯曲沿全长呈正弦曲线分布，即距原点为 x 处的初始挠度为（图 4-19a）：

$$y_0 = v_0 \sin\frac{\pi x}{l} \quad (4\text{-}13)$$

式中 v_0——压杆长度中点的最大初始挠度，按施工质量验收规范的规定，其值不得大于 $l/1000$。

有初弯曲的构件受压后，杆的挠度增加，设杆件任一点的挠度增加量为 y，则杆件任一点的总挠度为 $y_0 + y$。取脱离体如图 4-19（b）所示，在距原点 x 处，外力产生的力矩为 $N(y_0+y)$，内部应力形成的抵抗弯矩为 $-EIy''$（这里不计入 $-EIy_0''$，因为 y_0 为初弯曲，杆件在初弯曲状态下没有应力，不能提供抵抗弯矩），建立平衡微分方程式：

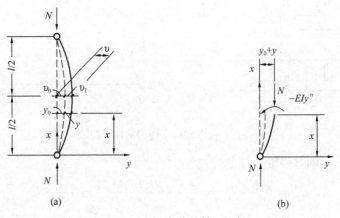

图 4-19 有初弯曲的轴心压杆

$$-EIy'' = N(y_0 + y)$$

将式（4-13）代入，得

$$EIy'' + N\left(v_0 \sin \frac{\pi x}{l} + y\right) = 0 \tag{4-14}$$

对于两端铰支的理想直杆，可以推想得到，在弹性阶段，增加的挠度也呈正弦曲线分布，即

$$y = v_1 \sin \frac{\pi x}{l} \tag{4-15}$$

式中 v_1——杆件长度中点所增加的最大挠度。

将公式（4-15）的 y 和两次微分的 $y'' = -v_1 \frac{\pi^2}{l^2} \sin \frac{\pi x}{l}$ 代入公式（4-14）中，得：

$$\sin \frac{\pi x}{l}\left[-v_1 \frac{\pi^2 EI}{l^2} + N(v_1 + v_0)\right] = 0$$

由于 $\sin \frac{\pi x}{l} \neq 0$，必然有等式左端方括号中的数值为零，令 $\frac{\pi^2 EI}{l^2} = N_E$，得：

$$-v_1 N_E + N(v_1 + v_0) = 0$$

因而得

$$v_1 = \frac{Nv_0}{N_E - N}$$

杆长中点的总挠度为：

$$v = v_1 + v_0 = \frac{Nv_0}{N_E - N} + v_0 = \frac{N_E \cdot v_0}{N_E - N} = \frac{v_0}{1 - N/N_E} \tag{4-16}$$

式中，$\frac{1}{1 - \frac{N}{N_E}}$ 称为挠度放大系数，即具有跨中初挠度为 v_0 的轴心压杆，在压力 N 作用下，杆长中点的挠度 v 为初始挠度 v_0 乘以挠度放大系数。

图 4-20 中的实线为根据公式（4-16）画出的压力—挠度曲线，它们都建立在材料为无限弹性体的基础上，有如下特点：

(1) 具有初弯曲的压杆，一经加载就产生挠度的增加，而总挠度 v 不是随着压力 N 按比例增加的，开始挠度增加慢，随后增加较快，当压力 N 接近 N_E 时，中点挠度 v 趋于无限大。这与理想直杆（$v_0 = 0$）$N = N_E$ 时杆件才挠曲不同。

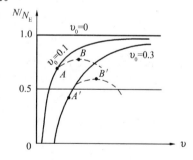

图 4-20 有初弯曲压杆的压力挠度曲线（v_0 和 v 为相对数值）

(2) 压杆的初挠度 v_0 值愈大，相同压力 N 情况下，杆的挠度愈大。

(3) 初弯曲即使很小，轴心压杆的承载力总是低于欧拉临界力。所以欧拉临界力是弹性压杆承载力的上限。

由于实际压杆并非无限弹性体，只要挠度增大到一定程度，杆件中点截面在轴力 N 和弯矩 Nv 作用下边缘开始屈服（图 4-20 中的 A 点或 A' 点），随后截面塑性区不断增加，杆件即进入弹塑性阶段，致使压力还未达到 N_E 之前就丧失承载能力。图 4-20 中的虚线

即为弹塑性阶段的压力—挠度曲线。虚线的最高点（B 点和 B' 点）为压杆弹塑性阶段的极限压力点。

对无残余应力仅有初弯曲的轴心压杆，截面开始屈服的条件为：

$$\frac{N}{A} + \frac{N \cdot v}{W} = \frac{N}{A} + \frac{Nv_0}{\left(1 - \frac{N}{N_E}\right)W} = f_y$$

$$\frac{N}{A}\left(1 + v_0 \frac{A}{W} \cdot \frac{\sigma_E}{\sigma_E - \sigma}\right) = f_y$$

$$\sigma\left(1 + \varepsilon_0 \cdot \frac{\sigma_E}{\sigma_E - \sigma}\right) = f_y \tag{4-17}$$

式中　$\varepsilon_0 = v_0 \cdot A/W$——初弯曲率；

σ_E——欧拉临界应力；

W——截面模量。

公式（4-17）为以 σ 为变量的一元二次方程，解出其有效根，就是以截面边缘屈服作为准则的临界应力 σ_{cr}。

$$\sigma_{cr} = \frac{f_y + (1 + \varepsilon_0)\sigma_E}{2} - \sqrt{\left[\frac{f_y + (1 + \varepsilon_0)\sigma_E}{2}\right]^2 - f_y \sigma_E} \tag{4-18}$$

式（4-18）称为柏利（Perry）公式，它由"边缘屈服准则"导出，实际上已成为考虑压力二阶效应的强度计算式。

如果取初弯曲 $v_0 = l/1000$（《钢结构工程施工质量验收规范》（GB 50205—2002）规定的最大允许值），则初弯曲率为：

$$\varepsilon_0 = \frac{l}{1000} \cdot \frac{A}{W} = \frac{l}{1000} \cdot \frac{1}{\rho} = \frac{\lambda}{1000} \cdot \frac{i}{\rho}$$

式中　$\rho = W/A$——截面核心距；

i——截面回转半径。

对各种截面及其对应轴，i/ρ 值各不相同，因此由柏利公式确定的 σ_{cr}-λ 曲线就有高低。图 4-21 为焊接工字形截面在 $v_0 = l/1000$ 时的柱子曲线，从图中可以看出，绕弱轴（y 轴）的柱子曲线低于绕强轴（x 轴）的柱子曲线。

4.2.2.3　初偏心的影响

由于杆件尺寸的偏差和安装误差会产生作用力的初始偏心，图 4-22 表示两端均有最不利的相同初偏心距 e_0 的铰支柱。假设杆轴在受力前是平直的，在弹性工作阶段，杆件在微弯状态下建立的微分方程为：

$$EIy'' + N(e_0 + y) = 0$$

引入 $k^2 = N/(EI)$ 可得：

$$y'' + k^2 y = -k^2 e_0 \tag{4-19}$$

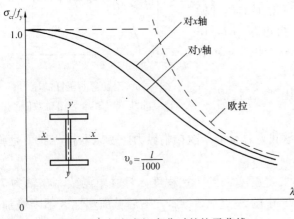

图 4-21　仅考虑初弯曲时的柱子曲线

解此微分方程，可得杆长中点挠度 v 的表达式为：

$$v = e_0\left(\sec\frac{kl}{2} - 1\right) = e_0\left(\sec\frac{\pi}{2}\sqrt{\frac{N}{N_E}} - 1\right) \tag{4-20}$$

根据公式（4-20）画出的压力—挠度曲线如图 4-23 所示，与图 4-20 对比可知，具有初偏心的轴心压杆，其压力—挠度曲线与初弯曲压杆的特点相同，只是图 4-20 的曲线不通过原点，而图 4-23 的曲线都通过原点。可以认为，初偏心影响与初弯曲影响类似，但影响的程度却有差别。初弯曲对中等长细比杆件的不利影响较大；初偏心的数值通常较小，除了对短杆有较明显的影响外，杆件愈长影响愈小。图 4-23 的虚线表示压杆按弹塑性分析得到的压力—挠度曲线。

由于初偏心与初弯曲的影响类似，各国在制订设计标准时，通常只考虑其中一个缺陷来模拟两个缺陷都存在的影响。

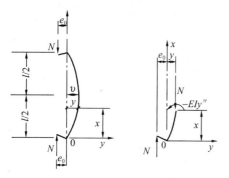
图 4-22 有初偏心的压杆

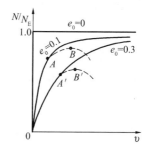
图 4-23 有初偏心压杆的压力—挠度曲线（e_0 和 v 是相对数值）

4.2.3 实际轴心受压构件的整体稳定承载力和多柱子曲线

4.2.3.1 实际轴心压杆的整体稳定承载力

以上介绍了理想轴心受压直杆和分别考虑各种初始缺陷轴压杆的整体稳定临界力或临界应力。对理想的轴心受压直杆，其弹性弯曲屈曲临界力为欧拉临界力 N_E（图 4-24 中的压力—挠度曲线 1），弹塑性弯曲屈曲临界力为切线模量临界力 N_t（图 4-24 中的曲线 2），这些都属于分枝屈曲，即杆件屈曲时才产生挠度。但具有初弯曲（或初偏心）的压杆，一经压力作用就产生挠度，其压力—挠度曲线如图 4-24 中的曲线 3，图中的 A 点表示压杆跨中截面边缘屈服。边缘屈服准则就是以 N_A 作为最大承载力。但从极限状态设计来说，压力还可增加，只是压力超过 N_A 后，构件进入弹塑性阶段，随着截面塑性区的不断扩展，v 值增加得更快，到达 B 点之后，压杆的抵抗能力开始小于外力的作用，不能维持稳定平衡。曲线的最高点 B 处的压力 N_B，才是具有初弯曲压杆真正的极限承载力，以此为准则计算压杆稳定，称为"最大强度准则"。

实际轴心压杆，各种缺陷同时存在，同时达到最不利的可能性极小。对普通钢结构，通常只考虑影响最大的残余应力和初弯曲两种缺陷。

采用最大强度准则计算时，如果同时考虑残余应力和初弯曲缺陷，则沿横截面的各点以及沿杆长方向各截面，其应力—应变关系都是变数，很难列出临界力的解析式，只能借助计算机用数值方法求解。求解方法常用数值积分法，由于运算方法不同，又分为压杆挠

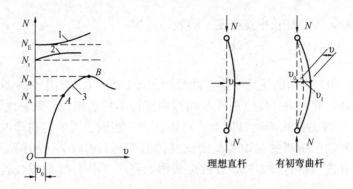

图 4-24 轴心压杆的压力—挠度曲线

曲线法(CDC 法)和逆算单元长度法等。

现以一具有初弯曲的轴心压杆(图 4-25a)为例,简单介绍一种数值积分法计算绕截面 x 轴的弯曲稳定极限承载力。

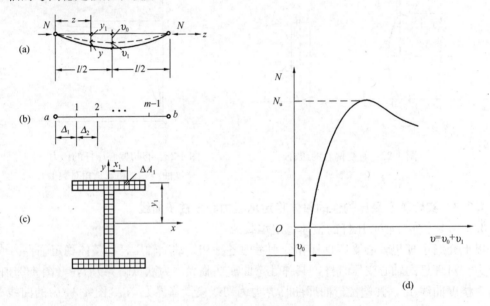

图 4-25 数值积分法求弯曲稳定承载力

计算步骤如下:

(1) 将杆件分为 m 段,各段长度不一定相等(图 4-25b)。

(2) 将截面分成 n 块小单元(图 4-25c)。

(3) 输入杆件受力前的初始数据,如初弯曲(通常假设为正弦曲线,矢高 $l/1000$)、残余应力、应力—应变关系等。

(4) 指定一级压力 N,并假定 a 端由压力 N 产生转角 θ_a,开始由 a 端向 b 端逐段计算。计算时各段中点的内、外力应满足平衡条件:

$$-N+\sum_{i=1}^{n}\sigma_i \Delta A_i = 0 \tag{4-21}$$

$$-M_i + N(y+y_0) = 0 \tag{4-22}$$

式中 $M_i = \sum_{i=1}^{n} \sigma_i y_i \cdot \Delta A_i$ ——内弯矩；

y——由压力产生的附加挠度。

（5）计算至 b 点，如果 $y_b=0$，则可得 $N-v$ 曲线上一点（图 4-25d）。否则，调整 θ_a 值重新计算。

（6）给定下一级压力，重复上述步骤，即可逐步得到 $N-v$ 曲线。该曲线的顶点值就是此压杆的极限承载力 N_u。由极限承载力 N_u 和对应的杆件长度 l，可以得到临界应力 N_u/A 与 $\lambda=l/i$ 的关系曲线（即柱子曲线）上的一点。

（7）给定不同杆件长度，重复（1）～（6）步，即可完成此截面绕 x 轴的柱子曲线。

上述计算方法每一步或某几步都有重复计算问题，必须借助计算机才可能完成。

4.2.3.2 轴心受压构件的柱子曲线

压杆失稳时临界应力 σ_{cr} 与长细比 λ 之间的关系曲线称为柱子曲线。由于各类钢构件截面上的残余应力分布情况和大小有很大差异（图 4-15），其影响又随压杆屈曲方向而不同。另外，初弯曲的影响也与截面形式和屈曲方向有关。这样，各种不同截面形式和不同屈曲方向都有各自不同的柱子曲线。这些柱子曲线呈相当宽的带状分布，如图 4-26 所示虚线所包的范围。这个范围的上、下限相差较大，特别是中等长细比的常用情况相差尤其显著。因此，若用一条曲线来代表，显然不合理。所以，国际上多数国家和地区都采用多条柱子曲线来代表这个分布带。

我国现行《钢结构设计规范》（GB 50017—2003）所采用的轴心受压柱子曲线按最大强度准则确定，在理论计算的基础上，结合工程实际，将这些柱子曲线合并归纳为四组，取每组中柱子曲线的平均值作为代表曲线，即图 4-26 中的 a、b、c、d 四条曲线。在 $\lambda=40\sim120$ 的常用范围，柱子曲线 a 约比曲线 b 高出 4%～15%；而曲线 c 比曲线 b 约低 7%～13%。d 曲线则更低，主要用于厚板截面。

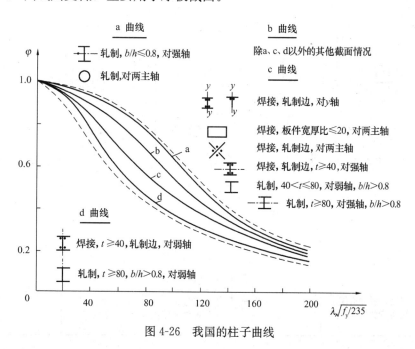

图 4-26 我国的柱子曲线

轴心受压构件柱子曲线的截面分类见表 4-3 和表 4-4，其中表 4-3 是构件组成板件厚度 $t<40$mm 的情况，而表 4-4 是组成板件厚度 $t \geq 40$mm 的情况。

轴心受压构件的截面分类（板厚 $t<40$mm） 表 4-3

截面形式			对 x 轴	对 y 轴
轧制（圆形）			a 类	a 类
轧制，$b/h \leq 0.8$			a 类	b 类
轧制，$b/h>0.8$	焊接，翼缘为焰切边	焊接（圆形）	b 类	b 类
（十字形等） 轧制		轧制等边角钢		
轧制，焊接（板件宽厚比＞20）	轧制或焊接			
焊接	轧制截面和翼缘为焰切边的焊接截面	格构式		
	焊接，板件边缘焰切			
焊接，翼缘为轧制或剪切边			b 类	b 类
焊接，板件边缘轧制或剪切	焊接，板件宽厚比≤20		c 类	c 类

轴心受压构件的截面分类（板厚 $t \geq 40$mm） 表 4-4

截面情况		对 x 轴	对 y 轴
轧制工字形或 H 形截面	$t<80$mm	b 类	c 类
	$t \geq 80$mm	c 类	d 类
焊接工字形截面	翼缘为焰切边	b 类	b 类
	翼缘为轧制或剪切边	c 类	d 类
焊接箱形截面	板件宽厚比>20	b 类	b 类
	板件宽厚比≤20	c 类	c 类

一般的截面情况属于 b 类。

轧制圆管以及轧制普通工字钢绕 x 轴失稳时其残余应力影响较小，故属 a 类。

格构式构件绕虚轴的稳定计算，由于此时不宜采用塑性深入截面的最大强度准则，参考《冷弯薄壁型钢结构设计规范》，采用边缘屈服准则确定的 φ 值与 b 曲线接近，故取用 b 曲线。

当槽形截面用于格构式柱的分肢时，由于分肢的扭转变形受到缀件的牵制，所以计算分肢绕其自身对称轴的稳定时，可用 b 曲线。翼缘为轧制或剪切边的焊接工字形截面，绕弱轴失稳时边缘为残余压应力，使承载能力降低，故将其归入 c 曲线。

板件厚度大于 40mm 的轧制工字形截面和焊接实腹截面，残余应力不但沿板件宽度方向变化，在厚度方向的变化也比较显著，另外厚板质量较差也会对稳定带来不利影响，故应按照表 4-4 进行分类。

4.2.3.3 轴心受压构件的整体稳定计算

轴心受压构件截面所受压应力应不大于其整体稳定的临界应力，考虑抗力分项系数 γ_R 后，应按下式进行计算：

$$\sigma = \frac{N}{A} \leqslant \frac{\sigma_{cr}}{\gamma_R} = \frac{\sigma_{cr}}{f_y} \cdot \frac{f_y}{\gamma_R} = \varphi f$$

式中 $\varphi = \sigma_{cr}/f_y$ 称为轴心受压构件的整体稳定系数。现行《钢结构设计规范》（GB 50017—2003）中轴心受压构件的整体稳定计算式即是在此基础上得到的，采用下列形式：

$$\frac{N}{\varphi A} \leqslant f \tag{4-23}$$

整体稳定系数 φ 值可以拟合成柏利（Perry）公式（4-18）的形式来表达，即：

$$\varphi = \frac{\sigma_{cr}}{f_y} = \frac{1}{2}\left\{\left[1+(1+\varepsilon_0)\frac{\sigma_E}{f_y}\right] - \sqrt{\left[1+(1+\varepsilon_0)\frac{\sigma_E}{f_y}\right]^2 - 4\frac{\sigma_E}{f_y}}\right\} \qquad (4-24)$$

此公式只是借用了 Perry 公式的形式，φ 值并不是以截面的边缘屈服为准则，而是先按最大强度理论确定出压杆的极限承载力后再反算出 ε_0 值。因此，式中的 ε_0 值实质为考虑初弯曲、残余应力等综合影响的等效初弯曲率。对于规范中采用的四条柱子曲线，ε_0 的取值分别为：

a 类截面：$\varepsilon_0 = 0.152\bar{\lambda} - 0.014$

b 类截面：$\varepsilon_0 = 0.300\bar{\lambda} - 0.035$

c 类截面：$\varepsilon_0 = 0.595\bar{\lambda} - 0.094$ （$\bar{\lambda} \leq 1.05$ 时）

$\varepsilon_0 = 0.302\bar{\lambda} + 0.216$ （$\bar{\lambda} > 1.05$ 时）

d 类截面：$\varepsilon_0 = 0.915\bar{\lambda} - 0.132$ （$\bar{\lambda} \leq 1.05$ 时）

$\varepsilon_0 = 0.432\bar{\lambda} + 0.375$ （$\bar{\lambda} > 1.05$ 时）

式中 $\bar{\lambda} = \frac{\lambda}{\pi}\sqrt{\frac{f_y}{E}}$ ——无量纲长细比。

上述 ε_0 值只适用于 $\bar{\lambda} > 0.215$（相当于 $\lambda > 20\sqrt{235/f_y}$）的情况。

当 $\bar{\lambda} \leq 0.215$（即 $\lambda \leq 20\sqrt{235/f_y}$）时，Perry 公式不再适用，《钢结构设计规范》(GB 50017—2003) 采用一条近似曲线，使 $\bar{\lambda} = 0.215$ 与 $\bar{\lambda} = 0 (\varphi = 1.0)$ 相衔接，即：

$$\varphi = 1 - \alpha_1 \bar{\lambda}^2 \qquad (4-25)$$

其中，系数 α_1 取值如下：

a 类截面，$\alpha_1 = 0.41$； b 类截面，$\alpha_1 = 0.65$；

c 类截面，$\alpha_1 = 0.73$； d 类截面，$\alpha_1 = 1.35$。

公式(4-24)和式(4-25)就是附录 2 附表 2-1～附表 2-4 中整体稳定系数 φ 值的表达式。其值应根据表 4-3、表 4-4 的截面分类和构件的长细比查出。构件长细比 λ 应按照下列规定确定：

(1) 截面为双轴对称或极对称的构件

$$\left. \begin{array}{l} \lambda_x = l_{0x}/i_x \\ \lambda_y = l_{0y}/i_y \end{array} \right\} \qquad (4-26)$$

式中 l_{0x}、l_{0y}——构件对主轴 x 和 y 的计算长度；

i_x、i_y——构件截面对主轴 x 和 y 的回转半径。

对双轴对称十字形截面构件，λ_x 或 λ_y 取值不得小于 $5.07b/t$（其中 b/t 为悬伸板件宽厚比）。

(2) 截面为单轴对称的构件

以上讨论柱的整定稳定临界力时，假定构件失稳时只发生弯曲而没有扭转，即所谓弯曲屈曲。对于单轴对称截面，由于截面形心与弯心（即剪切中心）不重合，在弯曲的同时总伴随着扭转，即形成弯扭屈曲。在相同情况下，弯扭失稳比弯曲失稳的临界应力要低。因此，对双板 T 形和槽形等单轴对称截面当绕对称轴（设为 y 轴）失稳时，应取计及扭转效应的换算长细比 λ_{yz} 代替 λ_y：

$$\lambda_{yz}=\frac{1}{\sqrt{2}}\left[(\lambda_y^2+\lambda_z^2)+\sqrt{(\lambda_y^2+\lambda_z^2)^2-4(1-e_0^2/i_0^2)\lambda_y^2\lambda_z^2}\right]^{\frac{1}{2}} \quad (4-27)$$

$$\lambda_z^2=i_0^2A/(I_t/25.7+I_\omega/l_\omega^2) \quad (4-28)$$

$$i_0^2=e_0^2+i_x^2+i_y^2$$

式中　e_0——截面形心至剪心的距离；

　　　i_0——截面对剪心的极回转半径；

　　　λ_y——构件对对称轴的长细比；

　　　λ_z——扭转屈曲的换算长细比；

　　　I_t——毛截面抗扭惯性矩；

　　　I_ω——毛截面扇性惯性矩；对T形截面（轧制、双板焊接、双角钢组合）、十字形截面和角形截面可近似取 $I_\omega=0$；

　　　A——毛截面面积；

　　　l_ω——扭转屈曲的计算长度，对两端铰接端部截面可自由翘曲或两端嵌固端部截面的翘曲完全受到约束的构件，取 $l_\omega=l_{0y}$。

公式(4-27)所涉及的几何参数计算复杂，为简化计算，对单角钢截面和双角钢组合T形截面（图4-27），绕对称轴的换算长细比 λ_{yz} 可采用下列近似公式确定：

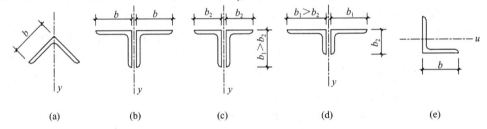

图4-27　单角钢截面和双角钢组合T形截面

① 等边单角钢截面（图4-27a）

当 $b/t \leqslant 0.54 l_{oy}/b$ 时，　　$\lambda_{yz}=\lambda_y\left(1+\dfrac{0.85b^4}{l_{0y}^2 t^2}\right)$ 　　(4-29)

当 $b/t > 0.54 l_{oy}/b$ 时，　　$\lambda_{yz}=4.78\dfrac{b}{t}\left(1+\dfrac{l_{oy}^2 t^2}{13.5b^4}\right)$ 　　(4-30)

式中　b、t——分别为角钢肢的宽度和厚度。

② 等边双角钢截面（图4-27b）

当 $b/t \leqslant 0.58 l_{oy}/b$ 时，　　$\lambda_{yz}=\lambda_y\left(1+\dfrac{0.475b^4}{l_{oy}^2 t^2}\right)$ 　　(4-31)

当 $b/t > 0.58 l_{oy}/b$ 时，　　$\lambda_{yz}=3.9\dfrac{b}{t}\left(1+\dfrac{l_{0y}^2 t^2}{18.6b^4}\right)$ 　　(4-32)

③ 长肢相并的不等边双角钢截面（图4-27c）

当 $b_2/t \leqslant 0.48 l_{oy}/b_2$ 时，　　$\lambda_{yz}=\lambda_y\left(1+\dfrac{1.09b_2^4}{l_{oy}^2 t^2}\right)$ 　　(4-33)

当 $b_2/t > 0.48 l_{oy}/b_2$ 时, $\qquad \lambda_{yz} = 5.1 \dfrac{b_2}{t}\left(1 + \dfrac{l_{oy}^2 t^2}{17.4 b_2^4}\right)$ (4-34)

④短肢相并的不等边双角钢截面（图 4-27d），

当 $b_1/t \leqslant 0.56 l_{oy}/b_1$ 时，可近似取 $\lambda_{yz} = \lambda_y$；否则，$\lambda_{yz} = 3.7 \dfrac{b_1}{t}\left(1 + \dfrac{l_{oy}^2 t^2}{52.7 b_1^4}\right)$

单轴对称的轴心压杆在绕非对称主轴以外的任一轴失稳时，应按照弯扭屈曲计算其稳定性。当计算等边单角钢构件绕平行轴（图 4-27e 的 u 轴）的稳定时，可用下式计算其换算长细比 λ_{uz}，并按 b 类截面确定 φ 值：

当 $b/t \leqslant 0.69 l_{ou}/b$ 时, $\qquad \lambda_{uz} = \lambda_u \left(1 + \dfrac{0.25 b^4}{l_{ou}^2 t^2}\right)$ (4-35)

当 $b/t > 0.69 l_{ou}/b$ 时, $\qquad \lambda_{uz} = 5.4 b/t$ (4-36)

式中 $\lambda_u = l_{ou}/i_u$。

无任何对称轴且又非极对称的截面（单面连接的不等边单角钢除外）不宜用作轴心受压构件。

对单面连接的单角钢轴心受压构件，考虑折减系数（附表 1-4）后，可不考虑弯扭效应。当槽形截面用于格构式构件的分肢，计算分肢绕对称轴（y 轴）的稳定性时，不必考虑扭转效应，直接用 λ_y 查出 φ_y 值。

【例 4-2】 图 4-28(a) 所示为一管道支架，其支柱的设计压力为 $N = 1600\text{kN}$（设计值），柱两端铰接，钢材为 Q235 钢，截面无孔眼削弱。当分别采用以下三种截面时，试分别验算此支柱的整体稳定承载力：

(1) I56a 普通轧制工字钢（图 4-28b）；
(2) HW250×250×9×14 热轧 H 型钢（图 4-28c）；
(3) 焊接工字形截面，翼缘板为焰切边（图 4-28d）。

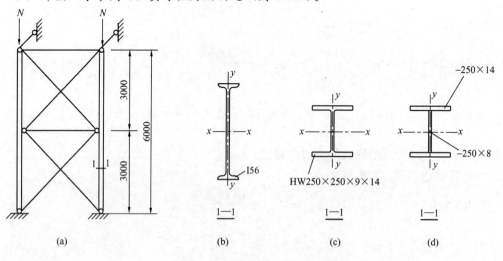

图 4-28 例 4-2 图

【解】 柱在两个方向的计算长度分别为：$l_{0x} = 600\text{cm}$；$l_{0y} = 300\text{cm}$。

1. 轧制工字钢（图 4-28b）

查附表 6-1，截面 I56a：$A=135\text{cm}^2$，$i_x=22.0\text{cm}$，$i_y=3.18\text{cm}$。
整体稳定承载力验算：
长细比：

$$\lambda_x = \frac{l_{0x}}{i_x} = \frac{600}{22.0} = 27.3 < [\lambda] = 150$$

$$\lambda_y = \frac{l_{0y}}{i_y} = \frac{300}{3.18} = 94.3 < [\lambda] = 150$$

对于轧制工字钢，根据表 4-3，$b/h=0.30<0.8$，当绕 x 轴失稳时属于 a 类截面，当绕 y 轴失稳时属于 b 类截面，但 λ_y 远大于 λ_x，故由 λ_y 查附表 2-2 得 $\varphi=0.591$。

$$\frac{N}{\varphi A} = \frac{1600 \times 10^3}{0.591 \times 135 \times 10^2} = 200.5\text{N/mm}^2 < f = 205\text{N/mm}^2$$

2. 热轧 H 型钢（图 4-28c）

查附表 6-2，截面 HW250×250×9×14：$A=92.18\text{cm}^2$，$i_x=10.8\text{cm}$，$i_y=6.29\text{cm}$。
整体稳定承载力验算：

$$\lambda_x = \frac{l_{0x}}{i_x} = \frac{600}{10.8} = 55.6 < [\lambda] = 150$$

$$\lambda_y = \frac{l_{0y}}{i_y} = \frac{300}{6.29} = 47.7 < [\lambda] = 150$$

对宽翼缘 H 型钢，因 $b/h>0.8$，对 x 轴和 y 轴 φ 值均属 b 类截面，故由长细比的较大值 $\lambda_x=55.6$ 查附表 2-2 得 $\varphi=0.83$。

$$\frac{N}{\varphi A} = \frac{1600 \times 10^3}{0.83 \times 92.18 \times 10^2} = 209\text{N/mm}^2 < f = 215\text{N/mm}^2$$

3. 焊接工字形截面（图 4-28d）

截面几何特征：

$$A = 2 \times 25 \times 1.4 + 25 \times 0.8 = 90\text{cm}^2$$

$$I_x = \frac{1}{12}(25 \times 27.8^3 - 24.2 \times 25^3) = 13250\text{cm}^4$$

$$I_y = 2 \times \frac{1}{12} \times 1.4 \times 25^3 = 3650\text{cm}^4$$

$$i_x = \sqrt{\frac{13250}{90}} = 12.13\text{cm}$$

$$i_y = \sqrt{\frac{3650}{90}} = 6.37\text{cm}$$

整体稳定承载力验算：

$$\lambda_x = \frac{l_{0x}}{i_x} = \frac{600}{12.13} = 49.5 < [\lambda] = 150$$

$$\lambda_y = \frac{l_{0y}}{i_y} = \frac{300}{6.37} = 47.1 < [\lambda] = 150$$

根据表 4-3，对 x 轴和 y 轴 φ 值均属 b 类截面，故由长细比的较大值，查附表 2-2 得 $\varphi=0.859$。

$$\frac{N}{\varphi A}=\frac{1600\times10^3}{0.859\times90\times10^2}=207\text{N}/\text{mm}^2<f=215\text{N}/\text{mm}^2$$

由以上计算结果可知，三种不同截面支柱的稳定承载力相当，但轧制普通工字钢截面要比热轧 H 型钢截面和焊接工字形截面约大 50%，这是由于普通工字钢绕弱轴的回转半径太小。在本例情况中，尽管弱轴方向的计算长度仅为强轴方向计算长度的 1/2，前者的长细比仍远大于后者，因而支柱的稳定承载能力是由弱轴所控制，对强轴则有较大富裕，这显然是不经济的，若必须采用此种截面，宜再增加侧向支撑的数量。对于轧制 H 型钢和焊接工字形截面，由于其两个方向的长细比非常接近，基本上做到了在两个主轴方向的等稳定性，用料最经济。但焊接工字形截面的焊接工作量大。

4.3 格构式轴心受压构件的整体稳定

4.3.1 格构式轴心受压构件的组成及应用

格构式轴心受压构件主要是由两个或两个以上相同截面的分肢用缀材相连而成，分肢的截面常为热轧槽钢、H 型钢、热轧工字钢和热轧角钢等，如图 4-3 所示。截面中垂直于分肢腹板的形心轴叫实轴（图 4-3 中的 y 轴），垂直于缀材面的形心轴称为虚轴（图 4-3 中的 x 轴）。分肢间用缀条（图 4-4a）或缀板（图 4-4b）连成整体。

格构式柱分肢轴线间距可以根据需要进行调整，使截面对虚轴有较大的惯性矩，从而实现对两个主轴的等稳定性，达到节省钢材的目的。对于荷载不大而柱身高度较大的柱子，可采用四肢柱（图 4-3d）或三肢柱（图 4-3e），这时两个主轴都是虚轴。当格构式柱截面宽度较大时，因缀条柱的刚度较缀板柱为大，宜采用缀条柱。

4.3.2 格构式轴心受压构件的整体稳定性

轴心受压构件整体弯曲失稳时，沿杆长各截面上将存在弯矩和剪力。对实腹式构件，剪力引起的附加变形很小，对临界力的影响只占 3‰左右，因此，在确定实腹式轴心受压构件整体稳定临界力时，仅仅考虑了由弯矩作用所产生的变形，而忽略了剪力所产生的变形。格构式构件当绕其截面的实轴失稳时就属于这种情况，其稳定性能与实腹式构件相同。当格构式构件绕其截面的虚轴失稳时，因肢件之间并不是连续的板而只是每隔一定距离才用缀条或缀板联系起来，构件在缀材平面内的抗剪刚度较小，柱的剪切变形较大，剪力造成的附加挠曲变形就不能忽略。因此，构件的整体稳定临界力比长细比相同的实腹式构件低。

对格构式轴心受压构件虚轴的整体稳定计算，常以加大长细比的办法来考虑剪切变形的影响，加大后的长细比称为换算长细比 λ_{0x}。考虑到缀条柱和缀板柱有不同的力学模型，因此，《钢结构设计规范》（GB 50017—2003）采用了不同的换算长细比计算公式。

4.3.2.1 双肢缀条柱

根据弹性稳定理论，考虑剪力影响后压杆的临界力可由公式(4-3)表达为：

$$N_{\text{cr}}=\frac{\pi^2 EA}{\lambda_x^2}\cdot\frac{1}{1+\frac{\pi^2 EA}{\lambda_x^2}\cdot\gamma}=\frac{\pi^2 EA}{\lambda_{0x}^2} \tag{4-37}$$

$$\lambda_{0x}=\sqrt{\lambda_x^2+\pi^2 EA\gamma} \tag{4-38}$$

式中 λ_{0x}——将格构柱绕虚轴临界力换算为实腹柱临界力的换算长细比，可用式(4-38)计算；

γ——单位剪力作用下的轴线转角。

将缀条柱视作一平行弦的桁架(图 4-29a)并取其中的一段进行分析(图 4-29b)，可以求出单位剪切角 γ。

在单位剪力作用下，斜缀条的轴向变形可由材料力学公式计算为：

$$\Delta_d = \frac{N_d l_d}{EA_1} = \frac{\frac{1}{\sin\alpha} \cdot \frac{l_1}{\cos\alpha}}{EA_1} = \frac{l_1}{EA_1 \sin\alpha\cos\alpha}$$

假设变形和剪切角是有限的微小值，则由 Δ_d 引起的水平变位 Δ 为：

$$\Delta = \frac{\Delta_d}{\sin\alpha} = \frac{l_1}{EA_1 \sin^2\alpha\cos\alpha}$$

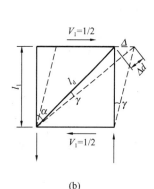

图 4-29 缀条柱的剪切变形

故剪切角 γ 为：

$$\gamma = \frac{\Delta}{l_1} = \frac{1}{EA_1 \sin^2\alpha\cos\alpha} \tag{4-39}$$

式中 A_1——一个节间内两侧斜缀条毛截面面积之和；

α——斜缀条与柱轴线间的夹角。

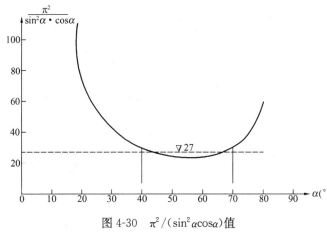

图 4-30 $\pi^2/(\sin^2\alpha\cos\alpha)$ 值

将式(4-39)代入式(4-38)中得：

$$\lambda_{0x} = \sqrt{\lambda_x^2 + \frac{\pi^2}{\sin^2\alpha\cos\alpha} \frac{A}{A_1}} \tag{4-40}$$

一般斜缀条与柱轴线间的夹角在 40°～70°范围内，在此常用范围，$\pi^2/(\sin^2\alpha\cos\alpha)$ 的值变化不大(图 4-30)，我国规范加以简化取为常数 27，由此得双肢缀条柱的换算长细比为：

$$\lambda_{0x} = \sqrt{\lambda_x^2 + 27\frac{A}{A_1}} \tag{4-41}$$

式中 λ_x——整个柱对虚轴的长细比；

A——整个柱的毛截面面积。

需要注意的是，当斜缀条与柱轴线间的夹角不在 40°～70°范围内时，$\pi^2/(\sin^2\alpha\cos\alpha)$ 值将大于 27 很多，公式(4-41)是偏于不安全的，此时应按公式(4-40)计算换算长细比 λ_{0x}。

4.3.2.2 双肢缀板柱

双肢缀板柱中缀板与肢件的连接可视为刚接,因而分肢和缀板组成一个多层框架。假定变形时反弯点在各节点间的中点(图4-31a)。若只考虑分肢和缀板在横向剪力作用下的弯曲变形,取分离体如图4-31(b)所示,可得单位剪力作用下缀板弯曲变形引起的分肢变位 Δ_1 为:

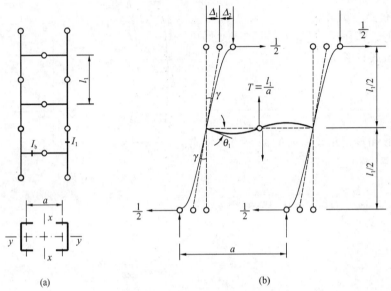

图 4-31 缀板柱的剪切变形

$$\Delta_1 = \frac{l_1}{2}\theta_1 = \frac{l_1}{2} \cdot \frac{al_1}{12EI_b} = \frac{al_1^2}{24EI_b}$$

分肢本身弯曲变形时的变位 Δ_2 为:

$$\Delta_2 = \frac{l_1^3}{48EI_1}$$

由此得剪切角 γ 为:

$$\gamma = \frac{\Delta_1 + \Delta_2}{0.5l_1} = \frac{al_1}{12EI_b} + \frac{l_1^2}{24EI_1} = \frac{l_1^2}{24EI_1}\left(1 + 2\frac{I_1/l_1}{I_b/a}\right)$$

将此 γ 值代入公式(4-38),并令 $K_1 = I_1/l_1$, $K_b = I_b/a$,得换算长细比 λ_{0x} 为:

$$\lambda_{0x} = \sqrt{\lambda_x^2 + \frac{\pi^2 A l_1^2}{24 I_1}\left(1 + 2\frac{K_1}{K_b}\right)}$$

假设分肢截面积 $A_1 = 0.5A$, $A_1 l_1^2/I_1 = \lambda_1^2$,则

$$\lambda_{0x} = \sqrt{\lambda_x^2 + \frac{\pi^2}{12}\left(1 + 2\frac{K_1}{K_b}\right)\lambda_1^2} \tag{4-42}$$

式中 $\lambda_1 = l_{01}/i_1$——分肢的长细比,i_1 为分肢弱轴的回转半径,l_{01} 为缀板间的净距离(图4-4b);

$K_1 = I_1/l_1$——一个分肢的线刚度,l_1 为缀板中心距,I_1 为分肢绕弱轴的惯性矩;

$K_b = I_b/a$——两侧缀板线刚度之和,I_b 为两侧缀板的惯性矩,a 为分肢轴线间距离。

根据《钢结构设计规范》(GB 50017—2003)的规定，缀板线刚度之和 K_b 应大于 6 倍的分肢线刚度，即 $K_b/K_1 \geqslant 6$。若取 $K_b/K_1 = 6$，则公式(4-42)中的 $\frac{\pi^2}{12}\left(1+2\frac{K_1}{K_b}\right) \approx 1$。因此规范规定双肢缀板柱的换算长细比采用：

$$\lambda_{0x} = \sqrt{\lambda_x^2 + \lambda_1^2} \tag{4-43}$$

若在某些特殊情况无法满足 $K_b/K_1 \geqslant 6$ 的要求时，则换算长细比 λ_{0x} 应按公式(4-42)计算。

四肢柱和三肢柱的换算长细比，参见《钢结构设计规范》(GB 50017—2003)第 5.1.3 条。

4.3.3 格构式柱分肢的稳定性

对格构式构件，除需要验算整个构件对其实轴和虚轴两个方向的稳定性外，还应考虑其分肢的稳定性。我国在制定《钢结构设计规范》(GB 50017—2003)时，曾对格构式轴心受压构件的分肢稳定进行过大量计算，最后规定：

（1）对缀条柱，分肢的长细比 $\lambda_1 = l_1/i_1$ 不应大于构件两方向长细比（对虚轴为换算长细比）较大值的 0.7 倍；

（2）对缀板柱，分肢的长细比 $\lambda_1 = l_{01}/i_1$ 不应大于 40，并不应大于柱较大长细比 λ_{max} 的 0.5 倍（当 $\lambda_{max} < 50$ 时，取 $\lambda_{max} = 50$）。

当满足上面的构造规定时，分肢的稳定可以得到保证，不需要再计算分肢的稳定性。

4.3.4 缀材及其连接的计算

缀材用以连接格构式构件的分肢，并承担格构柱绕虚轴发生弯曲失稳时产生的横向剪力作用。因此，需要首先计算出横向剪力的数值，然后才能进行缀材的计算。

4.3.4.1 轴心受压格构柱的横向剪力

如图 4-32 所示为一两端铰支轴心受压柱，绕虚轴弯曲时，假定最终的挠曲线为正弦曲线，跨中最大挠度为 v_0，则沿杆长任一点的挠度为：

$$y = v_0 \sin\frac{\pi z}{l}$$

任一点的弯矩为：

$$M = N \cdot y = Nv_0 \sin\frac{\pi z}{l}$$

根据弯矩与剪力的微分关系，任一点的剪力为：

$$V = \frac{dM}{dy} = N\frac{\pi v_0}{l}\cos\frac{\pi z}{l}$$

即剪力按余弦曲线分布(图 4-32b)，最大值在杆件的两端，为：

$$V_{max} = \frac{N\pi}{l} \cdot v_0 \tag{4-44}$$

跨度中点的挠度 v_0 可由边缘纤维屈服准则导出。当截面边缘最大应力达屈服强度时，有：

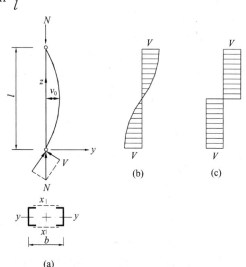

图 4-32 剪力计算简图

$$\frac{N}{A} + \frac{Nv_0}{I_x} \cdot \frac{b}{2} = f_y$$

即

$$\frac{N}{Af_y}\left(1 + \frac{v_0}{i_x^2} \cdot \frac{b}{2}\right) = 1$$

令 $\frac{N}{Af_y} = \varphi$，并取 $b \approx i_x/0.44$（附表5），得：

$$v_0 = 0.88 i_x (1-\varphi)\frac{1}{\varphi} \tag{4-45}$$

将式(4-45)中的 v_0 值代入公式(4-44)中，得：

$$V_{max} = \frac{0.88\pi(1-\varphi)}{\lambda_x} \cdot \frac{N}{\varphi} = \frac{1}{k} \cdot \frac{N}{\varphi}$$

式中 $k = \dfrac{\lambda_x}{0.88\pi(1-\varphi)}$。

经过对双肢格构式柱的计算分析，在常用的长细比范围内，k 值与长细比 λ_x 的关系不大，可取为常数。对 Q235 钢构件，取 $k=85$；对 Q345、Q390 钢和 Q420 钢构件，取

$$k \approx 85\sqrt{235/f_y}。$$

因此，轴心受压格构柱平行于缀材面的剪力为：

$$V_{max} = \frac{N}{85\varphi}\sqrt{\frac{f_y}{235}}$$

式中 φ——按虚轴换算长细比确定的整体稳定系数。

令 $N=\varphi Af$，即得《钢结构设计规范》(GB 50017—2003)规定的最大剪力的计算式：

$$V = \frac{Af}{85}\sqrt{\frac{f_y}{235}} \tag{4-46}$$

规范中为了简化计算，把图 4-32(b) 所示按余弦变化的剪力分布图简化为图 4-32(c) 所示的矩形分布，即将剪力 V 沿柱长度方向取为定值。

4.3.4.2 缀条的计算

缀条的布置一般采用单系缀条（图 4-33a），也可采用交叉缀条（图 4-33b）。缀条可视为以柱肢为弦杆的平行弦桁架的腹杆，内力与桁架腹杆的计算方法相同。在横向剪力作用下，一个斜缀条的轴心力为（图 4-33）：

$$N_1 = \frac{V_1}{n\cos\theta} \tag{4-47}$$

式中 V_1——分配到一个缀材面上的剪力；

n——承受剪力 V_1 的斜缀条数：单系缀条时，$n=1$；交叉缀条时，$n=2$；

θ——缀条的倾角（图 4-33）。

由于剪力的方向不定，斜缀条可能受拉也可能受压，应按轴心压杆选择截面。

缀条一般采用单角钢，与柱单面连接，考虑到受力时的偏心和受压时的弯扭，当按轴心受力构件计算（不考虑扭转效应）时，钢材强度设计值应乘以附表 1-4 中的折减系数。

交叉缀条体系（图 4-33b）的横缀条按受压力 $N=V_1$ 计算。为了减小分肢的计算长度，

单系缀条(图 4-33a)也可加横缀条,其截面尺寸一般与斜缀条相同,也可按容许长细比([λ]=150)确定。

4.3.4.3 缀板的计算

缀板柱可视为一多层框架(肢件视为框架立柱,缀板视为横梁)。当它整体挠曲时,假定各层分肢中点和缀板中点为反弯点(图 4-31a)。从柱中取出如图(4-34b)所示的脱离体,可得缀板内力为:

剪力:
$$T = \frac{V_1 l_1}{a} \quad (4-48)$$

弯矩(与肢件连接处):
$$M = T \cdot \frac{a}{2} = \frac{V_1 l_1}{2} \quad (4-49)$$

式中　l_1——缀板中心线间的距离;
　　　a——肢件轴线间的距离。

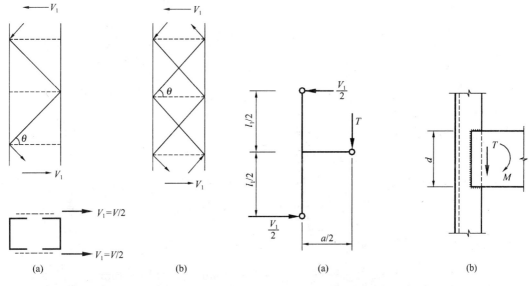

图 4-33　缀条的内力　　　　图 4-34　缀板计算简图

缀板与柱肢间用角焊缝相连,角焊缝承受剪力和弯矩的共同作用。由于角焊缝的强度设计值小于钢材的强度设计值,故只需用上述 M 和 T 验算缀板与肢件间的连接焊缝(焊缝设计详见第 7 章)。

缀板应有一定的刚度。规范规定,同一截面处两侧缀板线刚度之和不得小于一个分肢线刚度的 6 倍。一般取宽度 $d \geqslant 2a/3$(图 4-34b),厚度 $t \geqslant a/40$,并不小于 6mm。端缀板宜适当加宽,取 $d=a$。

【例 4-3】　一轴心受压格构柱,柱高 6m,两端铰接,承受轴心压力 1000kN(设计值),钢材为 Q235 钢,截面无孔眼削弱。试分别验算下列两种类型的格构柱:

(1) 采用图 4-35 所示的双肢缀条柱,柱肢采用 2［22a,缀条截面 L45×4,$\theta=45°$;

(2) 采用图 4-36 所示的双肢缀板柱,柱肢采用 2［22a,缀板截面—180×8,$l_1=$960mm。

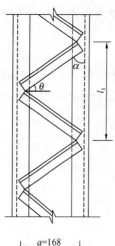
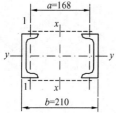

图 4-35 例 4-3 图一

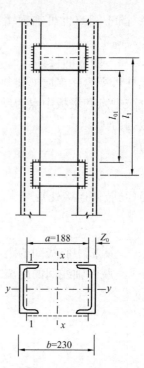

图 4-36 例 4-3 图二

【解】 柱的计算长度 $l_{0x}=l_{0y}=6$m。

1. 缀条柱(如图 4-35)

(1) 验算实轴（$y-y$ 轴）的整体稳定

2[22a，查附表 6-4 得 $A=63.68$cm^2，$i_y=8.67$cm。

$$\lambda_y = \frac{l_{0y}}{i_y} = \frac{600}{8.67} = 69.2 < [\lambda] = 150$$

查附表 2-2(b 类截面)得 $\varphi_y=0.756$。

$$\frac{N}{\varphi_y A} = \frac{1000 \times 10^3}{0.756 \times 63.68 \times 10^2} = 208\text{N/mm}^2 < f = 215\text{N/mm}^2$$

(2) 验算虚轴($x-x$ 轴)的整体稳定

缀条截面 L45×4，查附表 6-5 得 $A'_1=3.49$cm^2，$i_1=0.89$cm。

$$A_1 = 2A'_1 = 6.98\text{cm}^2$$

单个槽钢[22a 的截面数据(图 4-35)为：

$A=31.84$cm^2，$Z_0=2.1$cm，$I_1=157.8$cm^4，$i_1=2.23$cm。

整个截面对虚轴($x-x$ 轴)的数据：

$$I_x = 2 \times \left[157.8 + 31.84 \times \left(\frac{21.0 - 2.1 \times 2}{2}\right)^2\right] = 4808.9\text{cm}^4$$

$$i_x = \sqrt{\frac{4808.9}{63.68}} = 8.69\text{cm}, \quad \lambda_x = \frac{600}{8.68} = 69.0$$

$$\lambda_{0x} = \sqrt{\lambda_x^2 + 27\frac{A}{A_1}} = \sqrt{69.0^2 + 27 \times \frac{63.68}{6.98}} = 70.8 < [\lambda] = 150$$

查附表 2-2(b 类截面)得 $\varphi_x=0.7462$

$$\frac{N}{\varphi_x A}=\frac{1000\times 10^3}{0.7462\times 63.68\times 10^2}=210.4\text{N/mm}^2<f=215\text{N/mm}^2$$

(3) 缀条验算

缀条所受的剪力为:

$$V=\frac{Af}{85}\sqrt{\frac{f_y}{235}}=\frac{63.68\times 10^2\times 215}{85}=16107\text{N}$$

一个斜缀条的轴心力为:

$$N_1=\frac{V/2}{\cos\theta}=\frac{16107/2}{\cos 45°}=11390\text{N}$$

缀条的节间长度: $l_1=2\times a\times\tan 45°=2\times(210-2\times 21)\times\tan 45°=336\text{mm}$

缀条长度: $l_0=\dfrac{a}{\cos 45°}=\dfrac{168}{\sqrt{2}/2}=238\text{mm}$

长细比: $\lambda=\dfrac{l_0}{i_1}=\dfrac{238}{0.89\times 10}=26.7<[\lambda]=150$

查附表 2-2(b 类截面)得 $\varphi_x=0.9472$。

等边单角钢与柱单面连接,强度应乘以折减系数:

$$\eta=0.6+0.0015\lambda=0.64$$

$$\frac{N_1}{\varphi_x A_1'}=\frac{11390}{0.9472\times 3.49\times 10^2}=34.5\text{N/mm}^2$$

$$<\eta f=0.64\times 215=137.6\text{N/mm}^2$$

∴ 缀条选用 L45×4 满足要求。

(4) 单肢的稳定

柱单肢在平面内(绕 1 轴)的长细比:

$i_{x1}=2.23\text{cm}, l_1=336\text{mm}$

$$\lambda_1=\frac{l_1}{i_1}=\frac{336}{22.3}=15<0.7\{\lambda_{0x},\lambda_y\}_{\max}=0.7\times 70.9=49.6$$

单肢的稳定能保证。

2. 缀板柱(图 4-36)

(1) 实轴($y-y$ 轴)的整体稳定验算同缀条柱

(2) 验算虚轴($x-x$ 轴)的整体稳定

单个槽钢[22a 的截面数据(图 4-36)为:

$A=31.84\text{cm}^2, Z_0=2.1\text{cm}, I_1=157.8\text{cm}^4, i_1=2.23\text{cm}$。

整个截面对虚轴($x-x$ 轴)的数据:

$$I_x=2\times\left[157.8+31.84\times\left(\frac{23.0-2.1\times 2}{2}\right)^2\right]=5942.4\text{cm}^4$$

$$i_x=\sqrt{\frac{5942.4}{63.68}}=9.66\text{cm}, \quad \lambda_x=\frac{600}{9.66}=62.1$$

$$l_{01}=l_1-180=960-180=780\text{mm}$$

$$\lambda_1 = \frac{l_{01}}{i_1} = \frac{780}{22.3} = 35$$

$$\lambda_{0x} = \sqrt{\lambda_x^2 + \lambda_1^2} = \sqrt{62.1^2 + 35^2} = 71.3 < [\lambda] = 150$$

查附表 2-2(b 类截面)得 $\varphi_x = 0.743$。

$$\frac{N}{\varphi_x A} = \frac{1000 \times 10^3}{0.743 \times 63.6 \times 10^2} = 212 \text{N/mm}^2 < f = 215 \text{N/mm}^2$$

(3) 缀板验算

缀板—180×8, $l_1 = 96$cm。

分肢线刚度：

$$K_1 = \frac{I_1}{l_1} = \frac{157.8}{96} = 1.64 \text{cm}^3$$

两侧缀板线刚度之和为：

$$K_b = \frac{\sum I_b}{a} = \frac{1}{18.8} \times 2 \times \frac{1}{12} \times 0.8 \times 18^3 = 41.36 \text{cm}^3 > 6K_1 = 9.84 \text{cm}^3$$

横向剪力：

$$V = \frac{Af}{85} \sqrt{\frac{f_y}{235}} = \frac{63.68 \times 10^2 \times 215}{85} = 16107 \text{N}$$

缀板与分肢连接处的内力为：

$$T = \frac{V_1 l_1}{a} = \frac{8054 \times 960}{188} = 41124 \text{N} \quad (\text{其中}, V_1 = V/2 = 8054 \text{N})$$

$$M = T \cdot \frac{a}{2} = \frac{V_1 l_1}{2} = \frac{8054 \times 960}{2} = 3.87 \times 10^6 \text{N} \cdot \text{mm}$$

缀板与柱肢间用角焊缝相连，角焊缝承受剪力和弯矩的共同作用。由于角焊缝的强度设计值小于钢材的强度设计值，故只需用上述 M 和 T 验算缀板与肢件间的连接焊缝（焊缝设计详见第 7 章）。

(4) 单肢的稳定

$\lambda_1 = l_{01}/i_1 = 780/22.3 = 35.0 < 40$，并小于 $0.5 \{\lambda_{0x}, \lambda_y\}_{\max} = 0.5 \times 71.3 = 35.7$

单肢的稳定能保证。

4.4 轴心受压构件的局部稳定

4.4.1 板件的局部稳定性

轴心受压构件的截面大多由若干矩形薄板（或薄壁圆管截面）所组成，例如图 4-37 所示工字形截面，可看作由两块翼缘板和一块腹板组成。在轴心受压构件中，这些组成板件分别受到沿纵向作用于板件中面的均布压力。当压力大到一定程度，在构件尚未达到整体稳定承载力之前，个别板件可能因不能保持其平面平衡状态而发生波形凸曲而丧失稳定性。由于个别板件丧失稳定并不意味着构件失去整体稳定性，因而这些板件先行失稳的现象就称为失去局部稳定性。图 4-37 为一工字形截面轴心受压构件发生局部失稳时的变形形态示意，图 4-37（a）和图 4-37（b）分别表示腹板和翼缘失稳时的情况。构件丧失局部稳定后还可能继续维持着整体的平衡状态，但由于部分板件屈曲后退出工作，使构件的有效截面减少，并改变了原来构件的受力状态，从而会加速构件整体失稳而丧失承载能力。

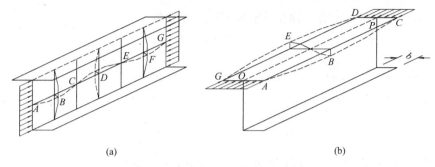

图 4-37 轴心受压构件的局部失稳

4.4.2 轴心受压矩形薄板的临界力

如图 4-38 所示的四边简支矩形薄板，沿板的纵向（x 方向）中面内单位宽度上作用有均匀压力 N_x（N/mm²）。与轴心受压构件的整体稳定相类似，当板弹性屈曲时，可建立板在微弯平衡状态时的平衡微分方程：

$$D\left(\frac{\partial^4 w}{\partial x^4} + 2\frac{\partial^4 w}{\partial x^2 \partial y^2} + \frac{\partial^4 w}{\partial y^4}\right) + N_x \frac{\partial^2 w}{\partial x^2} = 0 \tag{4-50}$$

式中　　　　w——板的挠度；

$D = \dfrac{Et^3}{12(1-\nu^2)}$——板单位宽度的抗弯刚度；

$\nu = 0.3$——材料的泊松比。

抗弯刚度 D 比同宽度梁的抗弯刚度 $EI = \dfrac{Et^3}{12}$ 大，这是由于板条弯曲时，其宽度方向的变形受到相邻板条约束的缘故。

因为板为平面结构，在弯曲屈曲后的变形为 $w = w(x,y)$，所以式（4-50）是一个以挠度 w 为未知量的常系数线性四阶偏微分方程。

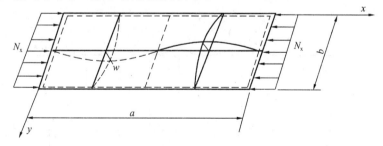

图 4-38 四边简支单向均匀受压板的屈曲

若板为四边简支，则其边界条件为：

当 $x=0$ 和 $x=a$ 时：$w=0$，$\dfrac{\partial^2 w}{\partial x^2} + \nu \dfrac{\partial^2 w}{\partial y^2} = 0$（即 $M_x = 0$）

当 $y=0$ 和 $y=b$ 时：$w=0$，$\dfrac{\partial^2 w}{\partial y^2} + \nu \dfrac{\partial^2 w}{\partial x^2} = 0$（即 $M_y = 0$）

满足上述边界条件的解是一个二重三角级数：

$$w = \sum_{m=1}^{\infty} \sum_{n=1}^{\infty} A_{mn} \sin\frac{m\pi x}{a} \sin\frac{n\pi y}{b} \quad (m,n=1,2,3\cdots) \tag{4-51}$$

式中 m、n——板屈曲时沿 x 轴和沿 y 轴方向的半波数。

将式（4-51）中的挠度 w 微分后代入式（4-50），得：

$$\sum_{m=1}^{\infty} \sum_{n=1}^{\infty} A_{mn} \left[\frac{m^4\pi^4}{a^4} + 2\frac{m^2 n^2 \pi^4}{a^2 b^2} + \frac{n^4 \pi^4}{b^4} - \frac{N_x}{D}\frac{m^2 \pi^2}{a^2} \right] \sin\frac{m\pi x}{a} \sin\frac{n\pi y}{b} = 0$$

当板处于微弯状态时，应该有

$$A_{mn} \neq 0, \quad \sin\frac{m\pi x}{a} \neq 0, \quad \sin\frac{n\pi y}{b} \neq 0$$

故满足上式恒为零的唯一条件是括号内的式子为零，解得：

$$N_x = \frac{\pi^2 D}{b^2}\left(\frac{mb}{a} + \frac{n^2 a}{mb}\right)^2$$

临界荷载是板保持微弯状态的最小荷载，只有 $n=1$（即在 y 方向为一个半波）时 N_x 有最小值，于是得四边简支板单向均匀受压时的临界荷载为：

$$N_{crx} = \frac{\pi^2 D}{b^2}\left(\frac{mb}{a} + \frac{a}{mb}\right)^2 = \frac{\pi^2 D}{b^2} \cdot \beta \tag{4-52}$$

式中 $\beta = \left(\dfrac{mb}{a} + \dfrac{a}{mb}\right)^2$——板的屈曲系数。

相应的临界应力：

$$\sigma_{crx} = \frac{N_{crx}}{1 \times t} = \frac{\pi^2 D}{tb^2} \cdot \beta = \frac{\beta \pi^2 E}{12(1-\nu^2)} \frac{1}{(b/t)^2} \tag{4-53}$$

图 4-39 分别绘出了 $m=1,2,\cdots$ 时在不同板宽比 a/b 的 β 值。可以看到，对于任一 m 值，β 的最小值等于 4，而且除 $a/b<1$ 的一段外，图中实曲线的 β 值变化不大。因此，对于四边简支单向均匀受压板，当 $a/b \geqslant 1$ 时，对任何 m 和 a/b 情况均可取 $\beta=4$。

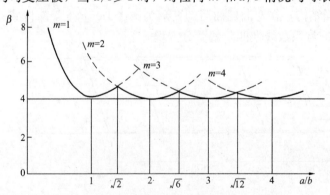

图 4-39 四边简支单向均匀受压板的屈曲系数

当板的两侧边不是简支时，也可用与上述相同的方法求出屈曲系数 β 值。图 4-40 列出了不同支承条件时单向均匀受压板的 β 值。

矩形板通常作为钢构件的一个组成部分，非受荷的两纵边假设为简支或固定，都是计算模型中的两个极端情况。实际板件两纵边的支承情况往往介于两者之间，例如轴心受压

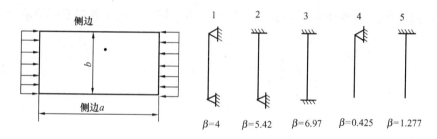

图 4-40 单向均匀受压板的屈曲系数

柱的腹板可以认为是两侧边支承于翼缘的均匀受压板,由于翼缘对腹板有一定的弹性约束作用,故腹板的 β 值应介于图 4-40 中 1、3 两情况的 β 值之间。如取实际板件的屈曲系数为 $\chi\beta$(χ 称为嵌固系数或弹性约束系数,为一大于 1.0 的数),用以考虑纵边的实际支承情况,则由图 4-40 可知四边支承板的 χ 的最大值为 $\chi = \dfrac{6.97}{4} = 1.7425$,即 $1.0 \leqslant \chi \leqslant 1.7425$。

4.4.3 轴心受压构件组成板件的容许宽厚比

板件在稳定状态所能承受的最大应力(即临界应力)与板件的形状、尺寸、支承情况以及应力情况等有关。当板件所受纵向平均压应力等于或大于钢材的比例极限时,板件纵向进入弹塑性工作阶段,而板件的横向仍处于弹性工作阶段,使矩形板呈正交异性。考虑材料的弹塑性影响以及板边缘约束后板件的临界应力可用下式表达:

$$\sigma_{cr} = \dfrac{\sqrt{\eta}\chi\beta\pi^2 E}{12(1-\nu^2)}\left(\dfrac{t}{b}\right)^2 \tag{4-54}$$

$$\eta = 0.1013\lambda^2\left(1 - 0.0248\lambda^2\dfrac{f_y}{E}\right)\dfrac{f_y}{E} \tag{4-55}$$

式中 χ——板边缘的弹性约束系数;

β——屈曲系数;

$\eta = \dfrac{E_t}{E}$——弹性模量折减系数,根据轴心受压构件局部稳定的试验资料,可按式(4-55)取值。

局部稳定验算考虑等稳定性,保证板件的局部失稳临界应力(式 4-54)不小于构件整体稳定的临界应力(φf_y),即:

$$\dfrac{\sqrt{\eta}\chi\beta\pi^2 E}{12(1-\nu^2)}\left(\dfrac{t}{b}\right)^2 \geqslant \varphi f_y \tag{4-56}$$

式(4-56)中的整体稳定系数 φ 可用 Perry 公式(4-24)来表达。显然,φ 值与构件的长细比 λ 有关。由式(4-56)即可确定出板件宽厚比的限值,以工字形截面的板件为例:

(1) 翼缘

由于工字形截面的腹板一般较翼缘板薄,腹板对翼缘板几乎没有嵌固作用,因此翼缘可视为三边简支一边自由的均匀受压板(类似图 4-40 中的第 4 种情况),故其屈曲系数 $\beta = 0.425$,弹性约束系数 $\chi = 1.0$。由公式(4-56)可以得到翼缘板悬伸部分的宽厚比 b/t 与长

细比 λ 的关系曲线，此曲线的关系式较为复杂，为了便于应用，采用下列简单的直线式表达：

$$\frac{b}{t} \leqslant (10+0.1\lambda)\sqrt{\frac{235}{f_y}} \tag{4-57}$$

式中　λ——构件两方向长细比的较大值；当 λ＜30 时，取 λ＝30；当 λ＞100 时，取 λ＝100。

(2) 腹板

腹板可视为四边支承板，此时屈曲系数 β=4。当腹板发生屈曲时，翼缘板作为腹板纵向边的支承，对腹板将起一定的弹性嵌固作用，这种嵌固作用可使腹板的临界应力提高，根据试验可取弹性约束系数 χ=1.3。仍由公式(4-56)，经简化后得到腹板高厚比 h_0/t_w 的简化表达式：

$$\frac{h_0}{t_w} \leqslant (25+0.5\lambda)\sqrt{\frac{235}{f_y}} \tag{4-58}$$

其他截面构件的板件宽厚比限值，见表 4-5。对箱形截面中的板件（包括双层翼缘板的外层板），其宽厚比限值是近似借用了箱形梁翼缘板的规定（参见第 5 章）；对圆管截面是根据材料为理想弹塑性体，轴向压应力达屈服强度的前提下导出的。

轴心受压构件板件宽厚比限值　　　　　表 4-5

截面及板件尺寸	宽厚比限值
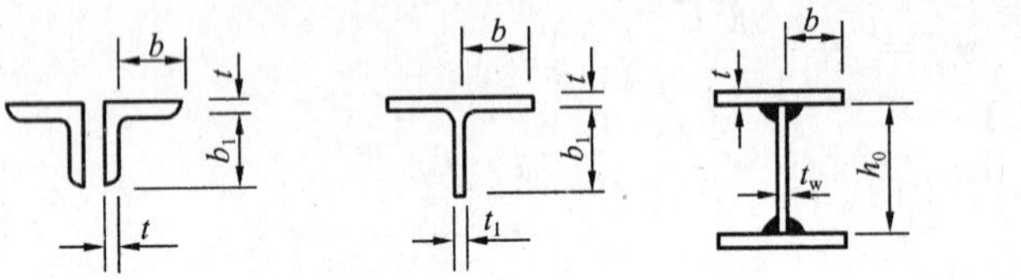 （T形、工字形截面图示）	$\dfrac{b}{t}\left(\text{或}\dfrac{b_1}{t}\right) \leqslant (10+0.1\lambda)\sqrt{\dfrac{235}{f_y}}$ $\dfrac{b_1}{t_1} \leqslant (15+0.2\lambda)\sqrt{\dfrac{235}{f_y}}$ $\dfrac{h_0}{t_w} \leqslant (25+0.5\lambda)\sqrt{\dfrac{235}{f_y}}$
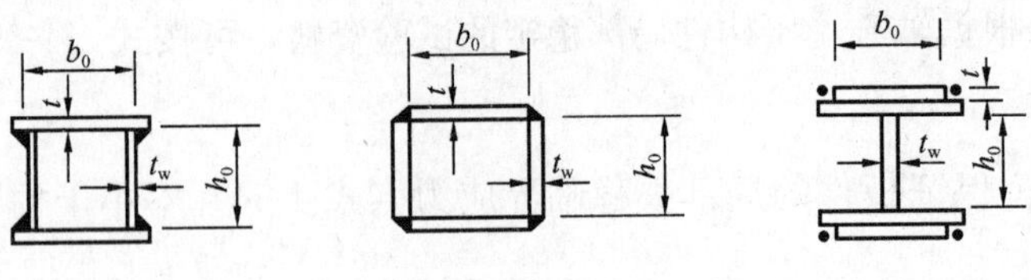 （箱形截面、双层翼缘板截面图示）	$\dfrac{b_0}{t}\left(\text{或}\dfrac{h_0}{t_w}\right) \leqslant 40\sqrt{\dfrac{235}{f_y}}$
 （圆管截面图示）	$\dfrac{d}{t} \leqslant 100\left(\dfrac{235}{f_y}\right)$

注：对两板焊接 T 形截面，其腹板高厚比应满足 $b_1/t_1 \leqslant (13+0.17\lambda)\sqrt{235/f_y}$。

4.4.4 腹板屈曲后强度的利用

当工字形截面的腹板高厚比 h_0/t_w 不满足公式(4-58)的要求时，可以加厚腹板，但此法不一定经济，较有效的方法是在腹板中部设置纵向加劲肋。由于纵向加劲肋与翼缘板构成了腹板纵向边的支承，因此加强后腹板的有效高度 h_0 成为翼缘与纵向加劲肋之间的距离，如图 4-41 所示。

限制腹板高厚比和设置纵向加劲肋，是为了保证在构件丧失整体稳定之前腹板不会出现局部屈曲。实际上，四边支承理想平板在屈曲后还有很大的承载能力，一般称之为屈曲后强度。板件的屈曲后强度主要来自于平板中面的横向张力，因而板件屈曲后还能继续承载。屈曲后继续施加的荷载大部分将由边缘部分的腹板来承受，此时板内的纵向压力出现不均匀，如图 4-42(a)所示。

若近似以图 4-42(a)中虚线所示的应力图形来代替板件屈曲后纵向压应力的分布，即引入等效宽度 b_e 和有效截面 $b_e t_w$ 的概念。考虑腹板截面部分退出工作，实际平板可由一应力等于 f_y 但宽度只有 b_e 的等效平板来代替。计算时，腹板截面面积仅考虑两侧宽度各为 $20t_w\sqrt{235/f_y}$（相当于 $b_e/2$）的部分，如图 4-42(b)所示，但计算构件的稳定系数 φ 时仍可用全截面。

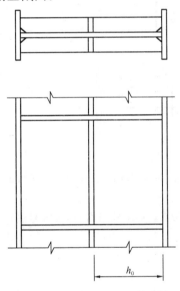

图 4-41 实腹柱的腹板加劲肋

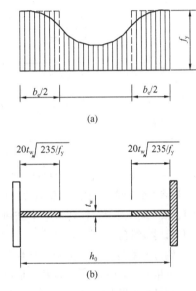

图 4-42 腹板屈曲后的有效截面

对于约束状态近似为三边支承的翼缘板外伸肢，虽也存在屈曲后强度，但其影响远较四边支承板为小。我国设计规范中对三边支承板外伸肢不考虑屈曲后强度，其宽厚比必须满足表 4-5 的规定。

习　题

4-1　验算由 2L63×5 组成的水平放置的轴心拉杆的强度和长细比。轴心拉力的设计值为 270kN，只承受静力作用，计算长度为 3m。杆端有一排直径为 20mm 的孔眼（图 4-43）。钢材为 Q235 钢。如截面尺寸不够，应改用什么角钢？

注：计算时忽略连接偏心和杆件自重的影响。

4-2　一块—400×20 的钢板用两块拼接板—400×12 进行拼接。螺栓孔径为 22mm，排列如图 4-44 所示。钢板轴心受拉，$N=1350$kN（设计值）。钢材为 Q235 钢，解答下列问题：

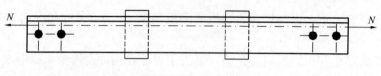

图 4-43 习题 4-1 图

(1) 钢板 1-1 截面的强度够否？
(2) 是否还需要验算 2-2 截面的强度？假定 N 在 13 个螺栓中平均分配，2-2 截面应如何验算？
(3) 拼接板的强度够否？

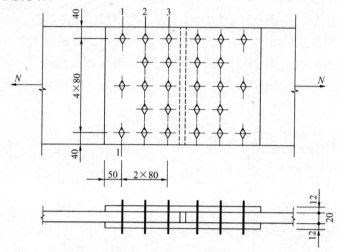

图 4-44 习题 4-2 图

4-3 一水平放置两端铰接的 Q345 钢做成的轴心受拉构件，长 9m，截面为由 2L90×8 组成的肢尖向下的 T 形截面。问是否能承受轴心力设计值 870kN？

4-4 某车间工作平台柱高 2.6m，按两端铰接的轴心受压柱考虑。如果柱采用 I16（16 号热轧工字钢），试经计算解答：

(1) 钢材采用 Q235 钢时，设计承载力为多少？
(2) 改用 Q345 钢时，设计承载力是否显著提高？
(3) 如果轴心压力为 330kN（设计值），I16 能否满足要求？如不满足，从构造上采取什么措施就能满足要求？

4-5 设某工业平台柱承受轴心压力 5000kN（设计值），柱高 8m，两端铰接。要求设计一 H 型钢或焊接工字形截面柱。钢材为 Q235。

4-6 图 4-45 (a)、(b) 所示两种截面（焰切边缘）的截面积相等，钢材均为 Q235 钢。当用作长度

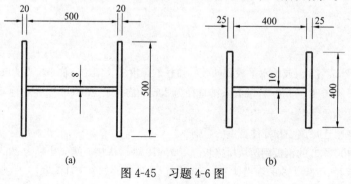

图 4-45 习题 4-6 图

为 10m 的两端铰接轴心受压柱时，是否能安全承受设计荷载 3200kN？

4-7 已知某轴心受压的缀板柱，柱截面为 2 [32a，如图 4-46 所示。柱长 7.5m，两端铰接，承受轴心压力设计值 $N=1500$kN，钢材为 Q235B，截面无削弱。试验算此柱的整体稳定。

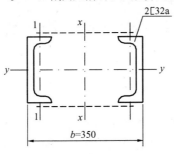

图 4-46 习题 4-7 图

5 受弯构件

5.1 受弯构件的类型和应用

仅承受弯矩作用或弯矩和剪力共同作用的构件称为受弯构件，包括实腹式和格构式两类。实际工程中的实腹式受弯构件通常称为梁，如房屋建筑领域内多高层房屋中的楼盖梁、工厂中的工作平台梁、吊车梁、墙架梁以及屋盖体系中的檩条等。桥梁工程中的桥面系、水工结构中的钢闸门等也大多由钢交叉梁系构成。以承受横向荷载为主的格构式受弯构件称为桁架，因其在弯矩作用平面内具有较大的刚度而特别适用于大跨建筑。本章所讨论的主要是实腹式受弯构件即梁的受力性能。

按制作方法梁可分为型钢梁和组合梁两种，型钢梁又可分为热轧型钢和冷弯薄壁型钢两类，如图 5-1 所示。

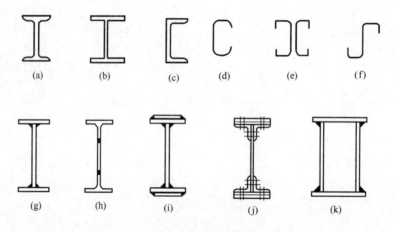

图 5-1 梁的截面类型

钢梁中常用的热轧型钢主要有 H 型钢、普通工字钢和普通槽钢（图 5-1a～c），工字钢与 H 型钢的材料在截面上的分布相对开展，承受横向荷载时具有较大的抗弯刚度，因此是受弯构件中最经济的截面形式，但用于梁的 H 型钢应为窄翼缘型（HN 型）。槽钢截面的缺点是翼缘较小，而且截面单轴对称，剪切中心在腹板外侧，当弯矩作用在截面最大刚度平面内时容易发生扭转。热轧型钢由于轧制条件的限制，其腹板厚度一般偏大，用钢量可能较大，但制造省工，构造简单，当条件许可时应尽量采用型钢梁。冷弯薄壁型钢（图 5-1d～f）也是常用于受弯构件的型钢截面，在室温条件下加工成型的冷弯薄壁型钢，板壁厚度主要在 1.5～3.0mm 范围内，所以多用在跨度不大、承受较小荷载的情况，如房屋建筑中的屋面檩条和墙架梁。

当荷载和跨度较大时，型钢梁受尺寸和规格的限制，常不能满足承载能力或刚度的要求，因此，中型和重型钢梁除采用热轧 H 型钢外常采用焊接工字形组合梁。组合梁主要由钢板或钢板和型钢连接而成，有工字形截面和箱形截面两大类。目前绝大多数组合梁是焊接而成（图 5-1g～i），也有荷载特重或抵抗动力荷载作用要求较高的少数梁可采用高强度螺栓摩擦型连接（图 5-1j）。由于工字形截面组合梁的腹板厚度可以选得较薄，可减少用钢量。当荷载较大且梁的截面高度受到限制或梁的抗扭性能要求较高时，可采用箱形截面组合梁（图 5-1k）。

按支承条件的不同，受弯构件可分为简支梁、连续梁、悬臂梁等。

按弯曲变形情况不同，构件可能在一个主轴平面内受弯，也可能在两个主轴平面内受弯。前者称为单向弯曲梁，后者称为双向弯曲梁。图 5-2 所示的屋面檩条即是双向弯曲梁。

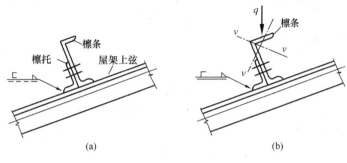

图 5-2 屋面檩条

按楼面传力系统中的作用和传力方向不同，受弯构件又分为主梁和次梁（图 5-3），由主、次梁可以组成不同的楼面梁格类型（图 5-4）。

除了上述广泛采用的型钢梁和组合梁外，目前还有一些特殊形式的钢梁。例如，为了充分利用钢材的强度，在组合梁中对受力较大的翼缘板采用强度较高的钢材，而对受力较小的腹板则采用强度较低的钢材，形成异钢种组合梁。又如，为了增加梁的高度使有较大的截面惯性矩，可将型钢梁按锯齿形割开，然后把上、下两

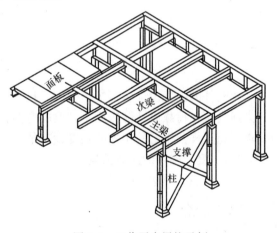

图 5-3 工作平台梁格示例

个半工字形左右错动使齿尖相对焊接成为腹板上有一系列六角形孔的所谓蜂窝梁，如图 5-5 所示。蜂窝梁截面中的孔可使房屋中的各种管道顺利通过，在高层及工业厂房中多有

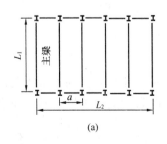
(a)

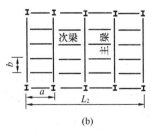
(b)

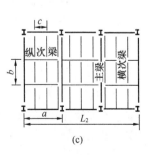
(c)

图 5-4 楼面梁格形式

应用。此外，为了利用混凝土结构优良的抗压性能和钢结构优良的抗拉性能，可制成钢与混凝土组合梁，如图 5-6 所示。楼面系中的钢筋混凝土楼板可兼作组合梁的受压翼缘板，支承混凝土板的钢梁可用作组合梁的受拉翼缘而取得经济效果。本章内容主要介绍应用最多的型钢梁和焊接组合梁。

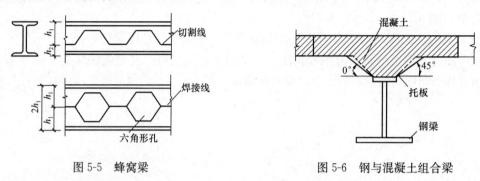

图 5-5　蜂窝梁　　　　　　　　图 5-6　钢与混凝土组合梁

梁的设计应同时满足承载能力极限状态和正常使用极限状态的要求。承载能力极限状态计算包括截面的强度、构件的整体稳定和局部稳定。对于直接承受重复荷载的吊车梁，当应力循环次数 $n \geqslant 5 \times 10^4$ 时尚应进行疲劳验算。

正常使用极限状态计算主要是控制荷载标准值作用下梁的最大挠度不超过规范限定的容许挠度。

5.2　受弯构件的强度和刚度

受弯构件的强度设计包括抗弯强度、抗剪强度、局部承压强度和复杂应力条件下的折算应力强度。在荷载设计值作用下，梁的弯曲正应力、剪应力、局部承压应力和折算应力均要求不超过规范规定的相应的强度设计值。

5.2.1　受弯构件的抗弯强度

钢材是理想的弹塑性材料，在弯矩作用下，受弯构件截面正应力的发展过程一般会经历三个阶段（图 5-7）。

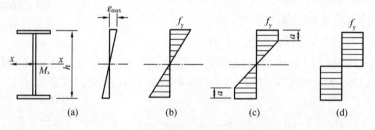

图 5-7　受弯构件截面应力发展阶段

（1）弹性工作阶段

当作用在构件上的弯矩 M_x 较小时，截面上的应力应变关系成正比，此时截面上的应力为直线分布，构件在弹性阶段工作（图 5-7b），此时截面边缘正应力 σ 可按材料力学公式计算，即

$$\sigma = \frac{M_x}{W_x} \tag{5-1}$$

式中　M_x——绕 x 轴的弯矩；

　　　W_x——对 x 轴的弹性截面模量。

弹性工作的极限状态是截面最外边缘的正应力达到屈服点 f_y，这时除截面边缘纤维的应力屈服以外，其余区域应力仍在屈服点之下。此时截面上的弯矩称为屈服弯矩（亦即弹性最大弯矩）M_{ex}，按下式计算：

$$M_{ex} = W_x f_y \tag{5-2}$$

如果以屈服弯矩 M_{ex} 作为构件抗弯时承载能力的极限状态，即是弹性设计方法。

(2) 弹塑性工作阶段

由于钢材为理想弹塑性材料，边缘屈服后，截面尚有继续承载的能力。如果弯矩 M_x 继续增加，随截面曲率增大，截面上各点的应变继续发展，靠近最外边缘宽度为 a 的这部分截面（图 5-7c），最大应变 ε_{max} 陆续超过了屈服点应变 f_y/E，根据应力应变关系的理想弹塑性模型，这些点的应力逐步达到屈服强度，表明这部分截面已进入塑性，但是在靠近中和轴的中间部分区域，截面仍处于弹性受力状态，此时构件在弹塑性状态工作。

(3) 塑性工作阶段

构件进入弹塑性受力状态后，如果弯矩 M_x 还继续增加，梁截面的塑性区便不断向内发展，弹性区面积逐渐缩小，在理想状态，最终最大弯矩处的整个截面都进入塑性（图 5-7d），弯矩 M_x 不再增加，而变形却继续发展，该截面在保持极限弯矩的条件下形成了一个可动铰，即所谓"塑性铰"。此时的截面弯矩称为塑性弯矩或极限弯矩，塑性弯矩 M_{px} 可按下式计算：

$$M_{px} = (S_{1x} + S_{2x}) f_y = W_{px} f_y \tag{5-3}$$

式中　S_{1x}、S_{2x}——分别为中和轴以上和以下截面对中和轴 x 的面积矩；

$W_{px} = S_{1x} + S_{2x}$——绕 x 轴的塑性截面模量。

由式（5-2）和式（5-3）可以得到塑性铰弯矩 M_{px} 与弹性最大弯矩 M_{ex} 之比：

$$\gamma_F = M_{px}/M_{ex} = W_{px}/W_{ex} \tag{5-4}$$

γ_F 也即是塑性截面模量与弹性截面模量之比，称为截面形状系数。显然，截面形状系数 γ_F 值仅与截面的几何形状有关而与材料无关，常用截面的 γ_F 值如图 5-8 所示。

计算抗弯强度时若考虑截面塑性发展，可以获得较大的经济意义。但简支梁形成塑性

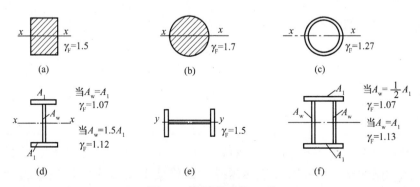

图 5-8　常用截面的 γ_F 值

铰后使结构成为机构，理论上构件的挠度会无限增长。为防止过大的塑性变形影响受弯构件的使用，工程设计时塑性发展应该受到一定限制，即应采用塑性部分深入截面的弹塑性工作阶段（图 5-7c 的应力状态）作为梁强度破坏时的极限状态。

若限制截面塑性区在截面高度两侧为 a 的一定宽度范围内发展，采用有限截面塑性发展系数 γ_x 或 γ_y 来代表弹塑性阶段的截面模量与弹性截面模量之比，即有 $1<\gamma_x<\gamma_{Fx}$，$1<\gamma_y<\gamma_{Fy}$。

此时，对 x 轴的截面最大弯矩 M_{ux} 可按下式计算：

$$M_{ux} = \gamma_x M_{ex} \tag{5-5}$$

截面上作用的弯矩不能超过截面的抗弯强度设计值 M_{ux}，即

$$M_x \leqslant \gamma_x W_{ex} = M_{ux} \tag{5-6}$$

我国《钢结构设计规范》(GB 50017—2003) 取截面塑性变形发展的深度 a 不超过梁截面高度的 1/8，规定：在主平面内受弯的实腹构件，其抗弯强度应按下式计算：

$$\frac{M_x}{\gamma_x W_{nx}} + \frac{M_y}{\gamma_y W_{ny}} \leqslant f \tag{5-7}$$

式中 M_x、M_y——绕 x 轴和 y 轴的弯矩设计值；

W_{nx}、W_{ny}——对 x 轴和 y 轴的净截面弹性截面模量；

γ_x、γ_y——截面塑性发展系数，我国规范中对截面塑性发展系数的取值见表 5-1。例如，对常用的工字形和 H 形截面 $\gamma_x=1.05$，$\gamma_y=1.20$；对箱形截面取 $\gamma_x=\gamma_y=1.05$。

截面塑性发展系数 γ_x、γ_y 值　　　　表 5-1

截面形式	γ_x	γ_y	截面形式	γ_x	γ_y
(图)	1.05	1.2	(图)	1.2	1.2
(图)	1.05	1.05	(图)	1.15	1.15
(图)	$\gamma_{x1}=1.05$	1.2	(图)	1.0	1.05
(图)	$\gamma_{x2}=1.2$	1.05	(图)	1.0	1.0

γ_x、γ_y 是考虑塑性部分深入截面的系数，与式 (5-4) 的截面形状系数 γ_F 的含义有区别，称为"截面塑性发展系数"。为避免梁失去强度之前受压翼缘局部失稳，规范规定，当工字形（含 H 形）截面梁受压翼缘板的自由外伸宽度与其厚度之比大于 $13\sqrt{235/f_y}$ 而

不超过 $15\sqrt{235/f_y}$ 时，应取 $\gamma_x = \gamma_y = 1.0$。$f_y$ 为钢材牌号所指屈服点，对 Q235 钢，取 $f_y = 235\text{N/mm}^2$；Q345 钢，取 $f_y = 345\text{N/mm}^2$；Q390 钢，取 $f_y = 390\text{N/mm}^2$；Q420 钢，取 $f_y = 420\text{N/mm}^2$。

当为单向弯曲时，即当 $M_y = 0$ 时，式（5-7）成为：

$$\frac{M_x}{\gamma_x W_{nx}} \leqslant f \tag{5-8}$$

5.2.2 受弯构件的抗剪强度

受弯构件在横向荷载作用下都会产生弯曲剪应力，初等材料力学的计算方法假定剪应力沿梁截面宽度均匀分布，作用方向与横向荷载平行。但钢梁截面由于其组成板件的高厚比或宽厚比较大（一般大于 10），属薄壁构件。薄壁截面上弯曲剪应力的计算宜用剪力流理论，即假定剪应力沿壁厚均匀分布，剪应力的方向与各板件平行，形成剪力流如图 5-9 所示，显然，两种方法在计算腹板剪应力时是一致的，但在计算翼缘剪应力时，无论大小和方向都有质的区别。

剪力流的强度可用剪应力 τ 与该处的壁厚 t 的乘积 $\tau \cdot t$ 来表示，图 5-9 中分别绘出了工字形截面和槽形截面在竖向剪力 V 作用下剪力流强度变化的图形，最大剪应力均发生在腹板中点。

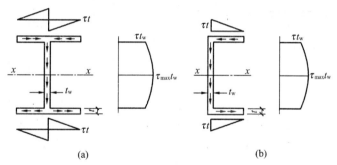

图 5-9 工字形截面和槽形截面上的剪力流

根据开口薄壁构件理论，在剪力 V 作用下，截面上任一点的剪应力为：

$$\tau = \frac{VS_x}{I_x t_w} \tag{5-9}$$

式中　　V——所计算截面沿主轴 x 方向作用的剪力；

　　　　I_x——截面对主轴 x 的毛截面惯性矩；

$S_x = \int_0^s yt\,ds$ ——所计算剪应力处以上或以下毛截面对中和轴 x 的面积矩（当计算腹板上任一点的竖向剪应力时），或以左或以右毛截面对中和轴 x 的面积矩（当计算翼缘板上任一点的水平剪应力时）；

　　　　t——计算剪应力处的截面厚度。

我国《钢结构设计规范》（GB 50017—2003）中对在主平面内受弯的实腹构件抗剪强度的计算即采用了式（5-9），规定为：

$$\tau = \frac{VS_x}{I_x t_w} < f_v \tag{5-10}$$

式中 f_v——钢材的抗剪强度设计值,根据能量强度理论,对只有剪应力作用的纯剪状态,可以得到钢材的抗剪强度设计值为(详第 2 章 2.2.2 节):$f_v = \dfrac{f_y}{\sqrt{3}\gamma_R} = 0.58f$。

当截面上有螺栓孔等微小削弱时,工程上仍用毛截面参数进行抗剪强度计算。

5.2.3 受弯构件的局部承压强度

作用在受弯构件上的横向力一般以分布荷载或集中荷载的形式出现。实际工程中的集中荷载也是有一定分布长度的,不过其分布范围较小而已。对于工字形截面受弯构件,在上翼缘集中荷载作用下,腹板和上翼缘交界处可能出现较大的集中应力,如在楼面结构主次梁连接处主梁的腹板上,在吊车轮压作用下吊车梁靠近上翼缘的腹板上,见图 5-10。当梁翼缘受有沿腹板平面作用的压力(包括集中荷载和支座反力),且该处又未设置支承加劲肋时(图 5-10a),或受有移动的集中荷载(如吊车的轮压)时(图 5-10b),应验算腹板计算高度边缘的局部承压强度。

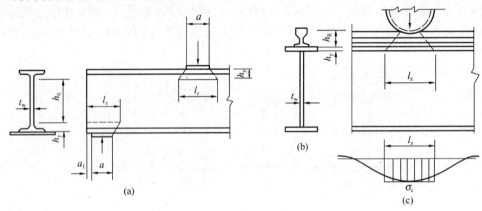

图 5-10 局部承压

在集中荷载作用下,梁的翼缘(在吊车梁中,还包括轨道)类似支承于腹板的弹性地基梁。腹板高度边缘的压应力分布如图 5-10(c)的曲线所示。假定集中荷载从作用处以 1∶2.5(在 h_y 高度范围)和 1∶1(在 h_R 高度范围)扩散,均匀分布于腹板计算高度边缘。按这种假定计算的均布压应力不应超过材料的屈服强度,若以此作为局部承压的设计准则,则梁腹板上边缘处的局部承压强度可按下式计算:

$$\sigma_c = \dfrac{\psi F}{t_w l_z} \leqslant f \tag{5-11}$$

式中 F——集中荷载设计值,对动态荷载应考虑动力系数;

ψ——集中荷载增大系数,用以考虑吊车轮压分配的不均:对重级工作制吊车梁,$\psi=1.35$;其他梁,$\psi=1.0$;

l_z——假定集中荷载按一定的扩散角传递至腹板计算高度边缘的分布长度,计算方法为:

当集中荷载未通过轨道时,$l_z = a + 5h_y$

当集中荷载通过轨道传递时,$l_z = a + 5h_y + 2h_R$

在梁的支座处，局部压应力的分布长度取为：$l_z = a + 2.5h_y + a_1$

h_y——自梁承载的边缘到腹板计算高度边缘的距离；

h_R——轨道的高度；

a_1——梁端到支座板外边缘的距离，按实际取，但不得大于 $2.5h_y$。

受弯构件局部承压强度不能满足这一要求时，一般考虑在固定集中荷载作用处（包括支座处）设置支承加劲肋，如图 5-11 所示。在构件的支座位置处，下翼缘与腹板交界处的局部承压问题，也可采用支承加劲肋的方式加以处理。对移动集中荷载，则只能修改梁截面，加大腹板厚度。

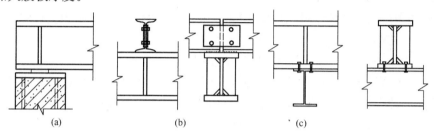

图 5-11 支承加劲肋

5.2.4 受弯构件在复杂应力条件下的折算应力

杆件中的截面通常是同时承受剪力和弯矩的。同一个截面上，弯曲正应力最大值的点和剪应力最大值的点一般不在同一位置，因此，正应力和剪应力的强度极限可以分别计算。

但是在截面上有些部位，例如在连续组合梁的支座处或简支组合梁翼缘截面改变处，腹板计算高度边缘常同时受到较大的正应力、剪应力和局部压应力，或同时受到较大的正应力和剪应力（见图 5-12），使该点处在复杂应力状态。

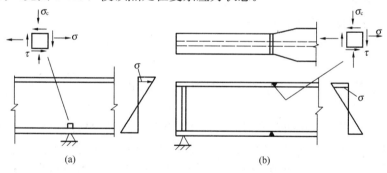

图 5-12 验算梁折算应力的部位

在这种情况下，可根据材料力学中能量强度理论来判定这些点是否到达屈服，即按下式验算其折算应力：

$$\sqrt{\sigma^2 + \sigma_c^2 - \sigma\sigma_c + 3\tau^2} \leqslant \beta_1 f \tag{5-12}$$

式中 σ——腹板计算高度边缘的弯曲正应力，按弹性计算，不考虑塑性深入截面；

σ_c——局部承压应力，与弯曲正应力的方向相垂直，按式（5-11）计算；

τ——剪应力。

需要注意的是，公式（5-12）中的 σ、τ 和 σ_c 分别为腹板计算高度边缘同一点上同时产生的正应力、剪应力和局部压应力。σ 和 σ_c 以拉应力为正值，压应力为负值。考虑到需验算折算应力的部位只是梁的局部区域，几种应力皆以其较大值在同一点上出现的概率很小，因而公式 (5-12) 中，右端的强度设计值引入了大于 1 的增大系数 β_1。由于当 σ 与 σ_c 异号时，其塑性变形能力较 σ 和 σ_c 同号时为高，因此规定 β_1 的取值原则为：

当 σ 与 σ_c 异号时，取 $\beta_1 = 1.20$；

当 σ 与 σ_c 同号或 $\sigma_c = 0$ 时，取 $\beta_1 = 1.10$。

5.2.5 受弯构件的刚度

受弯构件的刚度是指在使用荷载作用下构件抵抗变形的能力。变形太大，会妨碍正常使用，导致依附于受弯构件的其他部件损坏。工程设计中，通常有限制受弯构件竖向挠度的要求，其一般表达式为：

$$v \leqslant [v] \tag{5-13}$$

式中　v——由荷载标准值（不考虑荷载分项系数和动力系数）产生的最大挠度；

　　　$[v]$——梁的容许挠度值，对常用的受弯构件，规范给出的挠度限值详附录 3 附表 3-1。

梁的挠度 v 可以按材料力学、结构力学的方法算出。受多个集中荷载的梁，其挠度的精确计算较为复杂，但与最大弯矩相同的均布荷载作用下的挠度接近，因此可按下列近似公式验算梁的挠度：

对等截面简支梁，$\dfrac{v}{l} = \dfrac{5}{384} \cdot \dfrac{q_k l^3}{EI_x} = \dfrac{5}{48} \cdot \dfrac{q_k l^2 \cdot l}{8EI_x} \approx \dfrac{M_k l}{10EI_x} \leqslant \dfrac{[v]}{l}$ (5-14)

对变截面简支梁，$\dfrac{v}{l} = \dfrac{M_k l}{10EI_x} \left(1 + \dfrac{3}{25} \cdot \dfrac{I_x - I_{x1}}{I_x}\right) \leqslant \dfrac{[v]}{l}$ (5-15)

式中　q_k——均布线荷载标准值；

　　　M_k——荷载标准值产生的最大弯矩；

　　　I_x——跨中毛截面惯性矩；

　　　I_{x1}——支座附近毛截面惯性矩。

由于挠度是构件整体的力学行为，所以采用毛截面参数进行计算。

5.3 受弯构件的扭转

钢结构中专门用以抵抗扭转变形的构件并不多见，但受弯构件和压弯构件当其在弯矩作用平面外失去整体稳定性时必使构件同时发生侧向弯曲和扭转变形。

在材料力学中，主要介绍的是圆杆的扭转。圆杆扭转时，圆截面始终保持平面，只是截面对杆轴产生转动；截面上只产生剪应力，某点剪应力的大小与该点至圆心的距离成正比，方向垂直于该点至圆心的连线。

非圆杆截面如矩形、工字形和槽形等在扭转时，原先为平面的截面不再保持平面，截面上各点沿杆轴方向发生纵向位移而使截面翘曲。构件扭转时若截面能自由翘曲，即纵向位移不受约束，这种扭转称为自由扭转（或称圣维南扭转、均匀扭转、纯扭转等）。翘曲受到约束的扭转称为约束扭转（或称非均匀扭转、弯曲扭转等）。由于受弯构件的扭转是当其所承受的横向荷载偏心或不通过截面的剪力中心时发生的，所以在讨论受弯构件的扭转性能以前，需要首先建立剪力中心的概念。

5.3.1 受弯构件的剪力中心

先考察图 5-13 所示槽形截面受弯构件。设其截面上作用剪力 V_y 和弯矩 M_x。分别按 $\sigma = \dfrac{M_x y}{I_x}$ 和 $\tau = \dfrac{V_y S_x}{I_x t_w}$ 作出弯曲正应力和剪应力的分布图，如图 5-13（c）、（d）所示。从剪应力的计算式（5-10）可以看出，剪应力沿截面板件厚度大小不变，所以沿着截面的中线（截面板厚的平分线），剪应力在翼缘上的分布呈直线关系，在腹板上呈抛物线关系。

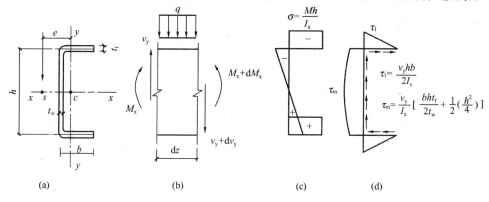

图 5-13 槽形截面的剪应力分布

翼缘上剪应力的合力为零，但形成对于形心的力矩：

$$M_z = \frac{V_y b h}{2 I_x} \times \frac{b t_f}{2} \times h$$

为平衡该力矩使得截面不发生扭转，剪力 V_y 的作用线必须通过一特定的点 S，使得

$$V_y e = M_z$$

即

$$e = \frac{b^2 h^2 t_f}{4 I_x}$$

这一特殊点 S 称为剪力中心，外荷载的作用线或外力矩作用面通过剪力中心时，受弯构件只产生弯曲，若不通过剪力中心，构件在弯曲的同时还要扭转，由于扭转变形是绕剪力中心进行的，所以剪力中心又称为弯曲中心或扭转中心。

剪力中心的位置仅与构件的截面形式和尺寸有关，而与外荷载无关。可以用同样的方法求出其他截面的剪力中心。对于双轴对称以及对形心成点对称的截面（图 5-14a、b），

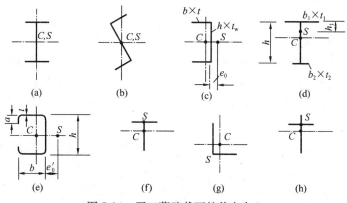

图 5-14 开口薄壁截面的剪力中心

剪力中心与截面形心重合；对于单轴对称截面（图 5-14c、d、e），剪力中心在截面的对称轴上，其具体位置可通过计算确定；对 T 形、十字形等由矩形薄板中线相交于一点组成的截面（图 5-14f、g、h），剪力中心就在多板件的交汇点上，因为所有板件上剪应力的合力均通过该点。

设计受弯构件时，若使横向作用力通过剪力中心，则设计时可不考虑扭转问题；否则应尽可能使横向力的作用线靠近剪力中心，或采取其他措施来阻止构件扭转。

5.3.2 自由扭转

若等截面构件受到扭矩作用，但同时满足以下两个条件：
(1) 截面上受等值反向的一对扭矩 M_t 作用；
(2) 构件端部截面的纵向纤维不受约束。

这就是所谓的自由扭转（图 5-15），又称圣维南扭转或纯扭转。自由扭转的特点是：①扭转时各截面有相同翘曲，各纵向纤维无伸长或缩短；②在扭矩作用下截面上只产生剪应力，无正应力；③纵向纤维保持直线，截面上的应力为扭转引起的剪应力，构件单位长度的扭转角处处相等。

图 5-15 自由扭转

由于钢结构中的大多数受弯构件是由狭长矩形截面板件组合而成，我们首先分析这种截面构件的扭转特性。狭长矩形截面（$b > t$）的构件发生自由扭转时，根据弹性力学的分析，可得到扭矩 M_t 与扭转率（即单位长度的扭转角）间有下列关系：

$$M_t = GI_t \frac{d\varphi}{dz} = GI_t \varphi' \tag{5-16}$$

式中 φ——扭转角，自由扭转中 φ 沿构件纵向为一常量；

G——材料的剪变模量；

I_t——截面的扭转惯性矩或扭转常数，对矩形截面，$I_t = \frac{1}{3}bt^3$。

对于由几个狭长矩形板组合而成的工字形、T 形、槽形和角形等开口截面，其扭转惯性矩可近似由下式计算：

$$I_t = \frac{k}{3}\sum_{i=1}^{n} b_i t_i^3$$

式中 b_i、t_i——任意矩形板的宽度和厚度；

k——考虑热轧型钢截面局部加强的增大系数，其值由试验确定。对工字形截面可取 $k = 1.25$，T 形截面取 $k = 1.15$，槽形截面取 $k = 1.12$。

自由扭转时，开口薄壁构件截面上只有剪切应力，剪应力的分布情况为在壁厚范围内形成一个闭合的剪力流，如图 5-16（a）～（c）所示。剪应力的方向与壁厚中心线平行，大小沿壁厚直线变化，中心线处为零，最大剪应力发生在壁内外边缘处，其值为：

$$\tau_{max} = \frac{M_t t}{I_t} = Gt\frac{d\varphi}{dz} = Gt\varphi' \tag{5-17}$$

对于闭口薄壁截面，在扭矩作用下剪应力可视为沿壁厚均匀分布，并在其截面内形成

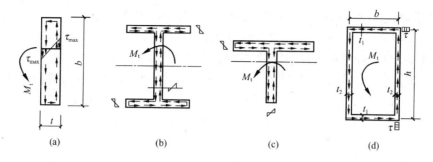

图 5-16 自由扭转时剪应力的分布

沿各板件中线方向的闭口形剪力流，如图 5-16（d）所示。闭口截面抗扭惯性矩远大于开口截面，其抗扭惯性矩可由下式计算：

$$I_t = \frac{4A^2}{\oint \frac{ds}{t}}$$

式中　A——闭口截面板件中线所围面积；
　　　ds——沿周边积分时微元的长度。

用上式，可以计算得出图 5-16（d）所示箱形截面的抗扭惯性矩为：

$$I_t = \frac{4bh}{2(b/t_1 + h/t_2)}$$

5.3.3　约束扭转

若由于支承情况或外力作用方式使受扭构件在受扭时截面的翘曲受到约束，这种扭转就叫做约束扭转。例如图 5-17（a）所示构件，中点施加一集中扭转后，构件左右两半扭矩方向相反，两端截面翘曲最大，中间各截面翘曲不等，由于对称性，构件中点截面必无翘曲，这种翘曲的约束是由荷载的分布形式引起的。图 5-17（b）为一悬臂构件，在自由端施加一集中扭矩后，自由端截面翘曲变形最大，固定端截面翘曲为零，这是由于固定端支座约束所造成的。

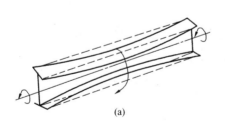 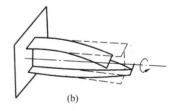

图 5-17　约束扭转

5.3.3.1　约束扭转的特点

（1）各截面有不同的翘曲变形，因而两相邻截面间构件的纵向纤维因产生伸长或缩短而有正应变，截面上将产生正应力。这种正应力称为翘曲正应力或扇性正应力。

（2）由于各截面上有大小不同的翘曲正应力，截面上将产生与之相平衡的剪应力，这种剪应力称为翘曲剪应力或扇性剪应力。此外，约束扭转时为抵抗两相邻截面的相互转动，截面上也必然存在与自由扭转中相同的自由扭转剪应力（或称圣维南剪应力）。这样，约束扭转时，构件的截面上存在圣维南剪应力和翘曲剪应力两种剪应力，前者组成圣维南

扭矩 M_t，后者组成翘曲扭矩 M_ω，两者之合与外扭矩 M_T 平衡，即：

$$M_T = M_t + M_\omega \tag{5-18}$$

5.3.3.2 约束扭转时内外扭矩的平衡方程式

分析如图 5-18 所示的双轴对称工字形截面悬臂梁，可以得到约束扭转时截面的扭矩平衡方程。设在距离支座为 z 的截面处产生的扭转角为 φ，若忽略腹板的影响，则翘曲扭矩 M_ω 可以由上下翼缘的翘曲剪应力组成的力偶表示：

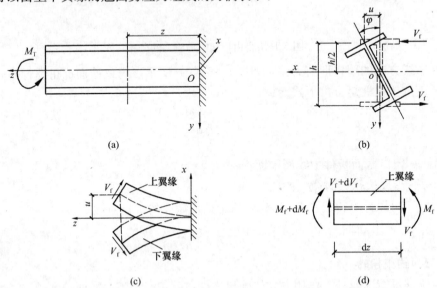

图 5-18 悬臂工字梁的约束扭转

$$M_\omega = V_f h$$

式中　V_f——翼缘中的弯曲剪力，上下翼缘中剪力大小相等、方向相反，如图 5-18（b）所示。

若构件截面外形的投影保持不变，上下翼缘在水平方向的位移为：

$$u = \frac{h}{2}\varphi$$

根据弯矩曲率关系，上（下）翼缘平面内的弯矩为：

$$M_f = -EI_f \frac{d^2 u}{dz^2} = -\frac{h}{2} EI_f \frac{d^2 \varphi}{dz^2} = -E\frac{tb^3 h}{24}\varphi''$$

由弯矩剪力的微分关系，可得翼缘中的水平剪力为：

$$V_f = \frac{dM_f}{dz} = -\frac{h}{2} EI_f \frac{d^3 \varphi}{dz^3} = -E\frac{tb^3 h}{24}\varphi''' \tag{5-19}$$

式中　I_f——上（下）翼缘板对腹板轴（y 轴）的惯性矩，对双轴对称工字形截面，$I_f = \frac{tb^3}{12}$；

　　　t、b——翼缘的厚度和宽度。

翘曲扭矩为：

$$M_\omega = V_f h = -EI_f \frac{h^2}{2} \frac{d^3 \varphi}{dz^3} \tag{5-20}$$

如令 $I_\omega = I_f \cdot \dfrac{h^2}{2}$，或 $I_\omega = \dfrac{1}{4} I_y h^2$，式中 I_y 为构件截面对 y 轴的惯性矩，则可得：

$$M_\omega = -EI_\omega \dfrac{\mathrm{d}^3 \varphi}{\mathrm{d}z^3} \tag{5-21}$$

在式（5-18）中代入 M_t（式 5-16）及 M_ω，得集中扭矩作用下的扭矩平衡方程：

$$M_t = -EI_\omega \dfrac{\mathrm{d}^3 \varphi}{\mathrm{d}z^3} + GI_t \dfrac{\mathrm{d}\varphi}{\mathrm{d}z} = -EI_\omega \varphi''' + GI_t \varphi' \tag{5-22}$$

方程中的 I_ω 称为翘曲惯性矩（亦称翘曲常数或扇性惯性矩）；EI_ω 则称为翘曲刚度，表示构件截面抵抗翘曲的能力。翘曲刚度与侧向抗弯刚度 EI_y、扭转刚度 GI_t 一起在梁的整体稳定中起着重要的作用。该方程虽然由双轴对称工字形截面导出，但也适用于其他形式截面，只是 I_ω 的取值不同。

I_ω 仅与截面的形状和尺寸有关，例如，单轴对称工字形截面 $I_\omega = \dfrac{I_1 I_2}{I_y} h^2$。式中 I_1 和 I_2 为工字形截面两个翼缘各自对截面 y 轴的惯性矩，因而 $I_1 + I_2 = I_y$。比较双轴对称与单轴对称截面的 I_ω 可见，工字形截面的高度 h 愈大，则其 I_ω 也愈大，抵抗翘曲的能力也愈强。

其他截面的 I_ω 见表 5-2。

截面的扇性惯性矩 I_ω 值　　　　　　　　表 5-2

截面形式	工字形（双翼缘 $b_1 \times t_1$、$b_2 \times t_2$）	槽形	Z 形
I_ω	$\dfrac{h^2}{12} \cdot \dfrac{b_1^3 t_1 b_2^3 t_2}{b_1^3 t_1 + b_2^3 t_2}$	$\dfrac{b^3 h^2 t}{12} \cdot \dfrac{3bt + 2ht_w}{6bt + ht_w}$	$\dfrac{h^2}{4} I_{y_1} - \dfrac{1}{A} I_{x_1 y_1}^2$

截面形式	T 形	L 形	十字形
I_ω	$\dfrac{t^3}{36}\left(\dfrac{b^3}{4} + h^3 \dfrac{t_w^3}{t^3}\right)$	$\dfrac{t^3}{36}(b_1^3 + b_2^3)$	$\dfrac{1}{9} a^3 t^3$
	薄壁近似为 0	薄壁近似为 0	薄壁近似为 0

外扭矩作用下的约束扭转，在构件截面中将产生以下三种应力（图 5-19）：

（1）由约束扭转产生的翘曲正应力 σ_ω

对双轴对称工字形截面，每个翼缘绕 y 轴的弯矩为 M_f，其最大应力为：

$$\sigma_{\omega,\max} = \dfrac{M_f}{I_f} \cdot \dfrac{b}{2} = -\dfrac{Ebh}{4} \cdot \dfrac{\mathrm{d}^2 \varphi}{\mathrm{d}z^2} \tag{5-23}$$

（2）由纯扭矩 M_t 产生的剪应力 τ_t

$$\tau_t = \dfrac{M_t t}{I_t} = Gt\theta \tag{5-24}$$

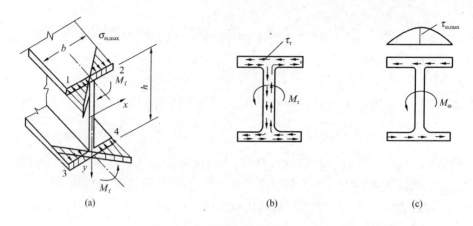

图 5-19 约束扭转时截面的应力分布

(3) 由翘曲扭矩 M_ω 产生的翘曲剪应力 τ_ω

$$\tau_\omega = \frac{V_f S_1}{I_f t}$$

式中 $S_1 = b^2 t/8$ ——翼缘中点以左截面对 y 轴的面积矩。

代入双轴对称工字形截面的 V_f 值，则最大应力为：

$$\tau_{\omega,\max} = -\frac{Eb^2 h}{16} \cdot \frac{d^3 \varphi}{dz^3} \tag{5-25}$$

5.4 受弯构件的整体稳定

5.4.1 受弯构件整体稳定的概念

为了提高抗弯强度，受弯构件一般采用高而窄的工字形或 H 形截面，工字形截面的一个显著特点是两个主轴惯性矩相差极大，即 $I_x \gg I_y$（设 x 轴为强轴，y 轴为弱轴）。因此，当受弯构件在其最大刚度平面内受荷载作用时，若荷载不大，梁的弯曲平衡状态是稳定的，基本上在其最大刚度平面内弯曲，虽然外界因素可能会使梁产生微小的侧向弯曲和扭转变形，但外界影响消失后，梁仍能恢复原来的弯曲平衡状态。但当荷载增大到一定数值后，梁在向下弯曲的同时若受到外界因素的干扰，将突然发生较大的侧向弯曲和扭转变形，最后很快地使梁丧失继续承载的能力。出现这种现象时，就称为梁丧失了整体稳定性，或称发生侧向弯扭屈曲。对于跨中无侧向支承的中等或较大跨度的梁，其丧失整体稳定性时的承载能力往往低于按其抗弯强度确定的承载能力。因此，这些梁的截面大小也就往往由整体稳定性所控制。

在弯矩作用下，受弯构件的受压翼缘类似于压杆，若无腹板的限制，有沿刚度较小方向即翼缘板平面外屈曲的可能，但腹板提供了连续的支承作用，使得这一方向的刚度实际上提高了。于是受压翼缘只可能在翼缘板平面内发生屈曲。而梁的受压翼缘和受压区腹板又与轴心受压构件不完全相同，它与梁的受拉翼缘和受拉腹板是直接相连的。因而，当其发生屈曲时只能是出平面侧向弯曲（即对 y 轴弯曲），一旦这一方向失稳，受弯构件发生侧倾，而构件的受拉部分则以张力的形式抵抗着这种侧倾倾向，对其侧向弯曲产生牵制，因此，受压翼缘出平面弯曲时就同时发生截面的扭转，因而梁发生整体失稳时必然是侧向弯扭弯曲（见图 5-20）。

梁维持其稳定平衡状态所承担的最大荷载或最大弯矩，称为临界荷载或临界弯矩。

5.4.2 双轴对称工字形截面简支梁在纯弯曲时的临界弯矩

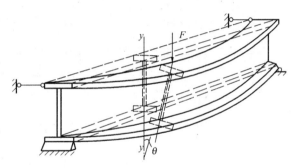

图 5-20 简支梁的整体失稳

图 5-21 所示双轴对称工字形截面简支梁在纯弯曲时的临界弯矩，可根据弹性稳定理论，通过建立绕 y 轴的弯矩平衡微分方程和绕 z 轴的扭矩平衡微分方程求得：

$$M_{cr} = \frac{\pi^2 EI_y}{l^2} \sqrt{\frac{I_\omega}{I_y} + \frac{l^2 GI_t}{\pi^2 EI_y}} \tag{5-26}$$

式中　I_y——截面翼缘对截面弱轴（y 轴）的惯性矩；

　　　I_t——截面的抗扭惯性矩；

　　　I_ω——截面的翘曲惯性矩；

　　　l——构件受压翼缘的侧向无支承长度。

式（5-26）中根号前的 $\pi^2 EI_y / l^2$ 即为绕 y 轴屈曲的轴心受压构件的欧拉临界力。由该公式可见，影响双轴对称工字形截面简支梁临界弯矩的因素包含了抗翘曲刚度 EI_ω、侧向抗弯刚度 EI_y、抗扭刚度 GI_t 和梁的侧向无支承长度 l。显然，受弯构件的临界弯矩与截面的抗翘曲刚度 EI_ω、侧向抗弯刚度 EI_y 和抗扭刚度 GI_t 成正比，与梁的侧向无支承长度 l 成反比。

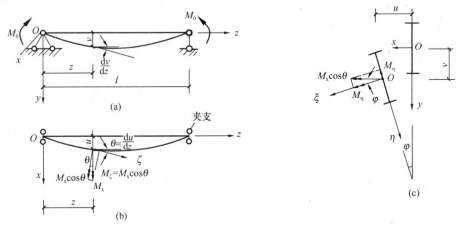

图 5-21 双轴对称简支工字梁在纯弯曲下的弹性稳定

5.4.3 单轴对称工字形截面梁承受横向荷载作用时的临界弯矩

单轴对称工字形截面（图 5-22a、c）的剪切中心 S 与形心 O 不相重合，承受横向荷载时梁在微弯平衡状态时的微分方程不是常系数，因而不可能有准确的解析解，只能有数值解和近似解。下面是在不同荷载作用下用能量法求得的临界弯矩近似解：

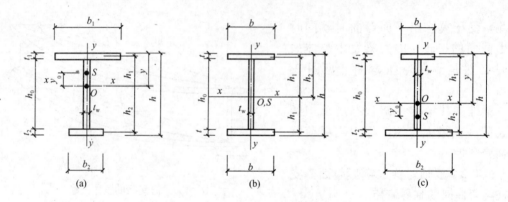

图 5-22 焊接工字形截面

(a) 加强受压翼缘的工字形截面 ($B_y>0$, $y_0<0$); (b) 双轴对称工字形截面 ($B_y=0$, $y_0=0$);
(c) 加强受拉翼缘的工字形截面 ($B_y<0$, $y_0>0$)

$$M_{cr} = \beta_1 \frac{\pi^2 EI_y}{l_1^2} \left[\beta_2 a + \beta_3 B_y + \sqrt{(\beta_2 a + \beta_3 B_y)^2 + \frac{I_\omega}{I_y}\left(1 + \frac{l_1^2 GI_t}{\pi^2 EI_\omega}\right)} \right] \quad (5\text{-}27)$$

式中 β_1、β_2 和 β_3 ——系数,随荷载类型而异,表 5-3 给出了两端简支梁在三种典型荷载情况下的 $\beta_1 \sim \beta_3$ 值;

l_1 ——梁的侧向无支承长度;

a ——横向荷载作用点至剪切中心 S 的距离,当荷载作用点在剪切中心以上时,a 取负值,在剪切中心以下时,a 取正值;

B_y ——反映截面不对称特性的系数,当截面为双轴对称时,$B_y=0$;当为不对称截面时:

$$B_y = \frac{1}{2I_x}\int_A y(x^2+y^2)\,dA - y_0$$

$y_0 = \dfrac{I_1 h_1 - I_2 h_2}{I_y}$ ——剪切中心的纵坐标;

I_1、I_2 ——受压翼缘和受拉翼缘对 y 轴的惯性矩;

h_1、h_2 ——受压翼缘和受拉翼缘形心至整个截面形心的距离。

两端简支梁侧扭屈曲临界弯矩公式(5-27)中的系数　　表 5-3

荷线类型	β_1	β_2	β_3
跨度中点集中荷载	1.35	0.55	0.40
满跨均布荷载	1.13	0.46	0.53
纯弯曲	1	0	1

5.4.4 影响受弯构件整体稳定性的主要因素

通过受弯构件整体稳定临界弯矩公式(5-27),可以看到影响临界弯矩大小的因素有:

(1) 梁侧向无支承长度或受压翼缘侧向支承点的间距 l_1,l_1 愈小,则整体稳定性能愈好,临界弯矩值愈高。

(2) 梁截面的尺寸,包括各种惯性矩,惯性矩 I_y、I_t 和 I_ω 愈大,则梁的整体稳定性能愈好;此外,对加强受压翼缘(加大梁受压翼缘的宽度)的工字形截面,由于 $B_y>0$,而

加强受拉翼缘时 $B_y<0$，所以后者较前者容易侧扭屈曲。高而窄的截面较矮而宽的截面容易侧扭屈曲。

(3) 梁所受荷载类型，假设梁的两端为简支，荷载均作用在截面的剪切中心（$a=0$），梁截面形状为双轴对称且尺寸一定，由式（5-27）可见此时临界弯矩 M_{cr} 的大小就只取决于系数 β_1。由表 5-3 所示三种典型荷载的 β_1 值可知，纯弯曲（弯矩图形为矩形）的 β_1 为最小（$\beta_1=1.13$），跨度中点作用一个集中荷载（弯矩图形为一等腰三角形）的 β_1 为最大（$\beta_1=1.35$），满跨均布荷载（弯矩图形为一抛物线）的 β_1 居中。总之弯矩图与矩形相差愈大，β_1 大于 1.0 愈多，整体稳定临界弯矩值就愈高。

(4) 沿梁截面高度方向的荷载作用点位置。荷载作用于梁的上翼缘时，公式（5-27）中 a 值为负，临界弯矩将降低；荷载作用于下翼缘时，a 值为正，临界弯矩将提高。由图 5-23 也可以看出，当荷载作用在梁的上翼缘时，荷载对梁截面的转动有加大作用因而降低梁的稳定性能；反之，则提高梁的稳定性能。

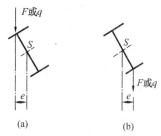

图 5-23 荷载作用位置对梁稳定的影响

了解了影响梁整体稳定性的因素后，除可做到正确使用设计规范外，更重要的是可在工程实践中设法采取措施以提高梁的整体稳定性能。

5.4.5 受弯构件整体稳定的计算方法

我国《钢结构设计规范》（GB 50017—2003）对在一个主平面内受弯梁的整体稳定性按下式计算：

$$\frac{M_x}{\varphi_b W_x} \leqslant f \tag{5-28}$$

式中 M_x——绕截面强轴 x 作用的最大弯矩设计值；

W_x——按受压最大纤维确定的梁毛截面抵抗矩；

φ_b——梁整体稳定系数。

梁不丧失整体稳定的条件是使其最大受压纤维弯曲正应力不超过整体稳定的临界应力，即

$$\sigma_{\max} = \frac{M_x}{W_x} \leqslant \frac{M_{cr}}{W_x} \cdot \frac{1}{\gamma_R} = \frac{\sigma_{cr}}{\gamma_R} = \frac{\sigma_{cr}}{f_y} \cdot \frac{f_y}{\gamma_R} = \varphi_b f \tag{5-29}$$

式中 γ_R——钢材的抗力分项系数；

$\varphi_b = \dfrac{\sigma_{cr}}{f_y} = \dfrac{M_{cr}}{M_y}$——梁整体稳定系数。

《钢结构设计规范》（GB 50017—2003）对焊接工字形（含 H 形钢）等截面简支梁整体稳定系数的计算是在式（5-27）的基础上简化得到的，其中，带入数值 $E=206\times10^3$ N/mm^2，$E/G=2.6$，令 $I_y=Ai_y^2$，$l_1/i_y=\lambda_y$，并假定扭转惯性矩近似值为 $I_t=\dfrac{1}{3}At_1^2$，可得：

$$\varphi_b = \beta_b \frac{4320}{\lambda_y^2} \cdot \frac{Ah}{W_x} \left[\sqrt{1+\left(\frac{\lambda_y t_1}{4.4h}\right)^2}+\eta_b\right]\frac{235}{f_y} \tag{5-30}$$

式中 λ_y——梁受压翼缘在侧向支承点间对截面弱轴（y 轴）的长细比，$\lambda_y=\dfrac{l_1}{i_y}$；

i_y——梁毛截面对 y 轴的回转半径;

t_1——梁受压翼缘的厚度;

η_b——截面不对称影响系数:

对双轴对称工字形截面,$\eta_b = 0$;

加强受压翼缘时,$\eta_b = 0.8(2\alpha_b - 1)$;

加强受拉翼缘时,$\eta_b = 2\alpha_b - 1$;

$\alpha_b = \dfrac{I_1}{I_1 + I_2}$,$I_1$ 和 I_2 分别为受压翼缘和受拉翼缘对 y 轴的惯性矩。

上述所有物理量,从 λ_y 直到 η_b 都只随梁的侧向无支承长度和截面的形状、尺寸等变化,可根据所给数据直接计算,与荷载无关。与荷载状况有关的只是梁整体稳定的等效临界弯矩系数 β_b,见附录 4。

轧制普通工字钢的截面虽然属于双轴对称截面,但其翼缘厚度是变化的,不能把翼缘板简化为矩形截面,此外,轧制普通工字钢的翼缘内侧有斜坡,翼缘板与腹板交接处具有加厚的圆角。其 φ_b 如简单套用焊接工字形截面简支梁的 φ_b 公式求取,将引起较大的误差。为此规范中对轧制普通工字钢简支梁的 φ_b 直接给出了如附表 3-2 的表格,可按工字钢型号、荷载类型与作用点高度以及梁的侧向无支承长度(即自由长度)直接查表得到。

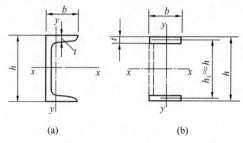

图 5-24 轧制槽钢计算 φ_b 的简化
(a) 实际截面;(b) 假设截面

槽钢是单轴对称截面,若荷载不通过其剪切中心,一经加荷梁即发生扭转和弯曲,其整体稳定系数 φ_b 较难精确计算。规范采用了近似公式,按纯弯曲一种荷载情况来考虑实际上可能遇到的其他荷载情况,同时再将纯弯曲的整体稳定系数加以简化。简化的主要点是在确定 φ_b 时忽略腹板面积的影响(图 5-24),即考虑腹板只起联系作用,不参加抗弯和抗扭,这样截面就成为双轴对称截面,得 φ_b 的简化计算式:

$$\varphi_b = \frac{570bt}{lh} \cdot \frac{235}{f_y} \tag{5-31}$$

前述临界弯矩公式和 φ_b 计算公式都是以钢梁处于弹性工作阶段为前提得出的。实际工程中,对于短跨或中等跨度的梁,当失去整体稳定性时,梁截面应力有的早已超过比例极限或达到屈服点,使截面上形成弹性区和塑性区。由于塑性区截面的各种刚度低于弹性区,导致非弹性工作阶段(或称弹塑性工作阶段)梁的整体稳定临界弯矩较按式(5-27)算得值有较大的降低。此外,在推导临界弯矩公式(5-27)时,未考虑实际梁存在的各种缺陷、特别是残余应力对梁临界应力的影响。残余应力对钢梁侧扭屈曲的影响主要表现在使截面提前出现塑性区,从而降低构件的抗弯抗扭刚度,并最终降低其非弹性失稳的临界弯矩。研究证明,当求得的 φ_b 值大于 0.60 时,梁已进入非弹性工作阶段,必须对按弹性方法计算得到的整体稳定系数 φ_b 进行弹塑性修正,即用 φ_b' 代替 φ_b 值:

$$\varphi_b' = 1.07 - 0.282/\varphi_b \tag{5-32}$$

显然，由上式算得的值不应大于 1.0。

5.4.6 提高受弯构件整体稳定性的措施

为增强梁抗整体失稳的能力，可以采用以下一些措施：

（1）楼盖刚性铺板与梁连牢

梁丧失整体稳定时必然同时发生侧向弯曲和扭转变形，因此，当梁上有刚性铺板密铺在梁的受压翼缘上并与其牢固相连、能阻止梁受压翼缘的侧向位移时，可不计算梁的整体稳定性（图 5-25a）。

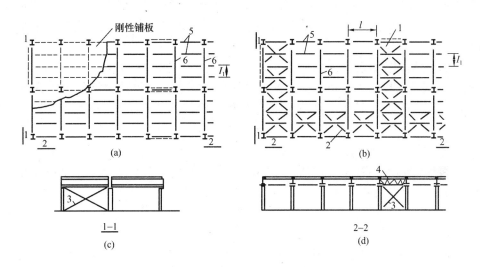

图 5-25 增强梁整体稳定的措施
（a）有刚性铺板；（b）无刚性铺板；（c）1-1 截面；（d）2-2 截面
1—横向平面支撑；2—纵向平面支撑；3—柱间垂直支撑；4—主梁间垂直支撑；5—次梁；6—主梁

所谓刚性铺板一是自身必须具备一定的刚度，二是必须与钢梁牢固相连，否则就达不到预期的目的。

实践证明，现浇钢筋混凝土板的刚性很大，依靠与梁上翼缘之间的摩擦力能有效阻止梁的侧向弯扭失稳，可以视为刚性铺板。预制混凝土板的约束作用不如现浇板，需要在梁的翼缘上加焊抗剪件（栓钉、槽钢或弯起钢筋），并把预制板间的空隙用砂浆填实，或者在预制板四角有预埋铁件与钢梁焊接。如果采用压型钢板铺于钢梁上面再浇混凝土的组合楼板形式，则应有一定数量的抗剪连接件将压型钢板固定于梁的翼缘。

当铺板为平钢板时，应采用间断焊缝或栓钉与钢梁翼缘相连。

对仅铺有压型钢板的屋面梁，压型钢板对梁侧弯扭转的约束效果较差，必须设置适当的连接件，必须时还应要求压型钢板在其平面内具有足够的剪切刚度和剪切强度。

（2）减小梁受压翼缘的自由长度

当梁在跨中设有中间侧向支承，使梁的整体稳定临界弯矩高于或接近于梁的屈服弯矩，此时在验算了梁的抗弯强度后也就不需再验算梁的整体稳定。表 5-4 是工字形截面（含 H 形钢）简支梁不需计算整体稳定性的最大 l_1/b_1 值，l_1 是梁侧向支承点间的距离，当无中间侧向支承点时，l_1 为梁的跨度；b_1 是梁受压翼缘的宽度。设计规范规定，当梁的 l_1/b_1 值超过表 5-4 中的规定值时，就需计算梁的整体稳定。

工字形截面简支梁不需要计算整体稳定的 l_1/b_1 值		表 5-4
跨中无侧向支承的梁		跨中有侧向支承的梁
荷载作用在上翼缘	荷载作用在下翼缘	不论荷载作用于何处
$13\sqrt{235/f_y}$	$20\sqrt{235/f_y}$	$16\sqrt{235/f_y}$

对楼盖梁，如果次梁上有刚性铺板连牢，则次梁通常可视为主梁的侧向支承。如果次梁上没有密铺的刚性铺板，除次梁应计算整体稳定计算外，次梁对主梁的支承作用也不能考虑。此时，如欲减小主梁的侧向自由长度，则应在相邻梁受压翼缘之间设置横向水平支撑（图 5-25b），支撑横杆可用次梁代替。这样，位于支撑节点处的次梁，就可视为主梁的侧向支承构件。

关于梁的侧向支承，还要说明两点：

1) 横向水平支撑杆件以及撑杆设置在梁的受压翼缘时，可认为能防止梁的侧弯和扭转；如果设置在梁的形心处，则只能阻止梁的侧移，但不能防止扭转。如果支撑杆件只设置在受拉翼缘上，效果就更差，后两种情况都不能视为梁的有效侧向支承。

2) 连于主梁侧面且靠近其上翼缘的次梁，对主梁有较好的支承作用，尤其是当次梁与主梁刚性连接时，次梁的抗弯刚度可以抵抗主梁的扭转。当次梁支于主梁顶面时，应将次梁的支承面遍及主梁翼缘宽度，且应在主梁承受次梁处设置支承加劲肋（图 5-26），否则就很难认为次梁是主梁的有效支承。

（3）梁支座设计为夹支条件

材料力学中研究梁的应力和变形时只涉及在最大刚度平面内的变形，因此对简支端的边界条件只满足 $v=0$（竖向位移为零）和 $v''=0$（弯矩 M_x 为零），端截面可以绕 x 轴自由转动。在研究梁的整体稳定性时，因涉及侧向弯曲和扭转，其边界条件还需添加 $u=0$（侧向位移为零）、$\varphi=0$（扭转角为零）和 $\varphi''=0$（翘曲弯矩为零），即端截面可以绕 y 轴自由转动但不能绕 z 轴转动。因此，在钢梁的设计中，必须从构造上满足 $\varphi=u=0$，以保证与计算模型相符合。整体稳定计算中的简支实际上应为力学意义上的"夹支"，见图 5-27。

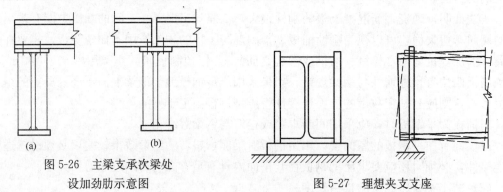

图 5-26 主梁支承次梁处设加劲肋示意图

图 5-27 理想夹支支座

当然，在实际工程中，简支梁一般不必采用理想夹支构造，但是必须注意防止梁支座处的侧移和扭转。最有代表性的简支构造，是在吊车梁支座处采用"板铰"连接（图 5-28），它将梁下翼缘用 C 级螺栓连于柱的肩梁，上翼缘用"板铰"（钢板两端各有一个大直径销子）连于上部柱，既防止了梁端截面的侧移和扭转，又使绕截面强轴基本上能自由转动。

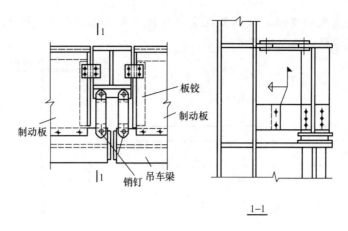

图 5-28　吊车梁的简支构造

图 5-29 表示两种提高简支端钢梁抗扭能力的构造措施，其一（图 5-29a）是在梁端上翼缘处设置侧向支点，可防止产生转动，效果较好；其二（图 5-29b）是在梁端设置加劲肋，使该处截面形成刚性，利用下翼缘与支座相连的螺栓也可以提供一定的抗扭能力。图 5-29（c）为无上述措施时梁端截面的变形示意，此时不满足 $\varphi = u = 0$ 的要求。

(4) 箱形截面不需计算整体稳定的条件

箱形截面（图 5-30）简支梁由于其截面的抗扭性能远远高于开口截面，因而具有较好的整体稳定性。当其截面尺寸满足 $h/b_0 \leqslant 6$，且 l_1/b_0 不超过 $95(235/f_y)$ 时就可不计算梁的整体稳定，这两个条件在实际工程上一般都能做到，因而设计规范中没有给出箱形截面简支梁整体稳定系数的计算方法。

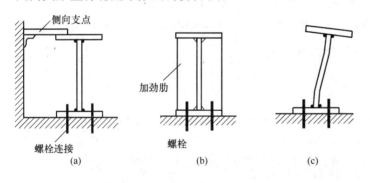
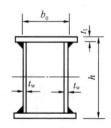

图 5-29　钢梁简支端的抗扭构造措施示意图　　　　图 5-30　箱形截面

5.4.7　双向受弯构件的整体稳定计算

在两个主平面内受弯的工字形截面梁，其整体稳定性应按下式计算：

$$\frac{M_x}{\varphi_b W_x} + \frac{M_y}{\gamma_y W_y} \leqslant f \tag{5-33}$$

式中　W_x, W_y——按受压纤维确定的对 x 轴（强轴）和对 y 轴的毛截面截面模量；
　　　φ_b——绕强轴弯曲所确定的梁整体稳定系数。

双向受弯梁整体稳定计算公式（5-33）是一个经验公式，其形式考虑了与单向弯曲的受弯构件稳定计算式相协调。

【例 5-1】　图 5-31 所示的简支梁，其截面为不对称工字形，材料为 Q235—B 钢，梁的中点和两端均有侧向支承，试验算在集中荷载（未包括梁自重）$F=160\text{kN}$（设计值）的作用下，梁能否保证其整体稳定性？

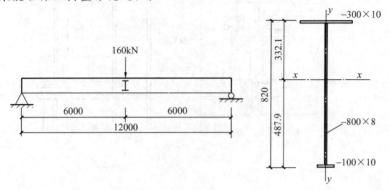

图 5-31　例 5-1 图

【解】　按表 5-4，梁受压翼缘的自由长度 l_1 与其宽度 b_1 之比为：$\dfrac{l_1}{b_1}=\dfrac{6000}{300}=20>16\sqrt{\dfrac{235}{f_y}}=16$，故需要验算梁的整体稳定。

该构件属于加强受压翼缘的单轴对称焊接工字形截面，其整体稳定系数 φ_b 由附录 4 附式 (4-1) 计算：

$$\varphi_b=\beta_b\dfrac{4320}{\lambda_y^2}\cdot\dfrac{Ah}{W_x}\left[\sqrt{1+\left(\dfrac{\lambda_y t_1}{4.4h}\right)^2}+\eta_b\right]\dfrac{235}{f_y}$$

由于跨度中点有一个侧向支承点，且作用有集中荷载，故 $\beta_b=1.75$。

$A=300\times10+800\times8+100\times10=10400\text{mm}^2$，$h=820\text{mm}$

$I_1=\dfrac{1}{12}\times10\times300^3=2.25\times10^7$，$I_2=\dfrac{1}{12}\times10\times100^3=8.33\times10^5$

$\alpha_b=\dfrac{I_1}{I_1+I_2}=\dfrac{2.25\times10^7}{2.25\times10^7+8.33\times10^5}=0.964$

$\eta_b=0.8(2\alpha_b-1)=0.8\times(2\times0.964-1)=0.742$

形心位置（距下翼缘边缘）：

$$\bar{y}=\dfrac{300\times10\times815+800\times8\times410+100\times10\times5}{300\times10+800\times8+100\times10}=\dfrac{5074000}{10400}=487.9\text{mm}$$

$I_x=\dfrac{1}{12}\times8\times800^3+800\times8\times(477.9-400)^2+\dfrac{1}{12}\times300\times10^3$

$\quad+300\times10\times327.1^2+\dfrac{1}{12}\times100\times10^3+100\times10\times482.9^2$

$\quad=9.34\times10^8\text{mm}^4$

$I_y=\dfrac{1}{12}\times10\times300^3+\dfrac{1}{12}\times10\times100^3+\dfrac{1}{12}\times800\times8^3=2.34\times10^7\text{mm}^4$

$i_y=\sqrt{\dfrac{I_y}{A}}=\sqrt{\dfrac{2.34\times10^7}{10400}}=47.4\text{mm}$，$\lambda_y=\dfrac{l_1}{i_y}=\dfrac{6000}{47.4}=126.6$

$W_x=\dfrac{I_x}{y_1}=\dfrac{9.34\times10^8}{487.9}=1.91\times10^6\text{mm}^3$

$$\varphi_b = \beta_b \frac{4320}{\lambda_y^2} \cdot \frac{Ah}{W_x} \left[\sqrt{1 + \left(\frac{\lambda_y t_1}{4.4h}\right)^2} + \eta_b \right] \frac{235}{f_y}$$

$$= 1.75 \times \frac{4320}{126.6^2} \times \frac{10400 \times 820}{1.91 \times 10^6} \times \left[\sqrt{1 + \left(\frac{126.6 \times 10}{4.4 \times 820}\right)^2} + 0.742 \right] \times \frac{235}{235}$$

$$= 2.106 \times 1.802 = 3.795 > 0.6$$

应进行弹塑性修正：

$$\varphi_b' = 1.07 - \frac{0.282}{\varphi_b} = 1.07 - \frac{0.282}{3.795} = 0.996$$

焊接工字形梁的自重设计值：

$$g = 1.2 \times 10400 \times 10^{-6} \times 7850 \times \frac{10}{1000} = 0.98 \text{kN/m}$$

梁跨中最大弯矩为：

$$M_x = \frac{1}{4} \times 160 \times 12 + \frac{1}{8} \times 0.98 \times 12^2 = 497.64 \text{kN/m}$$

验算整体稳定：

$$\frac{M_x}{\varphi_b' W_x} = \frac{497.64 \times 10^6}{0.996 \times 1.91 \times 10^6} = 261.6 \text{N/mm}^2 > f = 215 \text{N/mm}^2$$

故该梁的整体稳定性不满足要求，应调整截面重新设计。

5.5 受弯构件截面组成板件的局部稳定

受弯构件的截面一般由翼缘和腹板等板件组成。为了增加受弯构件截面的抗弯刚度或抗侧移刚度，在保持梁截面尺寸不变的情况下，通常需加大其截面各板件的宽厚比或高厚比。例如，当已确定所需工字形截面翼缘板的截面积 $A_f = bt$，具体选用 b 与 t 时，采用 b/t 比值较大，则所得截面的 I_y 也就较大。又如，增加腹板高度对增大惯性矩 I_x 的影响远较增加腹板厚度显著。显然增大组合梁截面板件的高（宽）厚比可得到较经济的梁截面，但如果采用的板件宽（高）而薄，板中压应力或剪应力达到某数值时，受压翼缘（图 5-32a）或腹板（图 5-32b）可能偏离其平衡位置而出现波形凸曲，即各板件有可能先行失去局部稳定性。梁丧失局部稳定的后果虽然没有丧失整体稳定性会导致梁立即失去承载能力那样严重，但丧失局部稳定性会改变梁的受力状况、降低梁的整体稳定性和刚度，因而对局部稳定性问题仍必须认真对待。

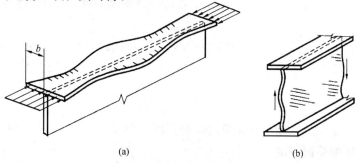

图 5-32 梁组成板件的局部失稳

5.5.1 受压翼缘板的局部稳定

工字形截面受弯构件的板其纵向的一条边与腹板相连,由于腹板的厚度常小于翼缘板的厚度,腹板对翼缘板的转动约束较小,该边可视为简支边,两条横向支承边可看作简支于相邻翼缘板。因此,受压翼缘可看作在板平面内均匀受压的两块三边支承、一边自由的矩形板条。受压翼缘板是用限制其宽厚比的办法防止其发生局部失稳的。

仅在板件平面内受压的翼缘板,根据弹性屈曲理论,其稳定临界应力可表示为:

$$\sigma_{cr} = \beta \chi \frac{\pi^2 E}{12(1-\nu^2)} \left(\frac{t}{b}\right)^2 \quad (5-34)$$

式中 χ——支承边的弹性约束系数,对简支边取 $\chi = 1.0$;

β——简支板的弹性屈曲系数,与荷载分布情况和支承边数有关,受弯构件的受压翼缘板可视为三边支承、一边自由的均匀受压板,因此 $\beta = 0.425$;

ν——材料泊松比,对钢材 $\nu = 0.3$;

t、b——翼缘板的厚度和外伸宽度。

当按边缘屈服准则计算梁的强度时,考虑残余应力的影响,翼缘板纵向应力已超过有效比例极限进入了弹塑性阶段,但在与压应力相垂直的方向仍然是弹性的,这种情况属正交异性板,其临界应力的精确计算较为复杂,一般可用 $\sqrt{\eta}E$ 代替弹性模量 E 来考虑这种弹塑性的影响。系数 $\eta \leqslant 1$,为切线模量 E_t 与弹性模量 E 之比。

如取 $\eta = 0.5$,再令公式(5-33)的 $\sigma_{cr} \geqslant f_y$(即满足局部失稳不先于受压边缘最大应力屈服的条件),则

$$\sigma_{cr} = 0.425 \times 1.0 \frac{\pi^2 \sqrt{0.5 \times 206 \times 10^3}}{12(1-0.3^2)} \left(\frac{t}{b}\right)^2 \geqslant f_y$$

得

$$b/t \leqslant 15\sqrt{\frac{235}{f_y}} \quad (5-35)$$

这是当构件的抗弯强度按弹性设计时翼缘板不会局部失稳的条件。

当考虑截面部分发展塑性变形时,截面上形成塑性区和弹性区,翼缘板整个厚度上的应力均可达到屈服点 f_y,若取 $\eta = 0.25$,则

$$\sigma_{cr} = 0.425 \times 1.0 \frac{\pi^2 \sqrt{0.25 \times 206 \times 10^3}}{12(1-0.3^2)} \left(\frac{t}{b}\right)^2 \geqslant f_y$$

得

$$b/t \leqslant 13\sqrt{\frac{235}{f_y}} \quad (5-36)$$

若满足式(5-36)的宽厚比条件,在受弯构件达到承载能力极限状态以前,翼缘板不会发生局部失稳。

对箱形截面梁,受压翼缘板在两腹板间的部分可视为四边简支纵向均匀受压板,屈曲系数 $\beta = 4$,取弹性约束系数 $\chi = 1.0$,$\eta = 0.25$,令 $\sigma_{cr} \geqslant f_y$,得宽厚比限制:

$$b_0/t \leqslant 40\sqrt{\frac{235}{f_y}} \quad (5-37)$$

式中 b_0、t——受压翼缘板在两腹板之间的宽度和厚度。

5.5.2 腹板的局部稳定

5.5.2.1 腹板区格局部稳定的临界应力计算

《钢结构设计规范》(GB 50017—2003)规定,对直接承受动力荷载的吊车梁及类似构件或其他不考虑屈曲后强度的组合梁腹板的局部稳定,通常采用设置加劲肋的办法来保证。加劲肋的布置方法有如图 5-33 所示三种;图(a)为仅设置横向加劲肋;图(b)为同时设置横向加劲肋和受压区的纵向加劲肋;图(d)是在图(b)的基础上,在腹板受压区再加短加劲肋。横向加劲肋主要防止由剪应力和局部压应力可能引起的腹板失稳,纵向加劲肋主要防止由弯曲应力可能引起的腹板失稳,短加劲肋主要防止由局部压应力可能引起的腹板失稳。

腹板加劲肋和翼缘板使腹板成为若干四边支承的矩形板区格,视受力和位置的不同,这些区格一般受有弯曲应力、剪应力和局部压应力的单独或共同作用。为了验算各腹板区格的局部稳定性,应先求出在弯曲应力、剪应力和局部压应力单独作用下各区格保持稳定的临界应力,然后利用各种应力同时作用下的临界条件验算各区格的局部稳定性。下面将一一介绍。

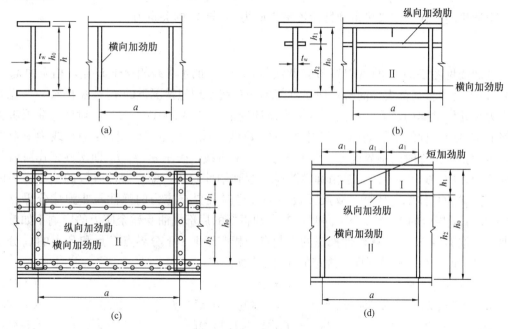

图 5-33 腹板加劲肋的设置

(1)腹板在弯曲应力单独作用下的临界应力

当梁腹板的高厚比 $h_0/t_w > 80\sqrt{235/f_y}$ 时,需要计算其稳定性。梁腹板在周边应力作用下的临界条件可用下式表达:

$$\sigma_{cr} = \beta\chi \frac{\pi^2 E}{12(1-\nu^2)} \left(\frac{t_w}{h_0}\right)^2 \tag{5-38}$$

式中　χ——嵌固系数,其值取决于梁翼缘对腹板的嵌固程度;

　　　β——与板边的支承条件及腹板的受力情况(受压、受弯或受剪)有关的弹性屈曲系数;四边简支板单向受弯时,$\beta = 23.9$;

　　　t_w、h_0——梁腹板的厚度及计算高度。

按照国际上通行的方法,临界应力的计算式通常以通用高厚比作为参数。腹板通用高厚比的一般性定义是：钢材的屈服强度与腹板区格弹性屈曲临界应力之比的平方根。对单纯受弯区格，其通用高厚比为：

$$\lambda_b = \sqrt{\frac{f_y}{\sigma_{cr}}} = \frac{h_0/t_w}{100}\sqrt{\frac{f_y}{18.6\chi\beta}} = \frac{h_0/t_w}{28.1\sqrt{\chi\beta}}\sqrt{\frac{f_y}{235}} \qquad (5\text{-}39)$$

当有刚性铺板密铺在梁的受压翼缘并与之连接牢固，使梁的受压翼缘扭转受到约束时，取嵌固系数 $\chi=1.66$；当梁受压翼缘扭转未受到约束时，取 $\chi=1.23$。若取 $\sigma_{cr} \geqslant f_y$，以保证腹板在最大受压边缘屈服前不发生屈曲，则分别得出：

梁的受压翼缘扭转受到约束时 $\qquad \lambda_b = \dfrac{h_0/t_w}{177}\sqrt{\dfrac{f_y}{235}} \qquad (5\text{-}40a)$

梁的受压翼缘扭转未受到约束时 $\qquad \lambda_b = \dfrac{h_0/t_w}{153}\sqrt{\dfrac{f_y}{235}} \qquad (5\text{-}40b)$

由通用高厚比的定义可得弹性阶段临界应力 σ_{cr} 与 λ_b 的关系为：

$$\sigma_{cr} = f_y/\lambda_b^2 \qquad (5\text{-}41)$$

其曲线见图 5-34 中的 ABEG 线，此线与 $\sigma_{cr} = f_y$ 的水平线相交于 E 点，相应的 $\lambda_b = 1.0$，该点为腹板局部失稳的塑性屈曲点。ABEF 线是理想情况下的 $\sigma_{cr} - \lambda_b$ 曲线。考虑残余应力和几何缺陷的影响，我国《钢结构设计规范》（GB 50017—2003）对纯弯曲下腹板区格的临界应力曲线采用如图 5-34 中的 ABCD 线。该曲线由三段组成：AB 线为一双曲线，表示弹性工作时的临界应力；CD 段为一水平直线，表示 $\sigma_{cr} = f$，即塑性工作阶段的临界应力；BC 线为一直线，是由弹性阶段过渡到塑性阶段，即弹塑性阶段的临界应力曲线。参照梁的整体稳定计算，取梁腹板局部失稳时临界点应力的弹性与非弹性分界点为 $\sigma_{cr} = 0.6f_y$，相应的 $\lambda_b = 1.29$；同时，考虑到腹板的局部屈曲受残余应力的影响不如整体屈曲大，取 $\lambda_b = 1.25$ 为弹塑性修正的下起点。相应于上、下分界点 C 点和 B 点的 λ_b 分别取为 0.85 和 1.25，则得到规范规定的 σ_{cr} 的计算公式：

当 $\lambda_b \leqslant 0.85$ 时 $\qquad \sigma_{cr} = f \qquad (5\text{-}42a)$

当 $0.85 < \lambda_b \leqslant 1.25$ 时 $\quad \sigma_{cr} = [1-0.75(\lambda_b-0.85)]f \qquad (5\text{-}42b)$

当 $\lambda_b > 1.25$ 时 $\qquad \sigma_{cr} = f_y/\lambda_b^2 = 1.1f/\lambda_b^2 \qquad (5\text{-}42c)$

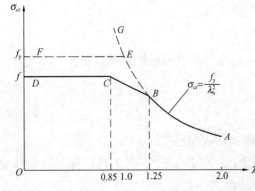

图 5-34 纯弯曲时矩形腹板区格的临界应力曲线

(2) 腹板在剪应力和局部压应力单独作用下的临界应力

腹板在剪应力 τ 或局部承压应力 σ_c 的单独作用下，其临界应力 τ_{cr} 和 $\sigma_{c,cr}$ 的计算与 σ_{cr} 类似，但嵌固系数 χ 的取值不区分梁翼缘的扭转是否受到约束，统一取 $\chi = 1.61$。同时，分别取腹板受剪计算时的通用高厚比 $\lambda_s = 0.8$、腹板受局部压力计算时的通用高厚比 $\lambda_c = 0.9$ 为弹塑性修正的上起始点，取 $\lambda_s = \lambda_c = 1.2$ 为弹塑性修正的下起始点，仍用直线连接，得到梁腹板在剪应力单独作用下临界应力的计算公式为：

当 $\lambda_s \leqslant 0.8$ 时 $\tau_{cr} = f_v$ (5-43a)

当 $0.8 \leqslant \lambda_b \leqslant 1.2$ 时 $\tau_{cr} = [1 - 0.59(\lambda_s - 0.8)]f_v$ (5-43b)

当 $\lambda_s > 1.2$ 时 $\tau_{cr} = f_{vy}/\lambda_s^2 = 1.1 f_v / \lambda_s^2$ (5-43c)

梁腹板在局部压应力单独作用下临界应力的计算公式为：

当 $\lambda_c \leqslant 0.9$ 时 $\sigma_{c,cr} = f_v$ (5-44a)

当 $0.9 \leqslant \lambda_c \leqslant 1.2$ 时 $\sigma_{cr} = [1 - 0.79(\lambda_c - 0.9)]f$ (5-44b)

当 $\lambda_c > 1.2$ 时 $\sigma_{c,cr} = 1.1 f / \lambda_c^2$ (5-44c)

5.5.2.2 腹板区格在各种应力共同作用下的局部稳定

梁腹板的实际受力状态，往往是两种或两种以上应力的共同作用，因而其稳定计算需要满足多种应力作用下的临界条件。

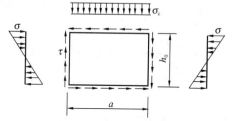

图 5-35 仅设置横向加劲肋腹板的受力状态

(1) 仅设置横向加劲肋的腹板

在横向加劲肋之间的腹板段（图 5-33a），同时受有弯曲正应力 σ、均布剪应力 τ，或者还有局部压应力 σ_c，其稳定临界条件可用下列相关公式来表达：

$$\left(\frac{\sigma}{\sigma_{cr}}\right)^2 + \frac{\sigma_c}{\sigma_{c,cr}} + \left(\frac{\tau}{\tau_{cr}}\right)^2 \leqslant 1 \tag{5-45}$$

式中　σ_{cr}、$\sigma_{c,cr}$、τ_{cr}——在 σ、τ、σ_c 单独作用下的临界应力；

　　　σ——所计算腹板区格内由平均弯矩产生的腹板计算高度边缘的弯曲压应力；

　　　τ——所计算腹板区格内由平均剪力产生的平均剪应力，$\tau = V/(h_0 t_w)$，V 为区格内的平均剪力，h_0、t_w 为腹板高度和厚度；

　　　σ_c——腹板计算高度边缘的局部压应力，按公式（5-11）计算，但一律取 $\psi = 1.0$。

(2) 同时设置横向加劲肋和纵向加劲肋的腹板

纵向加劲肋将腹板分为两种区格，即图 5-33(b) 中的区格Ⅰ和区格Ⅱ。

① 受压翼缘与纵向加劲肋之间的区格Ⅰ

纵向肋设置的位置应靠近腹板的受压区，即与受压翼缘的距离应取为 $h_1 = (1/5 \sim 1/4)h_0$。区格Ⅰ的受力情况如图 5-36(a) 所示。此区格的临界条件按下式计算：

$$\left(\frac{\sigma}{\sigma_{cr1}}\right)^2 + \frac{\sigma_c}{\sigma_{c,cr1}} + \left(\frac{\tau}{\tau_{cr1}}\right)^2 \leqslant 1 \tag{5-46}$$

σ_{cr1}、τ_{cr1} 的计算公式与仅设置横向加劲肋的腹板相同，只是由于屈曲系数不同（此时 $\beta = 5.13$）以及嵌固系数不同，通用高厚比的计算公式有所变化，例如弯曲应力 σ_{cr1} 单独作用下，通用高厚比 λ_b 改用 λ_{b1} 代替，即

梁受压翼缘扭转受到约束时（取 $\chi = 1.4$）

$$\lambda_{b1} = \frac{h_1 / t_w}{75} \sqrt{\frac{f_y}{235}} \tag{5-47a}$$

梁受压翼缘扭转未受到约束时（取 $\chi = 1.0$）

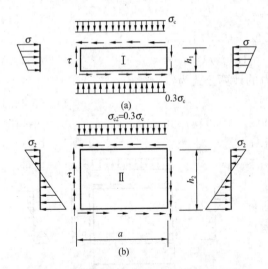

图 5-36 配置纵向加劲肋的腹板的受力状态

$$\lambda_{b1} = \frac{h_1/t_w}{64}\sqrt{\frac{f_y}{235}} \quad (5-47b)$$

式中的 h_1 为纵向加劲肋至腹板计算高度受压边缘的距离，在计算 τ_{cr1} 时，公式中的 h_0 也应以 h_1 代替。

由于区格 I 的宽高比较大（实际工程中宽高比常在 4 以上），其受力状态接近于上、下两边受到支承的均匀受压板（图 5-36a），因此，$\sigma_{c,cr1}$ 借用梁腹板在弯曲应力单独作用下临界应力的计算式（5-41）。若取腹板有效宽度为区格高度 h_1 的 2 倍，当受压翼缘扭转未受到约束时，上、下两端均视为铰支，计算高度为 h_1，由此可得出其通用高厚比为：

$$\lambda_{c1} = \frac{h_1/t_w}{40}\sqrt{\frac{f_y}{235}} \quad (5-48a)$$

当受压翼缘扭转受到完全约束时，计算高度取 $0.7h_1$，其通用高厚比为：

$$\lambda_{c1} = \frac{h_1/t_w}{56}\sqrt{\frac{f_y}{235}} \quad (5-48b)$$

② 受拉翼缘与纵向加劲肋之间的区格 II

此区格受力情况如图 5-36(b) 所示，与仅有横向加劲肋时近似。不过 σ_{c2} 应取为 $0.3\sigma_c$，σ_2 取为纵向加劲肋处的弯曲压应力。根据临界条件确定的计算式为：

$$\left(\frac{\sigma_2}{\sigma_{cr2}}\right)^2 + \frac{\sigma_{c2}}{\sigma_{c,cr2}} + \left(\frac{\tau_2}{\tau_{cr2}}\right)^2 \leqslant 1.0 \quad (5-49)$$

同样 σ_{c2}、τ_{cr2}、$\sigma_{c,cr2}$ 的计算公式与仅设置横向加劲肋的腹板相同，只是因取不同的屈曲系数及嵌固系数，式中通用高厚比的计算公式有所调整，同时，通用高厚比计算式中的 h_0 应改为 h_2。

(3) 同时设置横向加劲肋、纵向加劲肋和短加劲肋的腹板

加劲肋的布置如图 5-33(d) 所示。显然，根据其受力情况，区格 I 应按公式 (5-46) 计算，但以 a_1 代替 a，区格 II 应按公式 (5-49) 计算。

采用上述理论公式计算，应预先布置加劲肋，然后对受力最大的腹板区格进行验算。如果验算结果不符要求，需重新布置加劲肋，再次验算。

5.5.3 受弯构件腹板加劲肋的设计

5.5.3.1 腹板加劲肋的设置原则

上一节中已介绍了腹板区格在各种受力状态下的屈曲临界应力和保持局部稳定的条件。对不考虑腹板屈曲后强度的梁腹板，为保证其不丧失局部稳定，应配置加劲肋，配置原则规定为：

(1) 当 $h_0/t_w \leqslant 80\sqrt{235/f_y}$ 时，对有局部压应力（即 $\sigma_c \neq 0$）的梁，应按构造要求配置横向加劲肋；但对无局部压应力 ($\sigma_c = 0$) 的梁，可不配置加劲肋。

(2) 当 $h_0/t_w > 80\sqrt{235/f_y}$ 时，应配置横向加劲肋；其中，当 $h_0/t_w > 170\sqrt{235/f_y}$ (受压翼缘扭转受到约束，如连有刚性铺板、制动板或焊有钢轨时) 或 $h_0/h_w > 150\sqrt{235/f_y}$ (受压翼缘扭转未受到约束时) 时，或按计算需要时，应在弯曲应力较大区格的受压区配置纵向加劲肋。对局部压应力 σ_c 很大的梁，必要时尚应在受压区配置短加劲肋。

这里，h_0 为腹板的计算高度；对单轴对称梁，当确定是否需要配置纵向加劲肋时，h_0 应取为腹板受压区高度 h_c 的 2 倍；t_w 为腹板的厚度。

(3) 梁的支座处和上翼缘受有较大固定集中荷载处，宜设置支承加劲肋。

以上 3 点对加劲肋的设置均作了明确的规定。腹板局部稳定的保证是首先根据上述规定配置加劲肋，把整块腹板分成若干区格，然后对每块区格按第 5.5.2.2 节中的介绍进行稳定验算，不满足要求时应重新布置或改变加劲肋间距再进行稳定计算。因此，为了提高腹板区格在剪切和局部承压作用下的局部稳定性，可以缩小横向加劲肋的间距，但缩小横向加劲肋的间距不能提高区格在弯曲应力作用下的稳定性。当弯曲应力作用下区格稳定性不足时，只能依靠在区格受压区设置纵向加劲肋来解决。短加劲肋的设置，固然可以提高局部压应力作用下的临界应力，但增加制造工作量和影响腹板的工作条件，因而只适合在局部压应力 σ_c 很大的梁中采用。

设计规范规定任何情况下腹板的 h_0/t_w 均不应超过 250，这是为了避免产生过大的焊接变形，因而这个限值与钢材的牌号无关。

5.5.3.2 腹板中间加劲肋的计算和构造要求

腹板中间加劲肋是指专为加强腹板局部稳定性而设置的横向加劲肋、纵向加劲肋以及短加劲肋。中间加劲肋必须具有足够的弯曲刚度，以满足腹板屈曲时作为腹板支承的要求，即加劲肋应使该处的腹板在屈曲时基本无出平面的位移。

中间横向加劲肋通常在腹板两侧成对配置。除重级工作制吊车梁的加劲肋外，也可单侧配置。截面多数采用钢板，也可用角钢等型钢，见图 5-37。钢材常采用 Q235，高强度钢用于此处并不经济，因此不宜使用。

当横向加劲肋采用钢板两侧配置时，其宽度和厚度应按下列条件选用（图 5-37a）：

$$b_s \geqslant \frac{h_0}{30} + 40\text{mm}, \quad t_s \geqslant b_s/15 \tag{5-50}$$

当为单侧配置时（图 5-37b），为使与两侧配置时有基本相同的刚度，外伸宽度应比

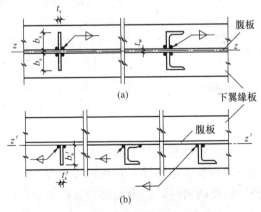

图 5-37 腹板的中间横向加劲肋

式（5-50）增大20%，即：

$$b'_s \geq 1.2\left(\frac{h_0}{30} + 40\text{mm}\right), \quad t'_s \geq b'_s/15 \tag{5-51}$$

在腹板两侧成对配置的加劲肋，其惯性矩应按梁腹板的中心线 $z-z$ 轴进行计算。

横向加劲肋的最小间距为 $0.5h_0$，最大间距为 $2h_0$（对无局部压应力的梁，当 $h_0/t_w \leq 100$ 时可采用 $2.5h_0$）。

同时采用横向加劲肋和纵向加劲肋时，在其相交处应切断纵向加劲肋，纵向加劲肋视作支承在横向加劲肋上。因此，横向加劲肋的尺寸除满足式（5-50）要求外，还应满足下述惯性矩要求：

$$I_z \geq 3h_0 t_w^3 \tag{5-52}$$

纵向加劲肋的惯性矩应符合下述要求：

当 $a/h_0 \leq 0.85$ 时

$$I_y \geq 1.5 h_0 t_w^3 \tag{5-53}$$

当 $a/h_0 > 0.85$ 时

$$I_y \geq \left(2.5 - 0.45 \frac{a}{h_0}\right)\left(\frac{a}{h_0}\right)^2 h_0 t_w^3 \tag{5-54}$$

焊接梁的横向加劲肋与翼缘板相接处应切角以避开梁的翼缘焊缝。当切成斜角时，其宽约为 $b_s/3$（但不大于 40mm），其高约为 $b_s/2$（但不大于 60mm），如图 5-38 所示。

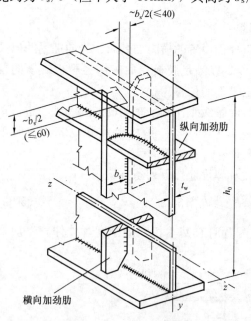

图 5-38 腹板加劲肋的构造

横向加劲肋的端部与梁受压翼缘需用角焊缝连接，以增加加劲肋的稳定性，同时还可增加对组合梁受压翼缘的转动约束。与组合梁受拉翼缘一般可不相焊接，且容许横向加劲肋在受拉翼缘处提前切断，特别是在承受动力荷载的梁中，以防止受拉翼缘处的应力集中和降低疲劳强度。横向加劲肋与组合梁腹板用角焊缝连接，焊脚尺寸 h_f 按构造要求确定。

5.5.3.3 腹板支承加劲肋的设计

在组合梁承受较大的固定集中荷载处（包括梁的支座处），常需设置支承加劲肋以传递此集中荷载至梁的腹板。支承加劲肋同时又具有加强腹板局部稳定性的作用，因此，对横向加劲肋的截面尺寸要求在设计支承加劲肋时仍要遵守。此外，支承加劲肋必须在腹板两侧成对配置，不应单侧配置（图5-39）。

支承加劲肋的截面需要验算，计算主要包含两个内容：

（1）按承受集中荷载的轴心受压构件计算其在腹板平面外的稳定性

当支承加劲肋在腹板平面外屈曲时，必带动部分腹板一起屈曲，因而支承加劲肋的截面除加劲肋本身截面外还可计入与其相邻的部分腹板的截面，取加劲肋每侧 $15t_w\sqrt{235/f_y}$

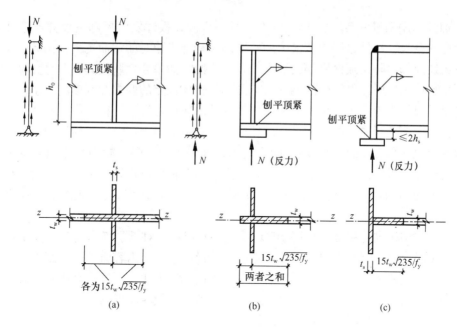

图 5-39 梁腹板的支承加劲肋

范围内的腹板作为有效截面(如图 5-39 所示,当加劲肋一侧的腹板实际宽度小于 $15t_w \sqrt{235/f_y}$ 时,则用此实际宽度)。

支承加劲肋的计算简图如图 5-39(a)、(b)所示,在集中力 N 作用下,反力分布于杆长范围内,其计算长度理论上可小于腹板的高度 h_0,可偏安全地取为 h_0。求稳定系数 φ 时,图 5-39(a)所示截面为 b 类截面,图 5-39(b)、(c)所示截面属单轴对称,为 c 类截面。验算条件为:

$$\frac{N}{\varphi A_s} \leqslant f \tag{5-55}$$

式中 N——集中荷载或支座反力;

A_s——按轴心压杆计算时支承加劲肋的截面积,即图 5-39 中所示的阴影面积;

φ——轴心压杆的整体稳定系数。

(2) 加劲肋端部承压应力的计算

支承加劲肋端部一般刨平顶紧于梁的翼缘或柱顶,其端面承压强度按下式计算:

$$\frac{N}{A_{ce}} \leqslant f_{ce} \tag{5-56}$$

式中 N——集中荷载或支座反力;

A_{ce}——端面承压面积;

f_{ce}——钢材端面承压强度设计值,$f_{ce} = f_u/\gamma_R$。

此外,还应验算支承加劲肋与钢梁腹板的连接角焊缝,但通常算得的焊脚尺寸很小,往往由构造要求 $h_{f,\min}$ 控制。

5.5.4 组合梁截面考虑屈曲后强度的设计

受弯构件的腹板要完全防止局部失稳可以采用增大板厚、设置加劲肋等措施。这都要求耗用较多的钢材,例如,设腹板面积占整个截面面积的 50%,当腹板由 6mm 增大到

8mm，构件的用钢量就会增加16%以上。另一方面，板件发生局部失稳并不意味着构件承载能力的丧失，构件最终承载能力还可能高于局部失稳时的截面抗力。因此，工程设计中不一定处处都以防止板件局部失稳作为设计准则，如果合理利用其屈曲后强度，就可以使截面布置得更舒展，以较少的钢材来达到构件整体稳定的要求和刚度的要求。

组合梁腹板作为四边支承的薄板，与压杆的屈曲性能有一个很大的区别：压杆一旦屈曲，即表示破坏，屈曲荷载也就是其破坏荷载。腹板则不同，薄板弹性屈曲后还有较大的继续承载能力（称为屈曲后强度）。四边支承板如果支承较强，则当板屈曲后发生出板面的侧向位移时，板中面内将产生张力场，张力场的存在可阻止侧向位移的加大，使板能继续承受更大的荷载，直到板屈服或板的四边支承破坏，这就是产生薄板屈曲后强度的由来。

我国《钢结构设计规范》（GB 50017—2003）规定，对承受静力荷载和间接承受动力荷载的焊接组合梁，宜考虑腹板屈曲后强度进行设计。本节内容将首先介绍腹板区格在单纯受剪、单纯受弯和弯剪共同作用下的屈曲后强度计算方法，最后再介绍考虑腹板屈曲后强度的横向加劲肋和支座加劲肋的设计要求。在考虑腹板屈曲后强度的设计中，即使腹板高厚比较大，一般可不再设置纵向加劲肋。

5.5.4.1 考虑腹板屈曲后强度的截面承载力

考虑梁腹板屈曲后强度的理论分析和计算方法较多，目前各国规范大都采用张力场理论，它的基本假定是：

① 腹板剪切屈曲后因薄膜应力而形成张力场，腹板中的剪力，一部分由小挠度理论算出的抗剪力承担，另一部分由斜张力场作用（薄膜效应）承担；

② 翼缘的弯曲刚度小，假定不能承担腹板斜张力场产生的垂直分力的作用。

(1) 梁腹板屈曲后的抗剪承载力

根据基本假定①，在设有横向加劲肋的组合梁中，腹板一旦受剪产生屈曲，腹板沿一个斜方向因受斜压力而呈波浪鼓曲，不能继续承受斜向压力，但在另一方向则因薄膜张力作用可继续受拉。腹板张力场中拉力的水平分力和竖向分力需由翼缘板和加劲肋承受，此时梁的作用犹如一桁架结构（图5-40），翼缘板相当于桁架的上、下弦杆，横向加劲肋相当于其竖腹杆，而腹板的张力场则相当于桁架的斜腹杆。

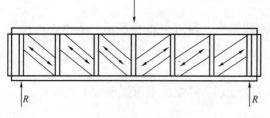

图 5-40 腹板的张力场作用

腹板的薄膜张力场作用将增加腹板的抗剪能力，使腹板能承担的极限抗剪力 V_u 由屈曲剪力 V_{cr} 和张力场剪力 V_t 两部分组成，即

$$V_u = V_{cr} + V_t \tag{5-57}$$

屈曲剪力 V_{cr} 很容易确定，即 $V_{cr} = h_w t_w \tau_{cr}$，$h_w$、$t_w$ 为腹板的高度和厚度；τ_{cr} 为由规范公式 (5-43) 确定的临界剪应力。

主要问题是如何计算张力场剪力 V_t。

根据基本假定②，可认为张力场仅为传力到加劲肋的带形场，其宽度为 s，薄膜张力在水平方向的最优倾角为 θ（图5-41a）。

带形场的拉应力为 σ_t，所提供的剪力为：

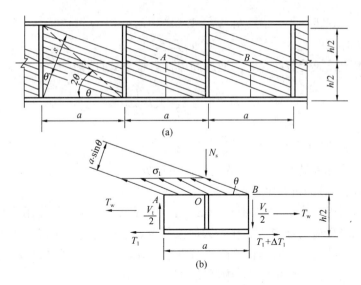

图 5-41 张力场作用下的剪力计算

$$V_t = \sigma_t t_w \cdot s \cdot \sin\theta = \sigma_t t_w (h_w \cos\theta - a\sin\theta)\sin\theta$$
$$= \sigma_t t_w (0.5 h_w \sin 2\theta - a \sin^2\theta) \tag{5-58}$$

实际上带形场以外部分也有少量薄膜应力,为了求得较为合乎实际的张力场剪力 V_t,最好按图 5-41(b) 的脱离体来进行计算。根据此脱离体的受力情况,由水平力的平衡条件可求出翼缘的水平力增量(已包括腹板水平力增量的影响在内)为:

$$\Delta T_1 = \sigma_t t_w a \cdot \sin\theta \cdot \cos\theta = \frac{1}{2}\sigma_t t_w a \cdot \sin 2\theta \tag{5-59}$$

再根据对 O 点的力矩之和 $\Sigma M_0 = 0$,得

$$\frac{V_t}{2} \cdot a = \Delta T_1 \cdot \frac{h_w}{2}$$

或

$$V_t = \Delta T_1 \cdot \frac{h_w}{a} = \frac{1}{2}\sigma_t t_w h_w \cdot \sin 2\theta \tag{5-60}$$

在上式中还有 σ_t 的限值尚待确定。因腹板的实际受力情况涉及 σ_t 和 τ_{cr},所以必须考虑二者共同作用的破坏条件。假定从屈曲到极限的状态,τ_{cr} 保持常量,并假定 τ_{cr} 引起的主拉应力与 σ_t 方向相同,则根据剪应力作用下的屈服条件,相应于拉应力 σ_t 的剪应力为 $\sigma_t/\sqrt{3}$,总剪应力达到其屈曲值 f_{vy} 时不能再增大,从而有

$$\sigma_t/\sqrt{3} + \tau_{cr} = f_{vy} \tag{5-61}$$

联立求解公式(5-59)和式(5-60),得

$$V_t = \frac{\sqrt{3}}{2} t_w h_w (f_{vy} - \tau_{cr}) \sin 2\theta \tag{5-62}$$

精确确定上式中的腹板张力场剪力 V_t 需要算出拉力场宽度 s,计算比较复杂。为简化计算,规范对极限剪力 V_u 采用了相当于下限的近似公式,并参考欧盟规范,同样以相应的通用高厚比为参数,以分段表达的形式,得出考虑腹板屈曲后强度计算时梁抗剪承载力设计值:

当 $\lambda_s \leqslant 0.8$ 时
$$V_u = h_w t_w f_v \tag{5-63a}$$

当 $0.8 < \lambda_s \leqslant 1.2$ 时　　　　$V_u = h_w t_w f_v [1 - 0.5(\lambda_s - 0.8)]$ 　　　　(5-63b)

当 $\lambda_s > 1.2$ 时　　　　　　　$V_u = h_w t_w f_v / \lambda_s^{1.2}$ 　　　　　　(5-63c)

式中　λ_s——用于腹板受剪计算时的通用高厚比，按下式计算：

$$\lambda_s = \frac{h_0/t_w}{41\sqrt{\beta}} \cdot \sqrt{\frac{f_y}{235}} \tag{5-64}$$

当 $a/h_0 \leqslant 1.0$ 时，$\beta = 4 + 5.34\left(\dfrac{h_0}{a}\right)^2$；当 $a/h_0 > 1.0$ 时，$\beta = 5.34 + 4\left(\dfrac{h_0}{a}\right)^2$。如果只设置支座处的支承加劲肋而 a/h_0 甚大时，则可取 $\beta = 5.34$。

(2) 梁腹板屈曲后的抗弯承载力

腹板屈曲后考虑张力场的作用抗剪承载力有所提高，但在弯矩作用下腹板受压区屈曲后将不能继续承受压应力而退出工作，因而梁的抗弯承载力有所下降，不过下降很少。屈曲后构件的抗弯承载力 M_{eu} 采用有效截面的概念计算，假定：①腹板受压区截面的有效高度为 ρh_c，并等分在受压区的两侧，中部则扣除 $(1-\rho)h_c$ 高度（如图 5-42 所示），h_c 为截面的弯曲受压区高度，ρ 为腹板受压区有效高度系数；②为了使腹板屈曲后截面中和轴位置不改变，假设弯曲受拉区也有相应高度为 $(1-\rho)h_c$ 的部分腹板退出工作。这个假设是为了简化计算工作，结果偏于安全。

设 I_x 为梁截面在腹板发生屈曲前绕 x 轴的惯性矩，I_{xe} 为腹板受压区发生屈曲、部分截面退出工作后梁截面绕 x 轴的有效惯性矩，α_e 为考虑腹板有效高度后梁截面模量的折减系数。由图 5-42 所示有效截面，得梁有效截面惯性矩（忽略无效截面绕自身轴惯性矩）：

$$I_{xe} = I_x - 2(1-\rho)h_e t_w \left(\frac{h_e}{2}\right)^2 = I_x - \frac{1-\rho}{2}h_c^3 t_w$$

则梁截面模量折减系数为：

$$\alpha_e = \frac{W_{xe}}{W_x} = \frac{I_{xe}}{I_x} = 1 - \frac{1-\rho}{2I_x}h_c^3 t_w \tag{5-65}$$

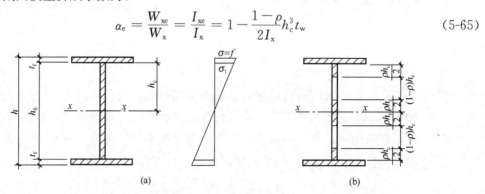

图 5-42　双轴对称工字形截面弯矩作用下腹板屈曲后的假定有效截面
(a) 屈曲前；(b) 屈曲后

于是可得腹板屈曲后梁截面抗弯承载力设计值为：

$$M_{eu} = \gamma_x \alpha_e W_x f \tag{5-66}$$

式中　γ_x——梁截面塑性发展系数；
　　　W_x——全截面有效时的截面模量。

公式(5-65)虽然导自截面塑性发展系数 $\gamma_x = 1.0$ 的双轴对称工字形截面，但也可近似用于 γ_x 大于 1.0 或截面单轴对称的情况。

腹板受压区有效高度系数 ρ 值的大小,取决于腹板的通用高厚比 λ_b,亦即与腹板区格弯曲临界应力 σ_{cr} 有关。当 $\sigma_{cr}=f$,腹板不会屈曲,此时 $\rho=1.0$,当 $\sigma_{cr}<f$,则 $\rho<1.0$。我国设计规范中对 ρ 值的规定与确定弯曲临界应力 σ_{cr} 时的规定相同,分为3段式,即

当 $\lambda_b \leqslant 0.85$ 时 $\qquad \rho = 1.0 \qquad$ (5-67a)

当 $0.85 < \lambda_b \leqslant 1.25$ 时 $\quad \rho = 1 - 0.82(\lambda_b - 0.85) \qquad$ (5-67b)

当 $\lambda_b > 1.25$ 时 $\qquad \rho = \dfrac{1}{\lambda_b}\left(1 - \dfrac{0.2}{\lambda_b}\right) \qquad$ (5-67c)

(3)组合梁考虑腹板屈曲后强度的承载力

梁腹板通常在大范围内同时承受弯矩和剪力,腹板弯剪联合作用下的屈曲后强度分析起来比较复杂。为简化计算,弯矩 M 和剪力 V 的相关关系可以用图 5-43 中的相关曲线表达。

图 5-43 所示相关曲线 A 点和 B 点之间的曲线用抛物线表示,由此抛物线确定的验算式为:

$$\left(\dfrac{V}{0.5V_u} - 1\right)^2 + \dfrac{M - M_f}{M_{eu} - M_f} \leqslant 1.0 \qquad (5-68)$$

式中,M 和 V 为所计算区格内梁同一截面的弯矩和剪力设计值。

当弯矩不超过梁翼缘所提供的最大弯矩 M_f(对双轴对称截面梁,$M_f = A_f h_1 f$,A_f 为一个翼缘截面积;h_1 为两翼缘轴线间距离)时,腹板不参与承担弯矩作用,即在 $M \leqslant M_f$ 范围内为一水平线,此时,腹板强度由抗剪承载力控制,即 $V \leqslant V_u$。

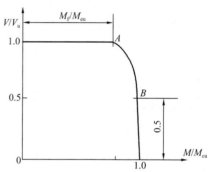

图 5-43 腹板屈曲后剪力与弯矩相关曲线

当腹板边缘正应力达到屈服时,腹板还可以承受约 $0.6f_{vy}$ 左右的剪应力。且当剪力不超过屈曲后抗剪承载力设计值 V_u 的 0.5 倍时,腹板抗弯承载力下降极小,所以规范规定,当 $V < 0.5V_u$ 时,可直接验算抗弯承载力,即取 $M/M_{eu} \leqslant 1.0$。

考虑腹板屈曲后强度,应对所设计梁的若干个控制截面按公式(5-68)进行承载能力的验算。一般情况下,控制截面可选择弯矩最大的截面、剪力最大的截面及弯矩和剪力相对较大的截面。

考虑腹板屈曲后强度,原则上除在支座处必须设置支承加劲肋外,跨中可根据计算不设或仅设横向加劲肋。但由于腹板高厚比通常都较大,为了运输和安装时构件不发生扭转等变形,应按构造需要设置横向加劲肋。此时,加劲肋间距不一定满足 $a \leqslant 2h_0$,但腹板的高厚比不应大于 250。

5.5.4.2 考虑腹板屈曲后强度的加劲肋设计

利用腹板屈曲后强度,即使腹板的高厚比 h_0/t_w 很大,一般也不再考虑设置纵向加劲肋。而且只要腹板的抗剪承载力不低于梁的实际最大剪力,可只设支承加劲肋,而不设置中间横向加劲肋。但横向加劲肋或支承加劲肋不允许在腹板单侧设置。

前面讲过,腹板在张力场情况下,加劲肋起到桁架竖杆的作用,由图 5-41(b)脱离体的竖向力平衡条件,可得到加劲肋所受压力 N_s 为:

$$N_s = (\sigma_t t_w a \cdot \sin\theta)\sin\theta = \dfrac{1}{2}\sigma_t t_w a(1 - 2\cos 2\theta) \qquad (5-69)$$

上式计算复杂，为简化计算，将张力场对横向加劲肋的作用分为竖向和水平两个分力，对中间横向加劲肋来说，可以认为两相邻区格的水平力主要由翼缘承受。因此，这类加劲肋只需按轴心压杆计算其在腹板平面外的稳定。所受轴心压力规定为：

$$N_a = V_u - h_0 t_w \tau_{cr} + F \tag{5-70}$$

式中 V_u——腹板屈曲后的抗剪承载力；
τ_{cr}——临界剪应力；
F——承受的集中荷载。

上式较理论值偏大，以考虑张力场水平分力的不利影响。

对于梁的支座加劲肋，当和它相邻的板幅利用屈曲后强度时，则必须考虑张力场水平分力的影响。规范取拉力场的水平分力 H_t 为：

$$H_t = (V_u - \tau_{cr} h_0 t_w)\sqrt{1+(a/h_0)^2} \tag{5-71}$$

H_t 的作用点可取为距梁腹板计算高度上边缘 $h_0/4$，如图 5-44 所示。为了增加抗弯能力，还应将梁端部延长，并设置封头板。此时，对梁支座加劲肋的计算可采用下列两种方法之一：

(1) 将封头板与支座加劲肋之间视为竖向压弯构件，简支于梁上下翼缘，计算其强度和在腹板平面外的稳定。

(2) 将支座加劲肋作为承受支座反力 R 的轴心压杆计算，封头板截面积则不小于 $A_c = \dfrac{3h_0 H_t}{16ef}$，式中，$e$ 为支座加劲肋与封头板的距离；f 为钢材强度设计值。

梁端构造还可以采用另一种方案，即缩小支座加劲肋和第一道中间加劲肋的距离 a_1（图 5-44b），使 a_1 范围内的 $\tau_{cr} \geqslant f_{vy}$，此种情况的支座加劲肋就不会受到拉力场水平分力 H_t 的作用。

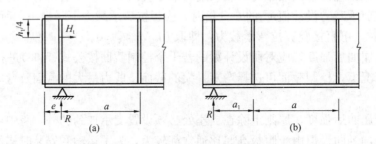

图 5-44 考虑腹板屈曲后强度时梁端构造

【例 5-2】 验算图 5-45 所示焊接组合梁的承载力，梁截面尺寸见图 5-45(d)。由次梁传递给主梁的集中荷载标准值 $F_k=235$kN，设计值 $F=323$kN，主梁自重标准值 $g_k=3$kN/m。钢材为 Q235-B，E43 型焊条（手工焊）。

【解】 主梁自重设计值：$g=1.2\times 3=3.6$kN/m

支座处最大剪力：$V_{max} = V_1 = \dfrac{5}{2}F + \dfrac{1}{2}gl = 2.5\times 323 + \dfrac{1}{2}\times 3.6\times 18 = 834.5$kN

跨中最大弯矩：$M_x = 843.5\times 7.5 - 323\times(5+2.5) - 1/2\times 3.6\times 7.5^2 = 3735$kN·m

采用焊接组合梁，估计翼缘板厚度 $t_f>16$mm，故钢材强度设计值取 $f=205$N/mm²。

(1) 强度验算

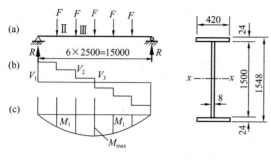

图 5-45 例 5-2 图

梁的截面几何常数：
$$I_x = \frac{1}{12}(42 \times 154.8^3 - 41.2 \times 150^3)$$
$$= 1396000 \text{cm}^4$$
$$W_{nx} = \frac{2I_x}{h} = \frac{2 \times 1396000}{154.8} = 18000 \text{cm}^3$$
$$A = 150 \times 0.8 + 2 \times 42 \times 2.4 = 322 \text{cm}^2$$
$$S = 42 \times 2.4 \times 76.2 + 75 \times 0.8 \times 37.5$$
$$= 9931 \text{cm}^3$$

验算抗弯强度，双轴对称工字形截面绕 x 轴的截面塑性发展系数 $\gamma_x = 1.05$，则
$$\sigma = \frac{M_x}{\gamma_x W_{nx}} = \frac{3735 \times 10^6}{1.05 \times 18000 \times 10^3} = 197.6 \text{N/mm}^2 < f = 205 \text{N/mm}^2$$

验算抗剪强度：
$$\tau = \frac{V_{max} S}{I_x t_w} = \frac{834.5 \times 10^3}{1396000 \times 10^4 \times 10} \times 9931 \times 10^3 = 60.5 \text{N/mm}^2 < f_v = 125 \text{N/mm}^2$$

主梁的支承处以及支承次梁处均配置支承加劲肋，不必验算局部承压强度（$\sigma_c = 0$）。

(2) 梁整体稳定验算

次梁可以视为主梁受压翼缘的侧向支承，主梁受压翼缘自由长度与宽度之比 $l_1/b_1 = 2500/420 = 6.0 < 16$（见表 5-4），故不需验算主梁的整体稳定性。

(3) 刚度验算

由附表 2-1，挠度容许值 $[v_T] = L/400$（全部荷载标准值作用）或 $[v_Q] = L/500$（仅有可变荷载标准值作用）。

全部荷载标准值作用时：
$$R_k = 2.5 \times 253 + 3 \times 7.5 = 655 \text{kN}$$
$$M_k = 655 \times 7.5 - 253 \times (5 + 2.5) - 3 \times \frac{1}{2} \times 7.5^2 = 2930.6 \text{kN} \cdot \text{m}$$

$$\frac{v_T}{L} \approx \frac{M_k L}{10 E I_x} = \frac{2930.6 \times 10^6 \times 15000}{10 \times 206000 \times 139600 \times 10^4} = \frac{1}{654} < \frac{[v_T]}{L} = \frac{1}{400}$$

刚度满足要求，同时因 v_T 已小于 1/500，故不必再验算仅有可变荷载标准值作用时的挠度。

(4) 主梁加劲肋设计

该梁腹板高厚比 $h_0/t_w = 1500/8 = 187.5 > 140$，如果要防止腹板丧失局部稳定，则需按计算设置横向加劲肋和纵向加劲肋。考虑到主梁承受的是静力荷载，该梁腹板宜考虑按屈曲后强度设计，并在支座处和每个次梁处（即固定集中荷载处）设置支承加劲肋。

梁端部采用如图 5-46 所示的构造，即在距支座 a_1 处增设横向加劲肋，使 $a_1 = 650$mm，因 $a_1/h_0 = 650/1500 = 0.43 < 1$，故
$$\lambda_s = \frac{h_0/t_w}{41\sqrt{4 + 5.34(h_0/a_1)^2}} = \frac{1500/8}{41\sqrt{4 + 5.34(1500/650)^2}} \approx 0.8$$

故，$\tau_{cr} = f_v$，说明板段 I_1 范围内的腹板（如图 5-46）不会屈曲，支座加劲肋就不会受到水平力 H_t 的作用。

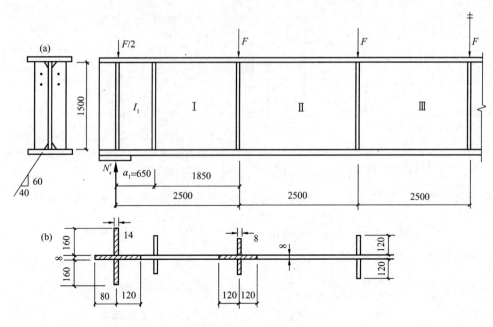

图 5-46 例 5-2 图

① 各板段的强度验算

对板段 I（图 5-46）：

左侧截面剪力：$V_1 = 834.5 - 3.6 \times 0.65 = 832.2 \text{kN}$

相应弯矩：$M_1 = 834.5 \times 0.65 - 3.6 \times 0.65^2/2 = 542 \text{kN} \cdot \text{m}$

因为 $M_1 = 542 \text{kN} \cdot \text{m} < M_f = 420 \times 24 \times 1524 \times 205 = 3150 \times 10^6 \text{N} \cdot \text{mm} = 3150 \text{kN} \cdot \text{m}$

故用 $V_1 \leqslant V_u$ 验算，$a = 1850 \text{mm}$，$a/h_0 = 1850/1500 > 1$，故

$$\lambda_s = \frac{h_0/t_w}{41 \times \sqrt{5.34 + 4(h_0/a)^2}} = \frac{1500/8}{41 \times \sqrt{5.34 + 4(1500/1850)^2}} = 1.62 > 1.2$$

$$V_u = h_w t_w f_v / \lambda_s^{1.2} = 1500 \times 8 \times 125/1.62^{1.2} = 841 \times 10^3 \text{N} = 841 \text{kN} > V_1 = 832.2 \text{kN}（通过）$$

对板段 Ⅲ（图 5-46），$a = 2500 \text{mm}$，验算右侧截面：

$$\lambda_s = \frac{h_0/t_w}{41 \times \sqrt{5.34 + 4(h_0/a)^2}} = \frac{1500/8}{41 \times \sqrt{5.34 + 4(1500/2500)^2}} = 1.756 > 1.2$$

$$V_u = h_w t_w f_v / \lambda_s^{1.2} = 1500 \times 8 \times 125/1.756^{1.2} = 763 \times 10^3 \text{N} = 763 \text{kN}$$

因 $V_3 = 834.5 - 323 \times 2 - 3.6 \times 7.5 = 162 \text{kN} < 0.5 V_u = 0.5 \times 763 \text{kN}$

故用 $M_3 = M_{\max} \leqslant M_{eu}$ 验算

$$\lambda_b = \frac{h_0/t_w}{153} \sqrt{\frac{f_y}{235}} = \frac{1500/8}{153} = 1.225 > 0.85 \text{ 但} < 1.25$$

$$\rho = 1 - 0.82(\lambda_b - 0.85) = 1 - 0.82 \times (1.225 - 0.85) = 0.693$$

$$\alpha_e = 1 - \frac{(1-\rho)h_c^3 t_w}{2 I_x} = 1 - \frac{(1 - 0.693) \times 750^3 \times 10}{2 \times 139600 \times 10^4} = 0.963$$

$$M_{eu} = \gamma_x \alpha_e W_x f = 1.05 \times 0.963 \times 18000 \times 10^3 \times 205$$

$$= 3731 \times 10^6 \text{N} \cdot \text{mm} = 3731 \text{kN} \cdot \text{m}$$
$$\approx M_3 = 3735 \text{kN} \cdot \text{m}$$

对板段Ⅱ一般可不验算，若验算，应分别计算其左右截面强度。

②加劲肋设计

宽度：$b_s \geq \dfrac{h_0}{30} + 40 = \dfrac{150}{30} + 40 = 90 \text{mm}$，用 $b_s = 120 \text{mm}$

厚度：$t_s \geq \dfrac{b_s}{15} = \dfrac{120}{15} = 8 \text{mm}$

a. 中部承受次梁支座反力的支承加劲肋的截面验算：

由上可知：$\lambda_s = 1.756$，$\tau_{cr} = 1.1 f_v / \lambda_s^2 = 1.1 \times 125 / 1.756^2 = 44.6 \text{N/mm}^2$

故该加劲肋所承受的轴心力：
$$N_s = V_u - \tau_{cr} h_w t_w + F$$
$$= 954 \times 10^3 - 44.6 \times 1500 \times 8 + 323 \times 10^3 = 742 \times 10^3 \text{N} = 742 \text{kN}$$

截面面积：$A_s = 2 \times 120 \times 8 + 240 \times 8 = 3840 \text{mm}^2$

支承加劲肋平面外的惯性矩：$I_z = 1/12 \times 8 \times 250^3 = 1042 \times 10^4 \text{mm}^4$

回转半径：$i_z = \sqrt{I_z / A_s} = \sqrt{1042 \times 10^4 / 3840} = 52.1 \text{mm}$

$\lambda_z = \dfrac{1500}{52.1} = 29$，查表得：$\varphi_z = 0.939$

验算在腹板平面外稳定：
$$\dfrac{N_s}{\varphi_z A_s} = \dfrac{742 \times 10^3}{0.939 \times 3840} = 206 \text{N/mm}^2 < f = 215 \text{N/mm}^2$$

靠近支座加劲肋的中间横向加劲肋仍用—120×8，不必验算。

b. 支座加劲肋的验算：

已知支座反力 $R = 834.5 \text{kN}$，另外还应加上边部次梁直接传给主梁的支反力 $F/2 = 323/2 = 161.5 \text{kN}$。

采用 2-160×14 板，$A_s = 2 \times 160 \times 14 + 200 \times 8 = 6080 \text{mm}^2$。
$$I_z = 1/12 \times 14 \times 328^3 = 4118 \times 10^4 \text{mm}^4$$
$$i_z = \sqrt{I_z / A_s} = \sqrt{4118 \times 10^4 / 6080} = 82.3 \text{mm}$$
$$\lambda_z = \dfrac{1500}{82.3} = 18.2，查表得：\varphi_z = 0.974$$

验算在腹板平面外稳定：
$$\dfrac{N'_s}{\varphi_z A_s} = \dfrac{(834.5 + 161.5) \times 10^3}{0.974 \times 6080} = 168 \text{N/mm}^2 < f = 215 \text{N/mm}^2$$

验算端部承压：
$$\sigma_{ce} = \dfrac{(834.5 + 161.5) \times 10^3}{2 \times (160 - 40) \times 14} = 300 \text{N/mm}^2 < f_{ce} = 325 \text{N/mm}^2$$

满足要求。

习　题

5-1　如图 5-47 所示为一跨度 4m 的斜放的 [14a 钢梁，截面的平均厚度、中线尺寸和倾斜率如图

5-47(b) 所示。试计算在上翼缘中点竖向均布荷载 $q=2.0$ kN/m 作用下跨中截面的正应力（弯曲正应力和受扭的翘曲正应力）。

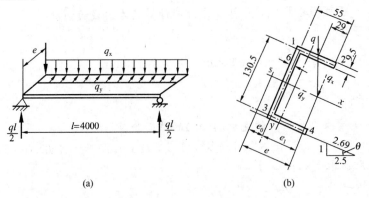

图 5-47 习题 5-1 图

5-2 图 5-48 所示为两简支梁截面，其截面面积大小相同，跨度均为 12m，跨间无侧向支承，均布荷载作用于上翼缘，试用公式（5-27）分别计算临界弯矩并加以比较。

5-3 一平台的梁格布置如图 5-49 所示，铺板为预制钢筋混凝土板，焊于次梁上，设平台恒荷载的标准值（不包括梁自重）为 2.0 kN/m², 活荷载的标准值为 20kN/m²。试选择次梁截面，钢材为 Q345 钢。

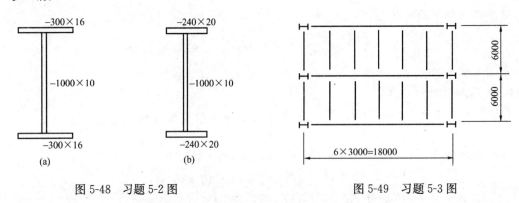

图 5-48 习题 5-2 图   图 5-49 习题 5-3 图

5-4 选择一悬挂电动葫芦的简支轨道梁的截面，跨度为 6m，电动葫芦的自重为 6kN，起重能力为 30kN（均为标准值）。钢材采用 Q235-B 钢。

注：悬吊重和电动葫芦重可作为集中荷载考虑。另外，考虑葫芦轮子对轨道梁下翼缘的磨损，梁截面模量和惯性矩应乘以折减系数 0.9。

5-5 图 5-50 所示的简支梁，其截面为不对称工字形（图 5-50b），材料为 Q235-B 钢。梁的中点和两端均有侧向支承，在集中荷载（不包括梁自重）$F=160$ kN（设计值）的作用下，梁能否保证其整体稳定性？

5-6 设计习题 5-3 的中间主梁（焊接组合梁），包括选截面、截面验算、腹板加劲肋的设计等。钢材为 Q345 钢，E50 型焊条（手工焊）。

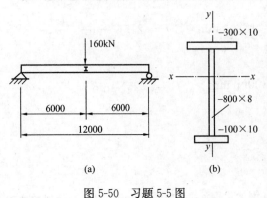

图 5-50 习题 5-5 图

6 拉弯和压弯构件

6.1 概 述

同时承受轴向力和弯矩的构件称为压弯（或拉弯）构件（图 6-1、图 6-2）。弯矩可能由轴向力的偏心作用、端弯矩作用或横向荷载作用等三种因素形成。当弯矩作用在截面的一个主轴平面内时称为单向压弯（或拉弯）构件，作用在两个主轴平面内时称为双向压弯（或拉弯）构件。

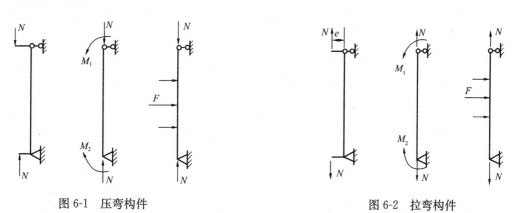

图 6-1 压弯构件　　　　　　　图 6-2 拉弯构件

由于压弯构件是受弯构件和轴心受压构件的组合，因此压弯构件也称为梁—柱。

在钢结构中压弯和拉弯构件的应用十分广泛，例如有节间荷载作用的桁架上下弦杆、受风荷载作用的墙架柱以及天窗架的侧立柱等。压弯构件也广泛用作柱子，如工业建筑中的厂房框架柱（图 6-3）、多层（或高层）建筑中的框架柱（图 6-4）以及海洋平台的立柱等。它们不仅要承受上部结构传下来的轴向压力，同时还受有弯矩和剪力。

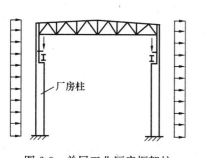

图 6-3 单层工业厂房框架柱

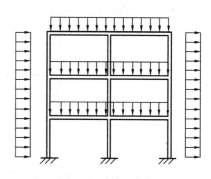

图 6-4 多层框架柱

与轴心受力构件一样，拉弯和压弯构件也可按其截面形式分为实腹式构件和格构式构件两种，常用的截面形式有热轧型钢截面、冷弯薄壁型钢截面和组合截面。当受力较小

109

时,可选用热轧型钢或冷弯薄壁型钢。当受力较大时,可选用钢板焊接组合截面或型钢与型钢、型钢与钢板的组合截面。除了实腹式截面外,当构件计算长度较大且受力较大时,为了提高截面的抗弯刚度,还常常采用格构式截面。

在进行拉弯和压弯构件设计时,应同时满足承载能力极限状态和正常使用极限状态的要求。拉弯构件需要计算其强度和刚度(限制长细比);对压弯构件,则需要计算强度、整体稳定(弯矩作用平面内稳定和弯矩作用平面外稳定)、局部稳定和刚度(限制长细比)。

拉弯构件的容许长细比与轴心拉杆相同(表 4-1);压弯构件的容许长细比与轴心压杆相同(表 4-2)。

6.2 拉弯和压弯构件的强度

考虑钢材的塑性性能,拉弯和压弯构件是以截面出现塑性铰作为其强度极限。以双轴对称工字形截面压弯构件为例,在轴心压力及弯矩的共同作用下,工字形截面上应力的发展过程如图 6-5 所示(拉力及弯矩共同作用下与此类似,仅应力图形上下相反)。

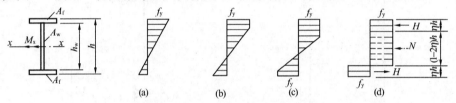

图 6-5 压弯构件截面应力的发展过程

假设轴向力不变而弯矩不断增加,截面上应力的发展过程为:①边缘纤维的最大应力达屈服点(图 6-5a);②最大应力一侧塑性部分深入截面(图 6-5b);③两侧均有部分塑性深入截面(图 6-5c);④全截面进入塑性(图 6-5d),此时达到承载能力的极限状态。

由全塑性应力图形(图 6-5d),根据内外力的平衡条件,即由一对水平力 H 所组成的力偶应与外力矩 M_x 平衡,合力 N 应与外轴力平衡,可以获得轴心力 N 和弯矩 M_x 的关系式。为了简化,取 $h \approx h_w$。令 $A_f = \alpha A_w$,则全截面面积 $A = (2\alpha + 1) A_w$。

内力的计算分为两种情况:

(1) 当中和轴在腹板范围内($N \leqslant A_w f_y$)时

$$N = (1 - 2\eta) h t_w f_y = (1 - 2\eta) A_w f_y \tag{6-1}$$

$$M_x = A_f h f_y + \eta A_w f_y (1 - \eta) h = A_w h f_y (\alpha + \eta - \eta^2) \tag{6-2}$$

消去以上二式中的 η,并令 $N_p = A f_y = (2\alpha + 1) A_w f_y$,$M_{px} = W_{px} f_y = (\alpha A_w h + 0.25 A_w h) f_y = (\alpha + 0.25) A_w h f_y$,则得 N 和 M_x 的相关公式:

$$\frac{(2\alpha+1)^2}{4\alpha+1} \cdot \frac{N^2}{N_p^2} + \frac{M_x}{M_{px}} = 1 \tag{6-3}$$

(2) 当中和轴在翼缘范围内(即 $N > A_w f_y$)时,按上述相同方法可以导得

$$\frac{N}{N_p} + \frac{4\alpha+1}{2(2\alpha+1)} \cdot \frac{M_x}{M_{px}} = 1 \tag{6-4}$$

式(6-3)和式(6-4)均为曲线,图 6-6 中的实线即为工字形截面构件当弯矩绕强轴

作用时的相关曲线。此曲线是外凸的，但腹板面积 A_w 较小（即 $\alpha=A_f/A_w$ 较大）时，外凸不多。为了便于计算。同时考虑到分析中没有计及附加挠度的不利影响，规范采用了直线式相关公式，即用斜直线代替曲线（图 6-6 中的虚线）。

$$\frac{N}{N_p}+\frac{M_x}{M_{px}}=1 \qquad (6-5)$$

令 $N_p=A_n f_y$，并令 $M_{px}=W_{nx}f_y$（引入截面塑性发展系数 γ_x 是因为像受弯构件那样，考虑塑性部分深入），再引入抗力分项系数后，得规范规定的拉弯和压弯构件的强度计算式：

$$\frac{N}{A_n}+\frac{M_x}{\gamma_x W_{nx}}\leqslant f \qquad (6-6)$$

承受双向弯矩的拉弯或压弯构件，规范采用了与式 (6-6) 相衔接的线性公式：

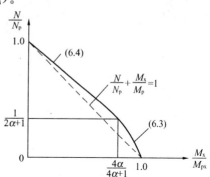

图 6-6 压弯和拉弯构件强度相关曲线

$$\frac{N}{A_n}+\frac{M_x}{\gamma_x W_{nx}}+\frac{M_y}{\gamma_y W_{ny}}\leqslant f \qquad (6-7)$$

式中　　A_n——净截面面积；

W_{nx}、W_{ny}——对 x 轴和 y 轴的净截面抵抗矩；

γ_x、γ_y——截面塑性发展系数，其取值的具体规定见第 5 章表 5-1。

当压弯构件受压翼缘的自由外伸宽度与其厚度之比 $b/t>13\sqrt{235/f_y}$（但不超过 $15\sqrt{235/f_y}$ 时），因截面已超过了翼缘在弹塑性状态局部失稳时的宽厚比限制，应按弹性设计，取 $\gamma_x=1.0$。对需要计算疲劳的拉弯和压弯构件，宜取 $\gamma_x=\gamma_y=1.0$，即不考虑截面塑性发展，按弹性应力状态（图 6-5a）计算。

【例 6-1】 如图 6-7 所示的拉弯构件，间接承受动力荷载，轴向拉力的设计值为 800kN，横向均布荷载的设计值为 7kN/m。试选择其截面，设截面无削弱，材料为 Q345 钢。

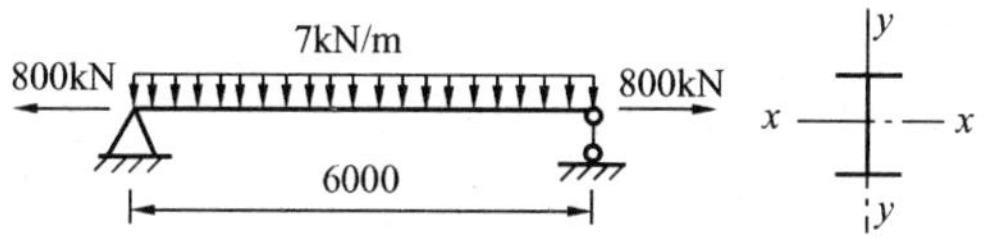

图 6-7 例 6-1 图

【解】 设采用普通工字钢 I22a，截面积 $A=42.1\text{cm}^2$，自重重力 0.33kN/m，$W_x=310\text{cm}^3$，$i_x=8.99\text{cm}$，$i_y=2.32\text{cm}$。

验算强度：

$$M_x=\frac{1}{8}(7+0.33\times1.2)\times6^2=33.3\text{kN}\cdot\text{m}$$

$$\frac{N}{A_n}+\frac{M_x}{\gamma_x W_{nx}}=\frac{800\times10^3}{42.1\times10^2}+\frac{33.3\times10^6}{1.05\times310\times10^3}=292\text{ kN/mm}^2<f=310\text{ N/mm}^2$$

验算长细比：

$$\lambda_x=\frac{600}{8.99}=66.7,\ \lambda_y=\frac{600}{2.32}=259<[\lambda]=350$$

6.3 压弯构件的整体稳定

压弯构件的截面尺寸通常由稳定承载力确定。对双轴对称截面一般将弯矩绕强轴作用，而单轴对称截面则将弯矩作用在对称轴平面内。当弯矩绕一个主轴平面作用时（如工字形截面的强轴），压弯构件可能在弯矩作用平面内弯曲失稳（图 6-8a），也可能在弯矩作用平面外弯扭失稳（图 6-8b）。所以，压弯构件要分别计算弯矩作用平面内和弯矩作用平面外的稳定性。

6.3.1 单向弯曲实腹式压弯构件的整体稳定

6.3.1.1 弯矩作用平面内的稳定

目前，确定压弯构件弯矩作用平面内极限承载力的方法很多，可分为两大类。一类是边缘屈服准则的计算方法，一类是精度较高的数值计算方法。

（1）边缘纤维屈服准则

对于一两端铰支的等截面压弯构件，如图 6-9 所示，在横向荷载作用下产生的跨中挠度为 v_m。当荷载为对称作用时，可假定构件的挠度曲线为正弦曲线。铁木辛柯指出，当 $N/N_E < 0.6$ 时，此种简化假定的误差不大于 2%。当轴心力作用后，挠度会增加，在弹性范围内，跨中挠度增加为：

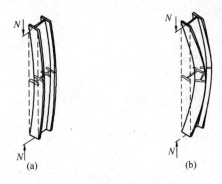

图 6-8 压弯构件失稳形式
(a) 弯矩作用平面内弯曲失稳；(b) 弯矩作用平面外弯扭失稳

$$v_{max} = \frac{1}{1-N/N_E} v_m$$

构件的最大弯矩在跨中截面处，其值为：

$$\begin{aligned} M_{max} &= M + N \cdot \left(\frac{1}{1-N/N_E}\right) v_m \\ &= \frac{M}{1-N/N_E}\left[1 + \left(\frac{N_E \cdot v_m}{M} - 1\right) \cdot \frac{N}{N_E}\right] \\ &= \frac{\beta_m M}{1-N/N_E} \end{aligned}$$

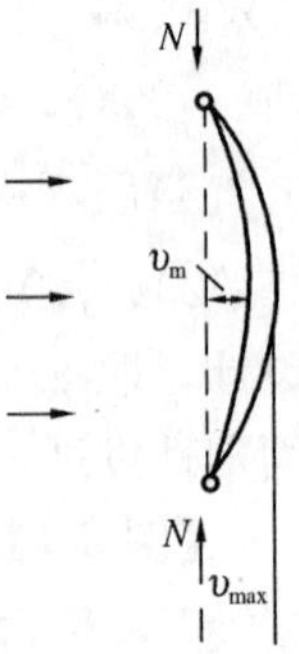

式中 $\beta_m = \left[1 + \left(\frac{N_E \cdot v}{M} - 1\right) \cdot \frac{N}{N_E}\right]$——等效弯矩系数。

图 6-9 铰支压弯构件

根据各种荷载和支撑情况产生的跨中弯矩 M 和跨中挠度 v_m，可以计算出等效弯矩系数 β_m，结果见表 6-1。利用这一系数就可以在平面内的稳定计算中把各种荷载的弯矩分布形式转化为均匀受弯来计算。

等效弯矩系数 β_m 表 6-1

序 号	荷载及弯矩图形	弹性分析值	规范采用值
1	 正弦曲线	1.0	1.0
2	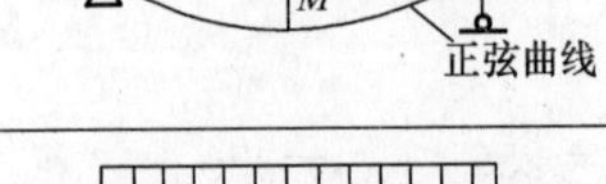 抛物线	$1+0.028\frac{N}{N_E}$	1.0
3	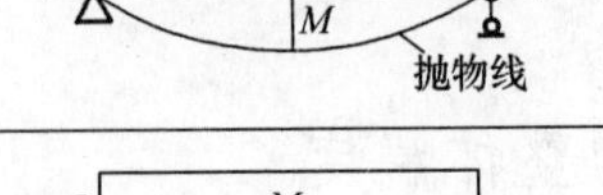 M	$1+0.234\frac{N}{N_E}$	1.0

续表

序 号	荷载及弯矩图形	弹性分析值	规范采用值
4		$1-0.178\dfrac{N}{N_E}$	1.0
5		$1+0.051\dfrac{N}{N_E}$	1.0
6		$1-0.589\dfrac{N}{N_E}$	0.85
7		$1-0.315\dfrac{N}{N_E}$	0.85
8		$\sqrt{0.3+0.4\dfrac{M_2}{M_1}+0.3\left(\dfrac{M_2}{M_1}\right)^2}$	$0.65+0.35\dfrac{M_2}{M_1}$

对于压弯构件，在考虑构件初始缺陷的影响时，可将构件各种初始缺陷等效为跨中最大初弯曲 v_0（表示综合缺陷）。当以截面边缘纤维的应力开始屈服作为平面内稳定承载能力的计算准则时，截面的最大应力应符合下列条件：

$$\frac{N}{A}+\frac{\beta_{mx}M_x+Nv_0}{(1-N/N_{Ex})W_{1x}}=f_y \qquad (6-8)$$

若公式中的 $M_x=0$，则轴心力 N 即为有初始缺陷的轴心压杆的临界力 N_0，得：

$$\frac{N_0}{A}+\frac{N_0v_0}{W_{1x}\left(1-\dfrac{N_0}{N_{Ex}}\right)}=f_y \qquad (6-9)$$

上式应与轴心受压构件的整体稳定计算式协调，即 $N_0=\varphi_x A f_y$，代入公式(6-9)，解得 v_0 为：

$$v_0=\left(\frac{1}{\varphi_x}-1\right)\left(1-\varphi_x\frac{Af_y}{N_{Ex}}\right)\frac{W_{1x}}{A} \qquad (6-10)$$

将此 v_0 值代入公式(6-8)中，经整理得：

$$\frac{N}{\varphi_x A}+\frac{\beta_{mx}M_x}{W_{1x}\left(1-\varphi_x\dfrac{N}{N_{Ex}}\right)}=f_y \qquad (6-11)$$

式中 φ_x——在弯矩作用平面内的轴心受压构件整体稳定系数。

式(6-11)即为压弯构件按边缘屈服准则导出的相关公式。从概念上讲，上述边缘屈服准则的应用是属于二阶应力问题，不是稳定问题，但由于我们在推导过程中引入了有初始缺陷的轴心压杆稳定承载力的结果，因此上式就等于采用应力问题的表达式来建立稳定问题的相关公式。

(2)最大强度准则

边缘纤维屈服准则考虑当构件截面最大纤维刚一屈服时构件即失去承载能力而发生破

坏，较适用于格构式构件。实腹式压弯构件当受压最大边缘刚开始屈服时尚有较大的强度储备，即容许截面塑性深入。这种容许塑性深入截面，并以具有各种初始缺陷的构件为计算模型，求解其极限承载力的方法，称为最大强度准则，具体计算方法有近似计算法和数值积分法。

在第 4 章中，曾介绍了具有初始缺陷（初弯曲、初偏心和残余应力）的轴心受压构件稳定计算的数值积分方法。实际上考虑初弯曲和初偏心的轴心受压构件就是压弯构件，只不过弯矩由偶然因素引起，主要内力是轴向压力。

修订《钢结构设计规范》时，采用数值计算方法（逆算单元长度法），考虑构件存在 $l/1000$ 的初弯曲和实测的残余应力分布，算出了近 200 条压弯构件极限承载力曲线。图 6-10 绘出了翼缘为火焰切割边的焊接工字形截面压弯构件在两端相等弯矩作用下的相关曲线，其中实线为理论计算的结果。

对于不同的截面形式，或虽然截面形式相同但尺寸不同、残余应力的分布不同以及失稳方向的不同等，其计算曲线都将有很大的差异。很明显，包括各种截面形式的近 200 条曲线，很难用一个统一公式来表达。但修订规范时，经过分析证明，发现采用相关公式的形式可以较好地解决上述困难。由于影响稳定极限承载力的因素很多，且构件失稳时已进入弹塑性工作阶段。要得到精确的、符合各种不同情况的理论相关公式是不可能的。因此，只能根据理论分析的结果，经过数值运算，得出比较符合实际又能满足工程精度要求的实用相关公式。

规范将用数值方法得到的压弯构件的极限承载力 N_u 与用边缘纤维屈服准则导出的相关公式(6-11)中的轴心压力 N 进行比较后，发现借用边缘屈服准则导出的相关公式略加修改，作为实用公式较为合适。在修改时考虑了截面的塑性发展和二阶弯矩，对于初弯曲和残余应力的影响则综合在一个等效偏心矩 v_0 内，最后提出一近似相关公式：

$$\frac{N}{\varphi_x A} + \frac{\beta_{mx} M_x}{W_{px}\left(1 - 0.8 \dfrac{N}{N_{Ex}}\right)} = f_y \tag{6-12}$$

式中 W_{px}——截面塑性抵抗矩。

上式的相关曲线即图 6-10 中的虚线，其计算结果与理论值的误差很小。

（3）规范规定的实腹式压弯构件整体稳定计算式

考虑部分塑性深入截面，采用 $W_{px} = \gamma_x W_{1x}$，并引入抗力分项系数，即得到规范所采用的实腹式压弯构件弯矩作用平面内的稳定计算式：

$$\frac{N}{\varphi_x A} + \frac{\beta_{mx} M_x}{\gamma_x W_{1x}\left(1 - 0.8 \dfrac{N}{N'_{Ex}}\right)} \leqslant f \tag{6-13}$$

式中 N——轴向压力；

M_x——所计算构件段范围内的最大弯矩；

φ_x——轴心受压构件的稳定系数；

W_{1x}——受压最大纤维的毛截面抵抗矩；

N'_{Ex}——考虑抗力分项系数的欧拉临界力，$N'_{Ex} = \pi^2 EA/(\gamma_R \lambda_x^2)$；

γ_R——抗力分项系数，不分钢种取 $\gamma_R = 1.1$；

β_{mx}——等效弯矩系数，规范按下列情况取值：

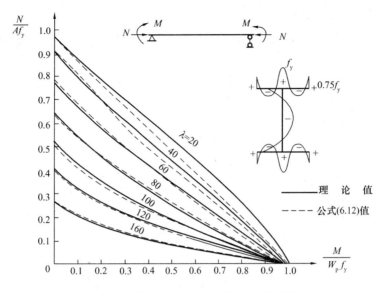

图 6-10 焊接工字钢偏心压杆的相关曲线

1) 框架柱和两端支承的构件:

① 无横向荷载作用时:$\beta_{mx}=0.65+0.35 M_2/M_1$,$M_1$ 和 M_2 为端弯矩,使构件产生同向曲率(无反弯点)时取同号,使构件产生反向曲率(有反弯点)时取异号,$|M_1|\geqslant|M_2|$;

② 有端弯矩和横向荷载同时作用时:使构件产生同向曲率时,$\beta_{mx}=1.0$;使构件产生反向曲率时,$\beta_{mx}=0.85$;

③ 无端弯矩但有横向荷载作用时:$\beta_{mx}=1.0$。

2) 悬臂构件,$\beta_{mx}=1.0$。

对于 T 型钢、双角钢 T 形等单轴对称截面压弯构件,当弯矩作用于对称轴平面且使较大翼缘受压时,构件失稳时出现的塑性区除存在前述受压区屈服和受压、受拉区同时屈服两种情况外,还可能在受拉区首先出现屈服而导致构件失去承载能力,故除了按式(6-13)计算外,还应按下式计算:

$$\left|\frac{N}{A}-\frac{\beta_{mx}M_x}{\gamma_x W_{2x}\left(1-1.25\dfrac{N}{N'_{Ex}}\right)}\right|\leqslant f \tag{6-14}$$

式中 W_{2x}——受拉侧最外纤维的毛截面抵抗矩;

γ_x——与 W_{2x} 相应的截面塑性发展系数。

其余符号同式(6-13),上式第二项分母中的 1.25 也是经过与理论计算结果比较后引进的修正系数。

6.3.1.2 弯矩作用平面外的稳定

开口薄壁截面压弯构件的抗扭刚度及弯矩作用平面外的抗弯刚度通常较小,当构件在弯矩作用平面外没有足够的支承以阻止其产生侧向位移和扭转时,构件可能因弯扭屈曲而破坏,这种弯扭屈曲又称为压弯构件弯矩作用平面外的整体失稳。

设有两端铰接双轴对称工形截面构件,两端承受轴心压力 N 和弯矩 $M_x=Ne$(如图 6-11),建立弯矩作用平面外的弯扭屈曲的平衡方程。

（1）对 y 轴的弯矩平衡方程

截面剪心（即形心）的侧向位移为 u，由于扭角 φ 使压力作用点增加的位移为 $e \cdot \varphi$，故平衡方程为：

$$-EI_y u'' = N(u + e \cdot \varphi)$$

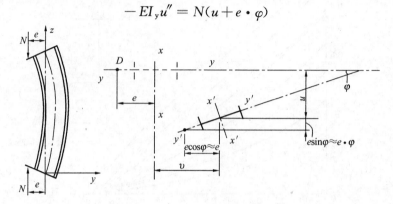

图 6-11 工字形截面的位移和扭转

（2）对 z 轴（纵轴）的扭矩平衡方程

由于侧向位移后，横向剪力（通过压力作用点）对剪心产生扭矩 Neu'，所以对纵轴扭矩的平衡方程中应增加此外扭矩为：

$$-EI_\omega \varphi'' + GI_t \varphi' = Ni_0^2 \varphi' + Neu'$$

解此微分方程，则可得图 6-11 所示两端铰接双轴对称工字形截面理想压弯构件，当两端承受轴心压力 N 和绕强轴作用的均匀弯矩 $M_x = Ne$，发生弯矩作用平面外弯扭失稳时的弹性屈曲临界条件为：

$$\left(1 - \frac{N}{N_{Ey}}\right)\left(1 - \frac{N}{N_{Ey}} \cdot \frac{N_{Ey}}{N_Z}\right) - \left(\frac{M_x}{M_{crx}}\right)^2 = 0 \tag{6-15}$$

式中　　$N_{Ey} = \dfrac{\pi^2 EI_y}{l^2}$——绕弱轴屈曲的欧拉临界力；

$N_Z = \dfrac{1}{i_0^2}\left(\dfrac{\pi^2 EI_\omega}{l^2} + GI_k\right)$——扭转屈曲临界力；

$i_0 = \sqrt{\dfrac{I_x + I_y}{A}} = \sqrt{i_x^2 + i_y^2}$——极回转半径；

EI_ω、GI_k——截面的翘曲刚度和扭转刚度；

$M_{crx} = \sqrt{i_0^2 N_{Ey} N_Z}$——双轴对称截面梁的临界弯矩，即第 5 章的式（5-27），只不过这里采用了另一种表达形式。

以 N_Z/N_{Ey} 的不同比值代入式（6-15），可以画出 N/N_{Ey} 和 M_x/M_{crx} 之间的相关曲线如图 6-12 所示。

这些曲线与 N_Z/N_{Ey} 的比值有关，N_Z/N_{Ey} 值愈大，曲线愈外凸。对于钢结构中常用的双轴对称工字形截面，其 N_Z/N_{Ey} 总是大于 1.0，如偏安全地取 $N_Z/N_{Ey} = 1.0$，则上式成为：

$$\left(\frac{M_x}{M_{crx}}\right)^2 = \left(1 - \frac{N}{N_{Ey}}\right)^2$$

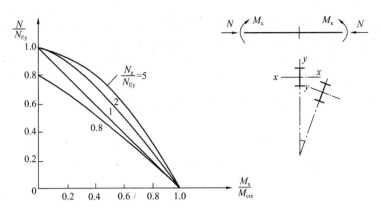

图 6-12 N/N_{Ey} 和 M_x/M_{crx} 的相关曲线

或
$$\frac{N}{N_{Ey}} + \frac{M_x}{M_{crx}} = 1 \tag{6-16}$$

上式是根据弹性工作状态的双轴对称截面导出的理论式经简化而得出的。双轴对称截面的压弯构件，在弹塑性阶段很难写出 N/N_{Ey} 和 M_x/M_{crx} 之间的相关关系，但通过与试验结果的比较（见图 6-13）可见，若采用直线式，除一个试验点在直线上外，其他试验点都位于直线上方，说明采用直线式（6-16）具有较高的安全度，因此，它同样可用于弹塑性压弯构件的弯扭屈曲计算。理论分析和试验研究还表明，对于单轴对称截面的压弯构件，只要用该单轴对称截面轴心压杆的弯扭屈曲临界力 N_{cr} 代替式中的 N_{Ey}，相关公式仍然适用，而公式（6-16）是一个直线式，计算较为简单。

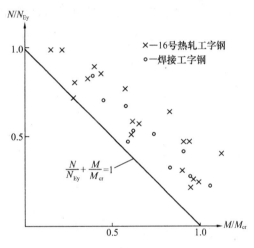

图 6-13 弯扭屈曲的试验值

在公式（6-16）中，以轴心受力构件整体稳定的设计表达式 $N_{Ey} = \varphi_y A f_y$ 和受弯构件整体稳定的设计表达式 $M_{crx} = \varphi_b W_{1x} f_y$ 代入，并引入非均匀弯矩作用时的等效弯矩系数 β_{tx}、箱形截面的调整系数 η 以及抗力分项系数 γ_R 后，就得到规范规定的压弯构件在弯矩作用平面外稳定计算的相关公式为：

$$\frac{N}{\varphi_y A} + \eta \frac{\beta_{tx} M_x}{\varphi_b W_{1x}} \leqslant f \tag{6-17}$$

式中 M_x——所计算构件段范围内（构件侧向支承点间）的最大弯矩；

β_{tx}——等效弯矩系数，应根据所计算构件段的荷载和内力情况确定，取值方法与弯矩作用平面内的等效弯矩系数 β_{mx} 相同；

η——调整系数：箱形截面 $\eta=0.7$，其他截面 $\eta=1.0$；

φ_y——弯矩作用平面外的轴心受压构件稳定系数；

φ_b——均匀弯曲梁的整体稳定系数。

由于梁整体稳定系数的计算比较复杂，且整体稳定系数 φ_b 的误差只影响弯矩项，为了设计上的方便，规范对压弯构件的 φ_b 采用了近似计算公式，这些公式已考虑了构件的弹塑性失稳问题，因此当 φ_b 大于 0.6 时不必再进行修正。

(1) 工字形截面（含 H 型钢）

双轴对称时：

$$\varphi_b = 1.07 - \frac{\lambda_y^2}{44000} \cdot \frac{f_y}{235}, \text{但不大于 1.0} \tag{6-18}$$

单轴对称时：

$$\varphi_b = 1.07 - \frac{W_{1x}}{(2\alpha_b + 0.1)Ah} \cdot \frac{\lambda_y^2}{14000} \cdot \frac{f_y}{235}, \text{但不大于 1.0} \tag{6-19}$$

式中 $\alpha_b = I_1/(I_1 + I_2)$，$I_1$ 和 I_2 分别为受压翼缘和受拉翼缘对 y 轴的惯性矩。

(2) T 形截面

① 弯矩使翼缘受压时

双角钢 T 形

$$\varphi_b = 1 - 0.0017\lambda_y \sqrt{f_y/235} \tag{6-20}$$

两板组合 T 形（含 T 型钢）

$$\varphi_b = 1 - 0.0022\lambda_y \sqrt{f_y/235} \tag{6-21}$$

② 弯矩使翼缘受拉时　$\varphi_b = 1.0$

(3) 箱形截面　$\varphi_b = 1.0$

6.3.2　双向弯曲实腹式压弯构件的整体稳定

前面所述压弯构件，弯矩仅作用在构件的一个对称轴平面内，为单向弯曲压弯构件。弯矩作用在两个主轴平面内为双向弯曲压弯构件，在实际工程中较为少见。规范仅规定了双轴对称截面构件的计算方法。

双轴对称的工字形截面（含 H 型钢）和箱形截面的压弯构件，当弯矩作用在两个主平面内时，可用下列与式（6-13）和式（6-17）相衔接的线性公式计算其稳定性：

$$\frac{N}{\varphi_x A} + \frac{\beta_{mx} M_x}{\gamma_x W_{1x}\left(1 - 0.8\dfrac{N}{N'_{Ex}}\right)} + \eta \frac{\beta_{ty} M_y}{\varphi_{by} W_{1y}} \leqslant f \tag{6-22}$$

$$\frac{N}{\varphi_y A} + \eta \frac{\beta_{tx} M_x}{\varphi_{bx} W_{1x}} + \frac{\beta_{my} M_y}{\gamma_y W_{1y}\left(1 - 0.8\dfrac{N}{N'_{Ey}}\right)} \leqslant f \tag{6-23}$$

式中　M_x、M_y——对 x 轴（工字形截面和 H 型钢 x 轴为强轴）和 y 轴的弯矩；

φ_x、φ_y——对 x 轴和 y 轴的轴心受压构件稳定系数；

φ_{bx}、φ_{by}——梁的整体稳定系数，对双轴对称工字形截面和 H 型钢，φ_{bx} 按公式（6-18）计算，而 $\varphi_{by} = 1.0$；对箱形截面，$\varphi_{bx} = \varphi_{by} = 1.0$。

显然，这两个公式并不是理论推导的结果，而是偏于实用的经验公式。式中的等效弯矩系数 β_{mx} 和 β_{my} 应按公式（6-13）中有关弯矩作用平面内的规定采用；β_{tx}、β_{ty} 和 η 应按公式（6-17）中有关弯矩作用平面外的规定采用。

6.3.3　单向弯曲格构式压弯构件的整体稳定

6.3.3.1　弯矩绕虚轴作用时的稳定

当弯矩绕格构式压弯构件的虚轴 x 轴作用时（图 6-14），应计算弯矩作用平面内的整体稳定和分肢在其自身两主轴方向的稳定。

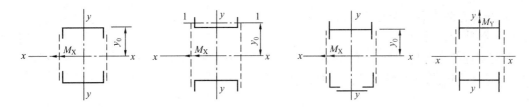

图 6-14 格构式压弯构件常用截面

(1) 弯矩作用平面内的整体稳定

弯矩绕虚轴作用的格构式压弯构件，由于截面中部空心且无实体部件，不能考虑塑性的深入发展，故弯矩作用平面内的整体稳定计算适宜采用边缘屈服准则。在根据此准则导出的相关公式（6-11）中，考虑抗力分项系数后，得：

$$\frac{N}{\varphi_x A} + \frac{\beta_{mx} M_x}{W_{1x}\left(1 - \varphi_x \dfrac{N}{N'_{Ex}}\right)} \leqslant f \tag{6-24}$$

式中，φ_x 和 N'_{Ex} 分别为轴心压杆的整体稳定系数和考虑抗力分项系数 γ_R 的欧拉临界力，均由对虚轴（x 轴）的换算长细比 λ_{0x} 确定。$W_{1x} = I_x/y_0$，I_x 为对 x 轴（虚轴）的毛截面惯性矩；y_0 为由 x 轴到压力较大分肢轴线的距离或者到压力较大分肢腹板边缘的距离，二者取较大值。

(2) 分肢的稳定

格构式压弯构件的每个分肢，本身是一个单独的轴心受压构件，当弯矩绕虚轴作用时，在弯矩作用平面外的整体稳定性一般由分肢的稳定计算得到保证，故不必再计算整个构件在平面外的整体稳定性。

将整个构件视为一平行弦桁架，将构件的两个分肢看作桁架体系的弦杆，两分肢的轴心力应按下列公式计算（图 6-15）：

分肢 1：
$$N_1 = N\frac{y_2}{a} + \frac{M}{a} \tag{6-25}$$

分肢 2：
$$N_2 = N - N_1 \tag{6-26}$$

缀条式压弯构件的分肢按轴心压杆计算。分肢的计算长度，在缀材平面内（图 6-15 中的 1—1 轴）取缀条体系的节间长度；在缀条平面外，取整个构件两侧向支撑点间的距离。

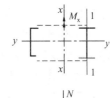

进行缀板式压弯构件的分肢计算时，除轴心力 N_1（或 N_2）外，还应考虑由剪力作用引起的局部弯矩，按实腹式压弯构件验算单肢的稳定性。

6.3.3.2 弯矩绕实轴作用时的稳定

当弯矩绕格构式压弯构件实轴（y 轴）作用时，构件绕实轴产生弯曲失稳，它的受力性能与实腹式压弯构件完全相同。因此，格构式压弯构件在弯矩作用平面内的稳定计算与实腹式压弯构件相同。在计算弯矩作用平面外的整体稳定时，长细比应取换算长细比，整体稳定系数取 $\varphi_b = 1.0$。

6.3.4 双向弯曲格构式压弯构件的整体稳定

弯矩作用在两个主平面内的双肢格构式压弯构件（图

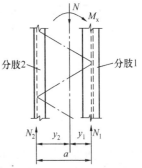

图 6-15 分肢的内力计算

6-16），其稳定性按下列规定计算：

（1）整体稳定计算

规范采用与边缘屈服准则导出的弯矩绕虚轴作用的格构式压弯构件平面内整体稳定计算式（6-24）相衔接的直线式进行计算：

$$\frac{N}{\varphi_x A} + \frac{\beta_{mx} M_x}{W_{1x}\left(1-\varphi_x \dfrac{N}{N'_{Ex}}\right)} + \frac{\beta_{ty} M_y}{W_{1y}} \leqslant f \quad (6\text{-}27)$$

式中，φ_x 和 N'_{Ex} 由换算长细比确定；$W_{1x}=I_x/y_0$，y_0 为由 x 轴到压力较大分肢轴线的距离或者到压力较大分肢腹板边缘的距离，二者取较大值。

（2）分肢的稳定计算

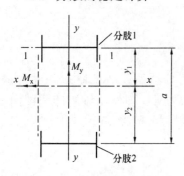

图 6-16 双向受弯格构柱

分肢按实腹式压弯构件计算，将分肢作为桁架弦杆计算其在轴力和弯矩的共同作用下产生的内力（图 6-16）。弯矩 M_y 分配的原则是：每分肢的弯矩与分肢对 y 轴的惯性矩 I_1 或 I_2 成正比，与分肢至 x 轴的距离 y_1 或 y_2 成反比，这样可以保持平衡和变形协调。

分肢 1 $\qquad N_1 = N\dfrac{y_2}{a} + \dfrac{M_x}{a} \quad (6\text{-}28)$

$$M_{y1} = \frac{I_1/y_1}{I_1/y_1 + I_2/y_2} \cdot M_y \quad (6\text{-}29)$$

分肢 2 $\qquad N_2 = N - N_1 \quad (6\text{-}30)$

$$M_{y2} = M_y - M_{y1} \quad (6\text{-}31)$$

式中 I_1、I_2——分肢 1 和分肢 2 对 y 轴的惯性矩；

y_1、y_2——M_y 作用的主轴平面至分肢 1 和分肢 2 轴线的距离。

上式适用于当 M_y 作用在构件的主轴平面时的情形，当 M_y 不是作用在构件的主轴平面而是作用在一个分肢的轴线平面（如图 6-16 中分肢 1 的 1-1 轴线平面），则 M_y 视为全部由该分肢承受。

【例 6-2】 图 6-17 所示为 Q235 钢焰切边工字形截面压弯构件，两端铰支，中间 1/3 长度处有侧向支承，截面无削弱，承受轴心压力的设计值为 900kN，跨中集中力设计值为 100kN。试验算此构件的强度和整体稳定承载力。

【解】 根据已知条件，此压弯构件在弯矩作用平面内的计算长度 $l_{0x}=15\text{m}$，在弯矩作用平面外的计算长度 $l_{0y}=5\text{m}$。

（1）截面的几何特性

$$A = 2\times 32\times 1.2 + 64\times 1.0 = 140.8\text{cm}^2$$

$$I_x = \frac{1}{12}\times(32\times 66.4^3 + 31\times 64^3) = 103475\text{cm}^4$$

$$I_y = 2\times\frac{1}{12}\times 1.2\times 32^3 = 6554\text{cm}^4$$

$$W_{1x} = \frac{103475}{33.2} = 3117\text{cm}^3$$

$$i_x = \sqrt{\frac{103475}{140.8}} = 27.11\text{cm},\ i_y = \sqrt{\frac{6554}{140.8}} = 6.82\text{cm}$$

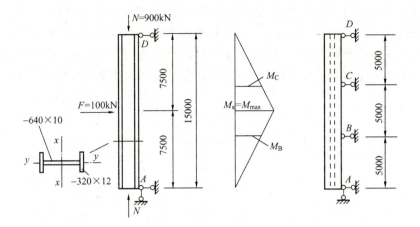

图 6-17 例 6-2 图

(2) 验算强度

$$M_x = \frac{1}{4} \times 100 \times 15 = 375 \text{kN} \cdot \text{m}$$

$$\frac{N}{A_n} + \frac{M_x}{\gamma_x W_{nx}} = \frac{900 \times 10^3}{140.8 \times 10^2} + \frac{375 \times 10^6}{1.05 \times 3117 \times 10^3} = 178.5 \text{ N/mm}^2 < f = 215 \text{ N/mm}^2$$

(3) 验算弯矩作用平面内的稳定

$$\lambda_x = \frac{1500}{27.11} = 55.3 < [\lambda] = 150$$

查表（b 类截面），$\varphi_x = 0.831$

$$N'_{Ex} = \frac{\pi^2 EA}{\gamma_R \lambda_x^2} = \frac{\pi^2 \times 206000 \times 140.8 \times 10^2}{1.1 \times 55.3^2} = 8510 \times 10^3 \text{N} = 8510 \text{kN}$$

$$\beta_{mx} = 1.0$$

$$\frac{N}{\varphi_x A} + \frac{\beta_{mx} M_x}{\gamma_x W_{1x}\left(1 - 0.8 \dfrac{N}{N'_{Ex}}\right)} = \frac{900 \times 10^3}{0.831 \times 140.8 \times 10^2}$$

$$+ \frac{1.0 \times 375 \times 10^6}{1.05 \times 3117 \times 10^3 \times \left(1 - 0.8 \times \dfrac{900}{8510}\right)}$$

$$= 202 \text{ N/mm}^2 < f = 215 \text{ N/mm}^2$$

(4) 验算弯矩作用平面外的稳定

$$\lambda_y = \frac{500}{6.82} = 73.3 < [\lambda] = 150$$

查表（b 类截面），$\varphi_y = 0.730$

$$\varphi_b = 1.07 - \frac{\lambda_y^2}{44000} \cdot \frac{f_y}{235} = 1.07 - \frac{73.3^2}{44000} \cdot \frac{235}{235} = 0.948 < 1.0$$

所计算构件段为 BC 段，有端弯矩和横向荷载作用，但使构件段产生同向曲率，故取 $\beta_{tx} = 1.0$，另 $\eta = 1.0$。

$$\frac{N}{\varphi_y A} + \eta \frac{\beta_{tx} M_x}{\varphi_b W_{1x}} = \frac{900 \times 10^3}{0.730 \times 140.8 \times 10^2} + \frac{1.0 \times 1.0 \times 375 \times 10^6}{0.948 \times 3117 \times 10^3}$$

$$= 214.5 \text{ N/mm}^2 < f = 215 \text{ N/mm}^2$$

由以上计算知，此压弯构件是由弯矩作用平面外的稳定控制设计的。

【例 6-3】 图 6-18 为一单层厂房框架柱的下柱，在框架平面内计算长度为 $l_{0x}=21.7\text{m}$，在框架平面外的计算长度（作为两端铰接）$l_{0y}=12.21\text{m}$，斜缀条选用单角钢 L100×8。钢材为 Q235B。试验算此柱在下列组合内力（设计值）作用下的承载力。

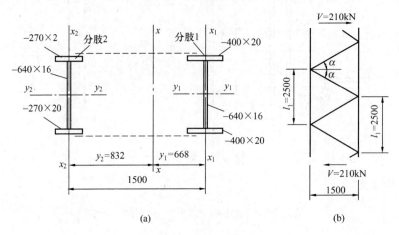

图 6-18 例 6-3 附图

第一组（使分肢 1 受压最大）：$\begin{Bmatrix} M_x = 3340\text{kN}\cdot\text{m} \\ N = 4500\text{kN} \\ V = 210\text{kN} \end{Bmatrix}$

第二组（使分肢 2 受压最大）：$\begin{Bmatrix} M_x = 2700\text{kN}\cdot\text{m} \\ N = 4400\text{kN} \\ V = 210\text{kN} \end{Bmatrix}$

【解】 (1) 截面的几何特征

分肢 1：$A_1 = 2\times 40\times 2 + 64\times 1.6 = 262.4\text{cm}^2$

$I_{y1} = \dfrac{1}{12}(40\times 68^3 - 38.4\times 64^3) = 209200\text{cm}^2$，$i_{y1} = 28.24\text{cm}$

$I_{x1} = 2\times \dfrac{1}{12}\times 2\times 40^3 = 21333\text{cm}^4$，$i_{x1} = 9.02\text{cm}$

分肢 2：$A_2 = 2\times 27\times 2 + 64\times 1.6 = 210.4\text{cm}^2$

$I_{y2} = \dfrac{1}{12}(27\times 68^3 - 25.4\times 64^3) = 152600\text{cm}^4$，$i_{y2} = 26.93\text{cm}$

$I_{x2} = 2\times \dfrac{1}{12}\times 2\times 27^3 = 6561\text{cm}^4$，$i_{x2} = 5.58\text{cm}$

整个截面：$A = 262.4 + 210.4 = 472.8\text{cm}^2$

$y_1 = \dfrac{210.4}{472.8}\times 150 = 66.8\text{cm}$，$y_2 = 150 - 66.8 = 83.2\text{cm}$

$I_x = 21333 + 262.4\times 66.8^2 + 6561 + 210.4\times 83.2^2 = 2655225\text{cm}^4$

$i_x = \sqrt{\dfrac{2655225}{472.8}} = 74.9\text{cm}$

(2) 验算弯矩作用平面内的整体稳定

$$\lambda_x = l_{0x}/i_x = 2170/74.9 = 29$$

换算长细比 $\lambda_{0x} = \sqrt{\lambda_x^2 + 27\dfrac{A}{A_1}} = \sqrt{29^2 + 27 \times \dfrac{472.8}{2 \times 15.6}} = 35.4 < [\lambda] = 150$

（上式 A_1 为两侧斜缀条的面积之和）

查表（b 类截面），$\varphi_x = 0.916$

$$N'_{Ex} = \dfrac{\pi^2 EA}{\gamma_R \lambda_{0x}^2} = \dfrac{\pi^2 \times 206 \times 10^3 \times 472.8 \times 10^2}{1.1 \times 35.4^2} = 69663 \times 10^3 \text{N}$$

对有侧移框架柱，$\beta_{mx} = 1.0$

1) 第一组内力，使分肢 1 受压最大

$$W_{1x} = \dfrac{I_x}{y_1} = \dfrac{2655225}{66.8} = 39749 \text{cm}^3$$

$$\dfrac{N}{\varphi_x A} + \dfrac{\beta_{mx} M_x}{W_{1x}\left(1 - \varphi_x \dfrac{N}{N'_{Ex}}\right)} = \dfrac{4500 \times 10^3}{0.916 \times 472.8 \times 10^2}$$

$$+ \dfrac{1.0 \times 3340 \times 10^6}{39749 \times 10^3 \times \left(1 - 0.916 \times \dfrac{4500}{69663}\right)}$$

$$= 193.2 \text{ N/mm}^2 < f = 205 \text{ N/mm}^2$$

2) 第二组内力，使分肢 2 受压最大

$$W_{2x} = \dfrac{I_x}{y_2} = \dfrac{2655225}{83.2} = 31914 \text{cm}^3$$

$$\dfrac{N}{\varphi_x A} + \dfrac{\beta_{mx} M_x}{W_{1x}\left(1 - \varphi_x \dfrac{N}{N'_{Ex}}\right)} = \dfrac{4400 \times 10^3}{0.916 \times 472.8 \times 10^2} + \dfrac{1.0 \times 2700 \times 10^6}{31914 \times 10^3 \times \left(1 - 0.916 \times \dfrac{4400}{69663}\right)}$$

$$= 191.4 \text{ N/mm}^2 < f = 205 \text{ N/mm}^2$$

(3) 验算分肢 1 的稳定（用第一组内力）

最大压力： $N_1 = \dfrac{0.832}{1.5} \times 4500 + \dfrac{3340}{1.5} = 4722 \text{kN}$

$\lambda_{x1} = \dfrac{250}{9.02} = 27.7 < [\lambda] = 150$，$\lambda_{y1} = \dfrac{1221}{28.24} = 43.2 < [\lambda] = 150$

查表（b 类截面），$\varphi_{min} = 0.886$

$$\dfrac{N_1}{\varphi_{min} A_1} = \dfrac{4722 \times 10^3}{0.886 \times 262.4 \times 10^2} = 203.1 \text{ N/mm}^2 < f = 205 \text{ N/mm}^2$$

(4) 验算分肢 2 的稳定（用第二组内力）

最大压力： $N_2 = \dfrac{0.668}{1.5} \times 4400 + \dfrac{2700}{1.5} = 3759 \text{kN}$

$\lambda_{x2} = \dfrac{250}{5.58} = 44.8 < [\lambda] = 150$，$\lambda_{y2} = \dfrac{1221}{26.93} = 45.3 < [\lambda] = 150$

查表（b 类截面），$\varphi_{min} = 0.877$

$$\dfrac{N_2}{\varphi_{min} A_2} = \dfrac{3759 \times 10^3}{0.877 \times 210.4 \times 10^2} = 204 \text{ N/mm}^2 < f = 205 \text{ N/mm}^2$$

6.4 压弯构件的局部稳定

与轴心受压构件和受弯构件组成板件的受力情况相似，实腹式压弯构件翼缘和腹板的局部稳定性也是采用限制板件宽（高）厚比的办法来加以保证的，见表 6-2。

压弯构件（弯矩作用在截面的竖直平面）的板件宽厚比限值　　　表 6-2

项次	截　面	宽　厚　比　限　值
1		$\dfrac{b}{t} \leqslant 13\sqrt{235/f_y}$
2		工字形和 H 形截面： 当 $0 \leqslant \alpha_0 \leqslant 1.6$ 时： $\dfrac{h_0}{t_w} \leqslant (16\alpha_0 + 0.5\lambda + 25)\sqrt{\dfrac{235}{f_y}}$ 当 $1.6 < \alpha_0 \leqslant 2.0$ 时： $\dfrac{h_0}{t_w} \leqslant (48\alpha_0 + 0.5\lambda - 26.2)\sqrt{\dfrac{235}{f_y}}$
3		T 形截面： 1. 弯矩使腹板自由边受拉： 热轧剖分 T 型钢：$\dfrac{b_1}{t_1} \leqslant (15 + 0.2\lambda)\sqrt{235/f_y}$ 焊接 T 形钢：$\dfrac{b_1}{t_1} \leqslant (13 + 0.17\lambda)\sqrt{235/f_y}$ 2. 弯矩使腹板自由边受压： 当 $\alpha_0 \leqslant 1.0$ 时：$\dfrac{b_1}{t_1} \leqslant 15\sqrt{235/f_y}$ 当 $\alpha_0 > 1.0$ 时：$\dfrac{b_1}{t_1} \leqslant 18\sqrt{235/f_y}$
4		$\dfrac{b}{t} \leqslant 13\sqrt{235/f_y}$
5		$\dfrac{b_0}{t} \leqslant 40\sqrt{235/f_y}$
6		$\dfrac{h_0}{t_w}$ 不应超过项次 2 右侧乘以 0.8 后的值 （当此值小于 $40\sqrt{235/f_y}$ 时，应采用 $40\sqrt{235/f_y}$）
7		$\dfrac{d}{t} \leqslant 100\dfrac{235}{f_y}$

注：1. λ 为构件在弯矩作用平面内的长细比，当 $\lambda < 30$ 时，取 $\lambda = 30$；当 $\lambda > 100$ 时，取 $\lambda = 100$；
　　2. $\alpha_0 = (\sigma_{max} - \sigma_{min})/\sigma_{max}$，$\sigma_{max}$ 和 σ_{min} 分别为腹板计算高度边缘的最大压应力和另一边缘的应力（压应力取正值，拉应力取负值），按构件的强度公式进行计算，且不考虑塑性发展系数；
　　3. 当强度和稳定计算中应取 $\gamma_x = 1.0$ 时，b/t 可放宽至 $15\sqrt{235/f_y}$。

现将表 6-2 中规定的宽厚比限值的来源简要说明如下：

(1) 翼缘的宽厚比

当考虑截面部分塑性发展时,压弯构件的受压翼缘几乎全部形成塑性区,可见压弯构件翼缘的应力状态与受弯构件的受压翼缘基本相同,在均匀压应力作用下局部失稳形式也一样。因此,其自由外伸宽度与厚度之比(项次1、4)以及箱形截面翼缘在腹板之间的宽厚比(项次5)均与梁受压翼缘的宽厚比限值相同。

(2) 腹板的高厚比

压弯构件腹板高厚比取值的基础是源于对矩形薄板的弹性稳定分析,其基本思路仍然是构件的局部失稳不先于整体失稳,因此,腹板高厚比的限值与其受力状态有关。

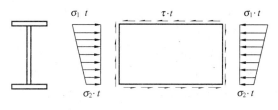

图6-19 压弯构件腹板的受力

①工字形截面的腹板

工字形截面腹板的受力状态如图6-19。在平均剪应力τ和不均匀正应力σ的共同作用下,其临界条件为:

$$\left[1-\left(\frac{\alpha_0}{2}\right)^5\right]\frac{\sigma_1}{\sigma_{cr1}}+\left(\frac{\alpha_0}{2}\right)^5\left(\frac{\sigma_1}{\sigma_{cr1}}\right)^2+\left(\frac{\tau}{\tau_{cr}}\right)^2\leqslant 1 \qquad (6-32)$$

式中 τ、σ_1——腹板的平均剪应力和腹板边缘的最大正应力;

τ_{cr}、σ_{cr1}——剪应力和非均匀压应力单独作用时的临界应力;

α_0——应力梯度,$\alpha_0=(\sigma_1-\sigma_2)/\sigma_1$,以压应力为正,拉应力为负。

对压弯构件,腹板中剪应力τ的影响不大,经分析,平均剪应力τ可取腹板弯曲应力σ_M的0.3倍,即$\tau=0.3\sigma_M$(σ_M为弯曲正应力),这样由式(6-32)可以得到腹板弹性屈曲临界应力为:

$$\sigma_{cr}=K_e\frac{\pi^2 E t_w^2}{12(1-\nu^2)h_0^2} \qquad (6-33)$$

式中,E为钢材的弹性模量;ν为泊松比;h_0和t_w分别为腹板的有效高度和厚度;K_e为弹性屈曲系数,其值与应力梯度α_0有关,见表6-3。

压弯构件中腹板的屈曲系数和高厚比h_0/t_w 表6-3

α_0	0.0	0.2	0.4	0.6	0.8	1.0	1.2	1.4	1.6	1.8	2.0
K_e	4.000	4.443	4.992	5.689	6.595	7.812	9.503	11.868	15.183	19.524	23.922
K_p	4.000	3.914	3.874	4.242	4.681	5.214	5.886	6.678	7.576	9.738	11.301
h_0/t_w	56.24	55.64	55.35	57.92	60.84	64.21	68.23	72.67	77.40	87.76	94.54

由公式(6-33)得到的临界应力只适用于弹性状态屈曲的板,由于压弯构件的整体稳定计算中考虑了塑性深入截面,压弯构件失稳时,截面的塑性变形将不同程度地发展,因此需要根据板的塑性屈曲理论确定腹板的临界应力。有研究者提出可用塑性屈曲系数K_P代替公式(6-33)中的弹性屈曲系数K_e,得到腹板的弹塑性临界应力为:

$$\sigma_{cr}=K_P\frac{\pi^2 E t_w^2}{12(1-\nu^2)h_0^2} \qquad (6-34)$$

式中,K_P为塑性屈曲系数,取值与腹板的塑性发展深度、构件的长细比和板的应力梯度

α_0 有关，当 $\tau=0.3\sigma_M$，截面塑性深度为 $0.25h_0$ 时，其值见表 6-3。

公式 (6-34) 中如取临界应力 $\sigma_{cr}=235N/mm^2$，泊松比 $\nu=0.3$ 和 $E=206\times10^3 N/mm^2$，可以得到腹板高厚比 h_0/t_w 与应力梯度 α_0 之间的关系（见表 6-3），此关系可近似地用直线式表示，即

当 $0<\alpha_0\leqslant1.6$ 时　　　　$h_0/t_w=16\alpha_0+50$

当 $1.6<\alpha_0\leqslant2.0$ 时　　　　$h_0/t_w=48\alpha_0-1$

对于长细比较小的压弯构件，整体失稳时截面的塑性深度实际上已超过了 $0.25h_0$，对于长细比较大的压弯构件，截面塑性深度则不到 $0.25h_0$，甚至腹板受压最大的边缘还没有屈服。因此，h_0/t_w 之值宜随长细比的增大而适当放大。同时，当 $\alpha_0=0$ 时，应与轴心受压构件腹板高厚比的要求相一致，而当 $\alpha_0=2$ 时，应与受弯构件中考虑了弯矩和剪力联合作用的腹板高厚比的要求相一致。故规范以表 6-2 项次 2 中的公式作为工字形截面压弯构件腹板高厚比限值。

②T形截面的腹板

对 T 形截面压弯构件，弯矩一般作用在对称轴平面内，其腹板的受力状况因弯矩作用的方向不同存在两种情况：一种是最大压应力 σ_{max} 在腹板的自由边（图 6-20a），即弯矩使翼缘受拉的情况；另一种是最大压应力 σ_{max} 位于腹板与翼缘相交处（图 6-20b），即弯矩使翼缘受压的情况。由于不同的受力状态对腹板的屈曲应力有较大影响，因此其高厚比限值有所不同。对弯矩使翼缘受压的 T 型钢，当 $\alpha_0\leqslant1.0$（弯矩较小）时，T 形截面腹板中压应力分布不均的有利影响不大，其宽厚比限值采用与翼缘板相同；当 $\alpha_0>1.0$（弯矩较大）时，此有利影响较大，故提高 20%（项次 3）。

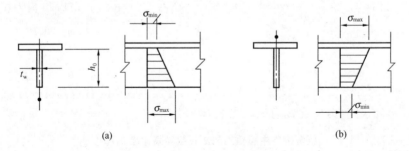

图 6-20　压弯构件 T 形截面的腹板

③箱形截面的腹板

考虑两腹板受力可能不一致，而且翼缘对腹板的约束因常为单侧角焊缝也不如工字形截面，因而箱形截面的宽厚比限值取为工字形截面腹板的 0.8 倍。

④圆管截面

一般圆管截面构件的弯矩不大，故其直径与厚度之比的限值与轴心受压构件的规定相同。

当压弯构件的高厚比不满足要求时，可调整厚度或高度。对工字形和箱形截面压弯构件的腹板，也可在计算构件的强度和稳定性时采用有效截面，或设置纵向加劲肋加强腹板，这时应按上述规定验算纵向加劲肋与翼缘间腹板的高厚比。

【例 6-4】　条件同例 6-2。试验算此构件的局部稳定。

[解] $\sigma_{max} = \dfrac{N}{A} + \dfrac{M_x}{I_x} \cdot \dfrac{h_0}{2} = \dfrac{900 \times 10^3}{140.8 \times 10^2} + \dfrac{375 \times 10^6}{103475 \times 10^4} \times 320 = 180 \text{ N/mm}^2$

$\sigma_{min} = \dfrac{N}{A} - \dfrac{M_x}{I_x} \cdot \dfrac{h_0}{2} = \dfrac{900 \times 10^3}{140.8 \times 10^2} - \dfrac{375 \times 10^6}{103475 \times 10^4} \times 320$

$= -52 \text{ N/mm}^2 (拉应力)$

$\alpha_0 = \dfrac{\sigma_{max} - \sigma_{min}}{\sigma_{max}} = \dfrac{180 + 52}{180} = 1.29 < 1.6$

腹板：$\dfrac{h_0}{t_w} = \dfrac{640}{10} = 64 < (16\alpha_0 + 0.5\lambda_x + 25)\sqrt{235/f_y} = 16 \times 1.29 + 0.5 \times 55.3 + 25 = 73.29$

翼缘：$\dfrac{b}{t} = \dfrac{160-5}{12} = 12.9 < 13\sqrt{235/f_y} = 13 (构件计算时可取 \gamma_x = 1.05)$

习 题

6-1 有一两端铰接长度为 4m 的偏心受压柱，用 Q235 的 HN400×200×8×13 做成，压力的设计值为 490kN，两端偏心距相同，皆为 20cm。试验算其承载力。

6-2 图 6-21 所示悬臂柱，承受偏心距为 25cm 的设计压力 1600kN。在弯矩作用平面外有支撑体系对柱上端形成支点（图 6-21b），要求选定热轧 H 型钢或焊接工字形截面，材料为 Q235。（注：当选用焊接工字形截面时，可试用翼缘 2—400×20，焰切边，腹板—460×12）

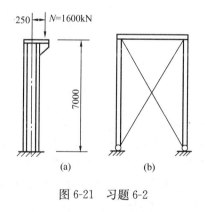

图 6-21 习题 6-2

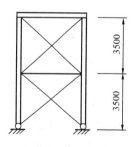

图 6-22 习题 6-3

6-3 习题 6-2 中，如果弯矩作用平面外的支撑改为如图 6-22 所示，所选截面需要如何调整才能适应？调整后柱截面面积可以减少多少？

6-4 用轧制工字钢 I36a（材料为 Q235 钢）做成的 10m 长两端铰接柱，轴心压力的设计值为 650kN，在腹板平面承受均布荷载设计值为 6.24kN/m。试验算此压弯柱在弯矩作用平面内的稳定有无保证？为保证弯矩作用平面外的稳定需设置几个侧向中间支承点？

6-5 图 6-23 的天窗架侧柱 AB，承受轴心压力的设计值为 85.8kN，风荷载设计值为 $w = \pm 2.87$ kN/m（正号为压力，负号为吸力），计算长度 $l_{0x} = l = 3.5$m，$l_{0y} = 3.0$m。要求选出双角钢截面。材料为 Q235 钢。

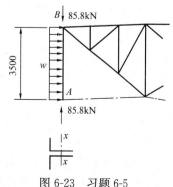

图 6-23 习题 6-5

7 钢结构的连接

钢结构是由若干构件组合而成，组成结构的构件往往又是由一定数量的零件（包括板件或型钢）组合而成。不管是零件组合成构件，或构件组合成结构，都必须通过一定的连接方式使其形成为一个共同工作的整体。连接的合理设计与合理施工对于结构能否安全承载非常重要。

钢结构常用的连接方式有焊缝连接和螺栓连接（图 7-1），本章将对这两种连接的工作性能和设计计算进行讲解。

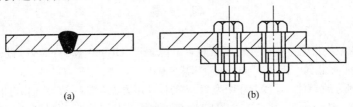

图 7-1 钢结构的连接方法
(a) 焊缝连接；(b) 螺栓连接

7.1 焊缝连接的基本知识

7.1.1 焊缝连接的特点

焊缝连接是钢结构主要的连接方式之一。其优点是：构造简单，任何形式的构件都可直接相连；用料经济，不削弱截面；制作加工方便，可实现自动化操作；连接的密闭性好，结构刚度大。其缺点是：在焊缝附近的热影响区内，钢材的金相组织发生改变，导致局部材质变脆；焊接残余应力和残余变形使受压构件承载力降低；焊接结构对裂纹很敏感，局部裂纹一旦发生，就容易扩展到整体，低温冷脆问题较为突出。

7.1.2 焊缝连接的形式

焊缝有两种受力特性不同的形式，一类是角焊缝，另一类是对接焊缝。

(1) 角焊缝

角焊缝是最常用的焊缝，按截面形式的不同，角焊缝可分为直角角焊缝（图 7-2）和斜角角焊缝（图 7-3）。

直角角焊缝通常做成表面微凸的等腰直角三角形截面（图 7-2a）。在直接承受动力荷载的结构中，正面角焊缝的截面常采用图 7-2（b）所示的坦式，侧面角焊缝的截面常做成凹面式（图 7-2c）。

两焊脚边的夹角 $\alpha > 90°$ 或 $\alpha < 90°$ 的焊缝称为斜角角焊缝（图 7-3）。斜角角焊缝常用于钢漏斗和钢管结构中。对于夹角 $\alpha > 135°$ 或 $\alpha < 60°$ 的斜角角焊缝，除钢管结构外，不宜用

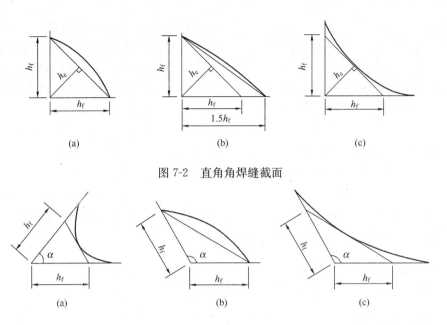

图 7-2 直角角焊缝截面

图 7-3 斜角角焊缝截面

作受力焊缝。

按作用力与焊缝之间位置关系的不同，角焊缝可分为：正面角焊缝（作用力与焊缝垂直）、侧面角焊缝（作用力与焊缝平行）、斜焊缝（作用力与焊缝呈 α 角，$0°<\alpha<90°$），见图 7-4。

（2）对接焊缝

为了保证焊透，对接焊缝的焊件常需做成坡口（图 7-5b～f），其中斜坡口和根部间隙 c 共同组成一个焊条能够运转的施焊空间，使焊缝易于焊透；钝边 p 有托住熔化金属的作用。仅当焊件厚度较小（手工焊：$t \leqslant 6mm$，埋弧焊：$t \leqslant 10mm$）时，可用直边缝（图 7-5a）。

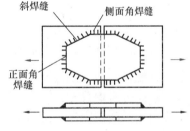

图 7-4 角焊缝与作用力的关系

采用坡口的对接焊缝其坡口形式与焊件厚度有关，当焊件厚度 $t \leqslant 20mm$ 时，可采用具有斜坡口的单边 V 形（图 7-5b）或 V 形坡口（图 7-5c）；对于较厚的焊件（$t>20mm$），则通常采用 U 形、K 形或 X 形坡口（图 7-5d、e、f）。对于 V 形坡口和 U 形坡口需对焊

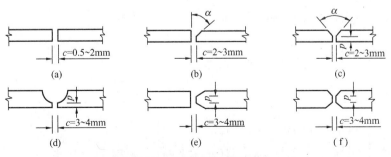

图 7-5 对接焊缝的坡口形式

(a) 直边缘；(b) 单边 V 形坡口；(c) V 形坡口；(d) U 形坡口；(e) K 形坡口；(f) X 形坡口

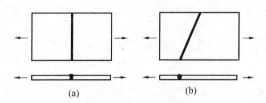

图 7-6 对接焊缝与作用力的关系
(a) 正对接焊缝；(b) 斜对接焊缝

缝根部进行补焊。对接焊缝坡口形式的选用，应根据板厚和施工条件按现行标准《气焊、手工电弧焊及气体保护焊坡口的基本形式与尺寸》、《埋弧焊焊缝坡口的基本形式和尺寸》的要求进行。

1) 对接焊缝按作用力与焊缝的位置关系分为：正对接焊缝（图 7-6a）和斜对接焊缝（图 7-6b）。

2) 对接焊缝按焊缝焊透与否分为焊透的对接焊缝（图 7-5）以及部分焊透的对接焊缝（图 7-7）。部分焊透的对接焊缝主要起联系作用，用于一些受力较小的连接处。

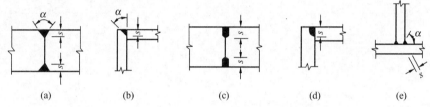

图 7-7 部分焊透对接焊缝的截面
(a) V 形坡口；(b) 单边 V 形坡口；(c) U 形坡口；(d) J 形坡口；(e) K 形坡口

7.1.3 焊缝符号表示

焊缝符号一般由基本符号与指引线组成，必要时还可以加上补充符号和焊缝尺寸等。基本符号表示焊缝的横截面形状，如用"△"表示角焊缝，用"V"表示 V 形坡口的对接焊缝；补充符号则补充说明焊缝的某些特征，如用"▶"表示现场安装焊缝，用"⌐"表示焊件三面带有焊缝。

指引线一般由横线和带箭头的斜线组成，箭头指到图形相应焊缝处，横线的上方和下方用来标注基本符号和焊缝尺寸。当引出线的箭头指向焊缝所在的一面时，应将基本符号和焊缝尺寸等标注在水平横线的上方；当箭头指向对应焊缝所在的另一面时，则应将基本符号和焊缝尺寸标注在水平横线的下方。

表 7-1 列出了一些常用焊缝符号，可供设计时参考。

常用焊缝符号　　　　　　表 7-1

	角焊缝				对接焊缝	塞焊缝	三面围焊
	单面焊缝	双面焊缝	安装焊缝	相同焊缝			
形式							
标注方法							

当焊缝分布比较复杂或用上述方法不能表达清楚时,可在标注焊缝符号的同时在图形上加栅线以便表示清楚(见图7-8)。

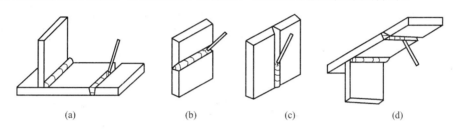

图7-8 用栅线表示焊缝
(a) 正面焊缝;(b) 背面焊缝;(c) 安装焊缝

7.1.4 焊缝施焊的位置

焊缝按施焊位置可分为平焊、横焊、立焊及仰焊(图7-9)。平焊(或称俯焊)施焊方便,焊接质量容易保证,是最常用的焊位。立焊和横焊要求焊工的操作技术比平焊高一些,仰焊的操作条件最差,焊缝质量不易保证,因此应尽量避免采用仰焊。

图7-9 焊缝施焊位置
(a) 平焊;(b) 横焊;(c) 立焊;(d) 仰焊

7.1.5 焊缝施焊的方法

钢结构通常采用电弧焊。电弧焊有手工电弧焊、埋弧焊(埋弧自动焊或半自动焊)以及气体保护焊等。

(1) 手工电弧焊

手工电弧焊是很常用的一种焊接方法(图7-10)。通电后,在涂有药皮的焊丝与焊件之间产生电弧,电弧的温度可高达3000℃。在高温作用下,电弧周围的焊件金属变成液态,形成熔池;同时焊条中的焊丝熔化滴落入熔池中,与焊件的熔融金属相互结合,冷却后即形成焊缝。焊条药皮则在焊接过程中产生气体,保护电弧和熔化金属,并形成熔渣覆盖着焊缝,防止空气中的氧、氮等有害气体与熔化金属接触而形成易脆的化合物。

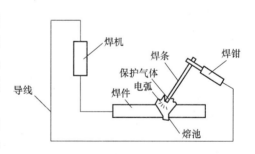

图7-10 手工电弧焊

手工电弧焊的设备简单,操作灵活方便,适于任意空间位置的焊接,特别适于焊接短焊缝。但其生产效率低,劳动强度大,焊接质量不稳定,一般用于工地焊接。

建筑钢结构中常用的焊条型号有E43、E50和E55系列,其中字母"E"表示焊条,后两位数字表示熔敷金属抗拉强度的最小值,单位为"kgf/mm^2",例如E43型焊条,其抗拉强度即为430N/mm^2。手工电弧焊所用焊条应与焊件钢材(或称主体金属)强度相适应。相同钢种的钢材之间焊接时:对Q235钢采用E43型焊条;对Q345钢采用E50型焊

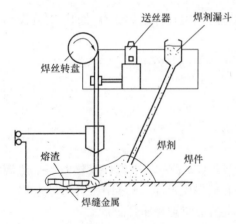

图 7-11 埋弧焊

条；对 Q390 钢和 Q420 钢采用 E55 型焊条。不同钢种的钢材之间焊接时采用低组配方案，即采用与低强度钢材相适应的焊条，故对 Q235 钢与 Q345 钢之间焊接时采用 E43 型焊条；对 Q345 钢与 Q390 钢（或 Q420 钢）之间焊接时采用 E50 型焊条。

（2）埋弧焊（自动或半自动）

埋弧焊是电弧在焊剂层下燃烧的一种电弧焊方式（图 7-11）。埋弧焊的焊丝不涂药皮，但施焊端被焊剂（主要起保护焊缝的作用）所覆盖。如果焊丝送进以及电弧按焊接方向的移动有专门机构控制完成的称为埋弧自动电弧焊；如果焊丝送进有专门机构，而电弧按焊接方向的移动靠人手工操作完成的称为埋弧半自动电弧焊。埋弧焊一般用于工厂焊接。

埋弧焊能对较细的焊丝采用大电流，电弧热量集中，熔深大。由于采用自动或半自动化操作，生产效率高，焊接工艺条件稳定，焊缝成型良好，化学成分均匀；同时较高的焊速减少了热影响区的范围，从而减小焊件变形。但埋弧焊对焊件边缘的装配精度（如间隙）要求比手工焊高。

埋弧焊所用焊丝和焊剂应与主体金属强度相适应，即要求焊缝与主体金属等强度。

（3）气体保护焊

气体保护焊是利用二氧化碳气体或其他惰性气体作为保护介质的一种电弧熔焊方法。它直接依靠保护气体在电弧周围形成局部的保护层，以防止有害气体的侵入并保证焊接过程的稳定性。

气体保护焊的焊缝熔化区没有熔渣，焊工能够清楚地看到焊缝成型的过程；保护气体呈喷射状有助于熔滴的过渡，适用于全位置的焊接；由于焊接时热量集中，焊件熔深大，形成的焊缝质量比手工电弧焊好；但风较大时保护效果不好。

7.1.6 焊缝缺陷及检验

（1）焊缝缺陷

焊缝缺陷指焊接过程中产生于焊缝金属或附近热影响区钢材表面或内部的缺陷。常见的缺陷有裂纹、焊瘤、烧穿、弧坑、气孔、夹渣、咬边、未熔合、未焊透（图 7-12）以及焊缝尺寸不符合要求、焊缝成型不良等。裂纹是焊缝连接中最危险的缺陷，产生裂纹的原因很多，如钢材的化学成分不当，焊接工艺条件（如电流、电压、焊速、施焊次序等）选择不合理，焊件表面油污未清除干净等。

（2）焊缝检验

焊缝缺陷的存在将削弱焊缝的受力面积，在缺陷处引起应力集中，故对连接的强度、冲击韧性及冷弯性能等均有不利影响，因此焊缝质量检验极为重要。

焊缝质量检验一般可用外观检查及内部无损检验，前者检查外观缺陷和几何尺寸，后者检查内部缺陷。内部无损检验目前广泛采用超声波检验，使用灵活、经济，对内部缺陷反应灵敏，但不易识别缺陷性质；有时还用磁粉检验、荧光检验等较简单的方法作为辅

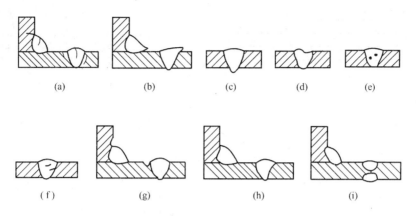

图 7-12 焊缝缺陷
(a) 裂纹；(b) 焊瘤；(c) 烧穿；(d) 弧坑；(e) 气孔；
(f) 夹渣；(g) 咬边；(h) 未熔合；(i) 未焊透

助。此外还可采用 X 射线或 γ 射线透照拍片，但其应用不及超声波探伤广泛。

《钢结构工程施工质量验收规范》（GB 50205—2002）规定焊缝按其检验方法和质量要求分为一级、二级和三级。三级焊缝只要求对全部焊缝作外观检查且符合三级质量标准；一级、二级焊缝则除外观检查外，还要求一定数量的超声波检验并符合相应级别的质量标准。

7.2 角焊缝连接的设计

7.2.1 角焊缝的工作性能

（1）侧面角焊缝（图 7-13）

大量试验结果表明，侧面角焊缝主要承受剪应力，弹性模量较低，强度也较低，但塑性较好。传力线通过侧面角焊缝时产生弯折，因而应力沿焊缝长度方向的分布不均匀，呈两端大而中间小的状态。焊缝越长，应力分布不均匀性越显著，但在临近塑性工作阶段时，产生应力重分布，可使应力分布的不均匀现象渐趋缓和。

（2）正面角焊缝（图 7-14）

正面角焊缝受力复杂，截面中的各面均存在正应力和剪应力，焊根处存在着很严重的应力集中。这一方面是由于力线弯折，另一方面则是因为在焊根处正好是两焊件接触面的端部，相当于裂缝的尖端。正面角焊缝的受力以正应力为主，刚度较大，强度较高，故其破坏强度高于侧面角焊缝，但塑性变形要差些。

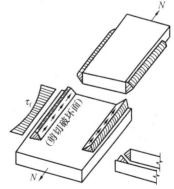

图 7-13 侧面角焊缝的应力

（3）斜焊缝

受力性能和强度值介于正面角焊缝和侧面角焊缝之间。

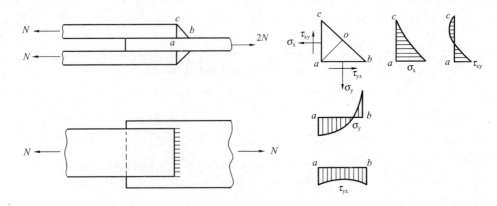

图 7-14 正面角焊缝的应力

7.2.2 直角角焊缝强度计算的基本公式

直角角焊缝的截面如图 7-15 所示，其中直角边边长 h_f 称为角焊缝的焊脚尺寸。试验表明角焊缝的破坏常发生在焊喉，故取直角角焊缝 45°方向的最小厚度 $h_e=\frac{\sqrt{2}}{2}h_f\approx 0.7h_f$ 为角焊缝的有效厚度，即以有效厚度与焊缝计算长度的乘积作为角焊缝破坏时的有效截面（或计算截面）。

作用于焊缝有效截面上的应力如图 7-16 所示，这些应力包括：垂直于焊缝有效截面的正应力 $\sigma_\perp$，垂直于焊缝长度方向的剪应力为 $\tau_\perp$，以及沿焊缝长度方向的剪应力 $\tau_{/\!/}$。

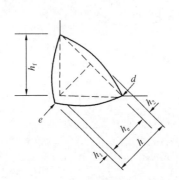

图 7-15 直角角焊缝的截面

h—焊缝厚度；h_f—焊脚尺寸；h_e—焊缝有效厚度（焊喉部位）；h_1—熔深；h_2—凸度；d—焊趾；e—焊根

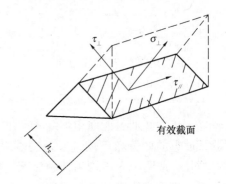

图 7-16 焊缝有效截面的应力

《钢结构设计规范》（GB 50017—2003）在对角焊缝进行计算时，假定焊缝在有效截面处破坏，各应力分量满足折算应力公式（7-1），式中 f_u^w 为焊缝金属的抗拉强度。

$$\sqrt{\sigma_\perp^2+3(\tau_\perp^2+\tau_{/\!/}^2)}=f_u^w \tag{7-1}$$

由于规范规定的角焊缝强度设计值 f_f^w（详见附录中的附表 1-2）是根据抗剪条件确定的，而 $\sqrt{3}f_f^w$ 相当于角焊缝的抗拉强度设计值，则式（7-1）变为：

$$\sqrt{\sigma_\perp^2+3(\tau_\perp^2+\tau_{/\!/}^2)}=\sqrt{3}f_f^w \tag{7-2}$$

以图 7-17 所示受斜向轴心力 N（互相垂直的分力为 N_y 和 N_x）作用的直角角焊缝为

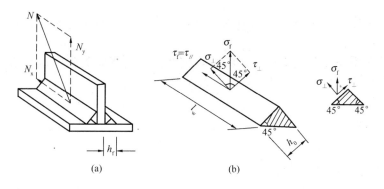

图 7-17 直角角焊缝的计算

例,说明角焊缝基本公式的推导。

N_y 在焊缝有效截面上引起垂直于焊缝一个直角边的应力 σ_f (该应力是 $\sigma_\perp$ 和 $\tau_\perp$ 的合应力):

$$\sigma_f = \frac{N_y}{h_e l_w} \tag{7-3}$$

式中 N_y——垂直于焊缝长度方向的轴心力;

h_e——直角角焊缝的有效厚度,$h_e = 0.7 h_f$;

l_w——焊缝的计算长度,考虑起灭弧缺陷,按各条焊缝的实际长度每端减去 h_f 计算。

由图 7-17(b)知,对直角角焊缝有:

$$\sigma_\perp = \tau_\perp = \frac{\sigma_f}{\sqrt{2}} \tag{7-4}$$

N_x 在焊缝有效截面上引起平行于焊缝长度方向的剪应力 $\tau_f = \tau_{//}$:

$$\tau_f = \tau_{//} = \frac{N_x}{h_e l_w} \tag{7-5}$$

将式(7-4)和式(7-5)代入式(7-2)可得:

$$\sqrt{4\left(\frac{\sigma_f}{\sqrt{2}}\right)^2 + 3\tau_f^2} \leqslant \sqrt{3} f_f^w \tag{7-6}$$

化简后就得到直角角焊缝强度计算的基本公式:

$$\sqrt{\left(\frac{\sigma_f}{\beta_f}\right)^2 + \tau_f^2} \leqslant f_f^w \tag{7-7}$$

式中 β_f——正面角焊缝的强度增大系数 $\beta_f = \frac{\sqrt{6}}{2} = 1.22$。

对正面角焊缝,此时 $\tau_f = 0$,由式(7-7)可得:

$$\sigma_f = \frac{N}{h_e l_w} \leqslant \beta_f f_f^w \tag{7-8}$$

对侧面角焊缝,此时 $\sigma_f = 0$,由式(7-7)可得:

$$\tau_f = \frac{N}{h_e l_w} \leqslant f_f^w \tag{7-9}$$

式(7-7)~式(7-9)即为角焊缝强度的基本计算公式。只要将焊缝应力分解为垂直于焊缝长度方向的应力 σ_f 和平行于焊缝长度方向的应力 τ_f，上述基本公式就可适用于任何受力状态。

对于直接承受动力荷载结构中的焊缝，虽然正面角焊缝的强度试验值比侧面角焊缝高，但判别结构或连接的工作性能，除是否具有较高的强度指标外，还需检验其延性指标（也即塑性变形能力）。由于正面角焊缝的刚度大、韧性差，应将其强度降低使用，故对于直接承受动力荷载结构中的角焊缝，取 $\beta_f=1.0$，相当于按 σ_f 和 τ_f 的合应力进行计算，即 $\sqrt{\sigma_f^2+\tau_f^2} \leqslant f_f^w$。

7.2.3 斜角角焊缝的计算

斜角角焊缝一般用于腹板倾斜的 T 形接头（图 7-18），采用与直角角焊缝相同的计算公式进行计算；考虑到斜角角焊缝的受力复杂性，因此，对斜角角焊缝不论其有效截面上的应力情况如何，均不考虑焊缝的方向，一律取 $\beta_f=1.0$，即计算公式采用如下形式：

$$\sqrt{\sigma_f^2+\tau_f^2} \leqslant f_f^w \tag{7-10}$$

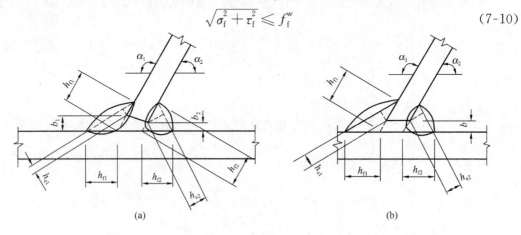

图 7-18 斜角角焊缝

在确定斜角角焊缝的有效厚度时（图 7-18），假定焊缝在其所呈夹角的最小斜面上发生破坏，因此当两焊边夹角 $60°\leqslant\alpha_2<90°$ 或 $90°<\alpha_1\leqslant135°$，且根部间隙（$b$、$b_1$ 或 b_2）不大于 1.5mm 时，焊缝有效厚度为：

$$h_e = h_f \cos\frac{\alpha}{2} \tag{7-11}$$

当根部间隙大于 1.5mm 时，焊缝有效厚度计算时应扣除根部间隙，即应取为：

$$h_e = \left(h_f - \frac{根部间隙}{\sin\alpha}\right)\cos\frac{\alpha}{2} \tag{7-12}$$

任何根部间隙不得大于 5mm，当图 7-18（a）中的 $b_1>5$mm 时，可将板边切割成图 7-18（b）的形式。

7.2.4 角焊缝的等级要求

由于角焊缝的内部质量不易探测，故规定其质量等级一般为三级，只对直接承受动力荷载且需要验算疲劳和起重量 $Q\geqslant50$t 的中级工作制吊车梁才规定角焊缝的外观质量应符合二级。

7.2.5 角焊缝的构造要求

（1）最大焊脚尺寸

为了避免焊缝区的基本金属"过烧"，减小焊件的焊接残余应力和残余变形，除钢管结构外，角焊缝的焊脚尺寸不宜大于较薄焊件厚度的 1.2 倍（图 7-19a）。

对板件边缘的角焊缝（图 7-19b），当板件厚度 $t>6$mm 时，根据焊工的施焊经验，不易焊满全厚度，故取 $h_f \leqslant t-(1\sim2)$mm；

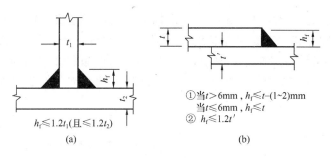

图 7-19 角焊缝的最大焊脚尺寸

当 $t \leqslant 6$mm 时，通常采用小焊条施焊，易于焊满全厚度，则取 $h_f \leqslant t$。如果另一焊件厚度 $t'<t$ 时，还应满足 $h_f \leqslant 1.2t'$ 的要求。

(2) 最小焊脚尺寸

角焊缝的焊脚尺寸也不能过小，否则焊缝因输入能量过小，而焊件厚度相对较大，以致施焊时冷却速度过快，产生淬硬组织导致母材开裂。规范规定：角焊缝的焊脚尺寸 h_f 不得小于 $1.5\sqrt{t}$，t 为较厚焊件厚度（单位为"mm"）。计算时焊脚尺寸取 1mm 的整数，小数点以后进为 1。自动焊熔深较大，故所取最小焊脚尺寸可减小 1mm；对 T 形连接的单面角焊缝，应增加 1mm；当焊件厚度小于或等于 4mm 时，则取与焊件厚度相同。

(3) 侧面角焊缝的最大计算长度

前已述及，侧面角焊缝在弹性阶段沿长度方向受力不均匀，两端大而中间小。在静力荷载作用下，如果焊缝长度不过大，当焊缝两端点处的应力达到屈服强度后，由于焊缝材料良好的塑性性能，继续加载则应力会渐趋均匀。但如果焊缝长度超过某一限值时，由于焊缝越长，应力不均匀现象越显著，有可能首先在焊缝的两端破坏，为避免发生这种情况，故一般规定侧面角焊缝的计算长度 $l_w \leqslant 60h_f$。当实际长度大于上述限值时，其超过部分在计算中不予考虑。若内力沿侧面角焊缝全长分布，比如焊接梁翼缘板与腹板的连接焊缝，屋架中弦杆与节点板的连接焊缝，以及梁的支承加劲肋与腹板连接焊缝等，计算长度可不受上述限制。

(4) 角焊缝的最小计算长度

角焊缝的焊脚尺寸大而长度较小时，焊件的局部加热严重，焊缝起灭弧所引起的缺陷相距太近，以及焊缝中可能产生的其他缺陷（气孔、非金属夹杂等），使焊缝不够可靠。另外对搭接连接的侧面角焊缝而言，如果焊缝长度过小，由于力线弯折大也会造成严重应力集中。因此，为了使焊缝能够具有一定的承载能力，根据使用经验，侧面角焊缝或正面角焊缝的计算长度不得小于 $8h_f$ 和 40mm。

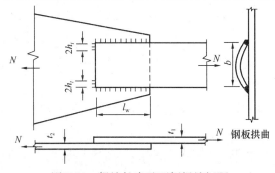

图 7-20 焊缝长度及两侧焊缝间距

(5) 搭接连接的构造要求

当板件端部仅有两条侧面角焊缝连接时（图 7-20），试验结果表明，连接的承载力与 b/l_w 的比值有关，b 为两侧焊缝的距离，l_w 为侧焊缝长度。当 $b/l_w>1$ 时，

连接的承载力随着 b/l_w 比值的增大而明显下降,这主要是由于应力传递的过分弯折使构件中应力分布不均匀所致。为使连接强度不致过分降低,应使每条侧焊缝的长度不宜小于两侧焊缝之间的距离,即 $b/l_w \leqslant 1$。两侧角焊缝之间的距离 b 也不宜大于 $16t$ ($t>12\text{mm}$) 或 190mm ($t \leqslant 12\text{mm}$),t 为较薄焊件的厚度,以免因焊缝横向收缩,引起板件向外发生较大拱曲。

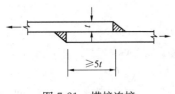

图 7-21 搭接连接

在搭接连接中,当仅采用正面角焊缝时(图 7-21),其搭接长度不得小于焊件较小厚度的 5 倍,也不得小于 25mm。

杆件端部搭接采用三面围焊时,在转角处截面突变,会产生应力集中,如在此处起灭弧,可能出现弧坑或咬边等缺陷,从而加大应力集中的影响,故所有围焊的转角处必须连续施焊。对于非围焊情况,当角焊缝的端部在构件转角处时,可连续地作长度为 $2h_f$ 的绕角焊(图 7-20)。

7.2.6 直角角焊缝连接计算的应用举例

7.2.6.1 承受轴心力作用(例 7-1~例 7-3)

【例 7-1】 试验算图 7-22 所示直角角焊缝的强度。已知焊缝承受的静态斜向力设计值 $N=280$kN,$\theta=60°$,角焊缝的焊脚尺寸 $h_f=8$mm,实际长度 $l'_w=155$mm,钢材为 Q235B,手工焊,焊条为 E43 型。

【解】 将斜向力 N 分解为垂直于焊缝的分力 N_x 和平行于焊缝的分力 N_y,即:

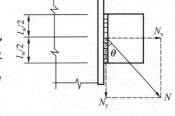

图 7-22 例 7-1 图

$$N_x = N \cdot \sin\theta = N \cdot \sin 60° = 280 \times \frac{\sqrt{3}}{2} = 242.5 \text{kN}$$

$$N_y = N \cdot \cos\theta = N \cdot \cos 60° = 280 \times \frac{1}{2} = 140.0 \text{kN}$$

则有
$$\sigma_f = \frac{N_x}{2 \times 0.7 h_f l_w} = \frac{242.5 \times 10^3}{2 \times 0.7 \times 8 \times (155-16)} = 155.8 \text{N/mm}^2$$

$$\tau_f = \frac{N_y}{2 \times 0.7 h_f l_w} = \frac{140.0 \times 10^3}{2 \times 0.7 \times 8 \times (155-16)} = 89.9 \text{N/mm}^2$$

角焊缝同时承受 σ_f 和 τ_f 的作用,可用基本公式 (7-7) 验算:

$$\sqrt{\left(\frac{\sigma_f}{\beta_f}\right)^2 + \tau_f^2} = \sqrt{\left(\frac{155.8}{1.22}\right)^2 + 89.9^2} = 156.2 \text{N/mm}^2 < f_f^w = 160 \text{N/mm}^2$$

【例 7-2】 试设计用拼接盖板的对接连接(图 7-23)。已知钢板宽 $B=270$mm,厚度 $t_1=28$mm,拼接盖板厚度 $t_2=16$mm。该连接承受的静态轴心力设计值 $N=1400$kN,钢材为 Q235B,手工焊,焊条为 E43 型。

【解】 设计拼接盖板的对接连接时可以先假定焊脚尺寸求焊缝长度,再由焊缝长度确定拼接盖板的尺寸。

角焊缝的最大焊脚尺寸:$h_{f\max} = t_2 - (1\sim 2)\text{mm} = 16 - (1\sim 2) = 14\sim 15$mm

角焊缝的最小焊脚尺寸:$h_{f\min} = 1.5\sqrt{t_1} = 1.5\sqrt{28} = 7.9$mm

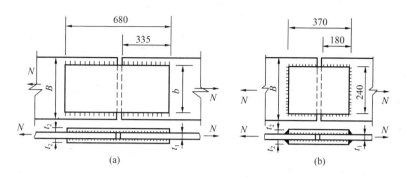

图 7-23 例 7-2 图

故可取 $h_f=10$mm。

(1) 采用两面侧焊时（图 7-23a）

按式（7-9）得连接一侧所需焊缝的总长度：$\sum l_w = \dfrac{N}{h_e f_f^w} = \dfrac{1400 \times 10^3}{0.7 \times 10 \times 160} = 1250$mm

此对接连接采用上、下两块拼接盖板，共有 4 条侧焊缝，故一条侧焊缝实际的长度为：

$$l'_w = \dfrac{\sum l_w}{4} + 2h_f = \dfrac{1250}{4} + 20 = 333\text{mm} < 60h_f = 60 \times 10 = 600\text{mm}$$

考虑两块被连接钢板间的间隙 10mm 后，所需拼接盖板长度为：

$$L = 2l'_w + 10 = 2 \times 333 + 10 = 676\text{mm}, \text{取 680mm}$$

拼接盖板的宽度 b 就是两条侧面角焊缝之间的距离，应根据强度条件和构造要求确定。

强度条件：在钢材种类相同的情况下，拼接盖板的截面积 A' 应等于或大于被连接钢板的截面面积。选定拼接盖板宽度 $b=240$mm，则：

$$A' = 240 \times 2 \times 16 = 7680\text{mm}^2 > A = 270 \times 28 = 7560\text{mm}^2，满足强度条件。$$

构造要求：$b=240\text{mm} < l_w = 315\text{mm}$，且 $b < 16t_2 = 16 \times 16 = 256\text{mm}$，满足构造要求。

故选定拼接盖板尺寸为 $2-680 \times 240 \times 16$。

(2) 采用三面围焊时（图 7-23b）

采用三面围焊可以减小两侧侧面角焊缝长度，从而减小拼接盖板的尺寸。设拼接盖板的宽度与采用两面侧焊时相同，故仅需求盖板长度。考虑到正面角焊缝的强度及刚度均较侧面角焊缝大，所以采用三面围焊连接时先计算正面角焊缝所能够承受的最大内力 N'，余下内力 $(N-N')$ 再由侧面角焊缝承担。

正面角焊缝所能承受的内力：

$$N' = 2h_e l_w \beta_f f_f^w = 2 \times 0.7 \times 10 \times 240 \times 1.22 \times 160 = 655.9\text{kN}$$

连接一侧侧面角焊缝的总长度为：

$$\sum l_w = \dfrac{N-N'}{h_e f_f^w} = \dfrac{1400 \times 10^3 - 655.9 \times 10^3}{0.7 \times 10 \times 160} = 664\text{mm}$$

连接一侧共有 4 条侧面角焊缝，则一条侧面角焊缝长度为：

$$l'_w = \dfrac{\sum l_w}{4} + h_f = \dfrac{664}{4} + 10 = 176\text{mm}，\text{取 180mm。}$$

所需拼接盖板的长度为：$L = 2l'_w + 10 = 2 \times 180 + 10 = 370$mm，远小于两面侧焊时需

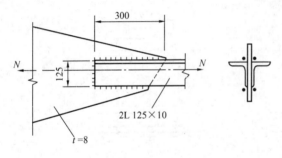

图 7-24 例 7-3 图

要的盖板长度。

【例 7-3】 如图 7-24 所示钢桁架中角钢腹杆与节点板的连接,承受静态轴心力,采用三面围焊连接,试确定该连接的承载力及肢尖焊缝长度。已知角钢为 $2L125\times10$,与厚度 8mm 的节点板连接,搭接长度为 300mm,焊脚尺寸 $h_f=8$mm,钢材为 Q235B,手工焊,焊条为 E43 型。

【分析】 在钢桁架中,角钢腹杆与节点板的连接焊缝一般采用两面侧焊(图7-25a),也可采用三面围焊(图7-25b),特殊情况也允许采用 L 形围焊(图 7-25c)。桁架角钢腹杆受轴心力作用,为了避免杆端焊缝连接出现偏心受力,连接设计时应考虑将焊缝群所传递的合力作用线与角钢杆件轴线相重合。

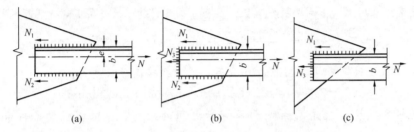

图 7-25 桁架腹杆与节点板的连接

(1) 对于三面围焊(图 7-25b),已知正面角焊缝的计算长度 l_{w3} 等于角钢肢宽 b,故先假定正面角焊缝的焊脚尺寸 h_{f3},求出正面角焊缝所分担的轴心力 N_3 为:

$$N_3 = 2\times 0.7 h_{f3} l_{w3} \beta_f f_f^w \tag{7-13}$$

由平衡条件($\Sigma M=0$)可分别求得角钢肢背和肢尖侧面角焊缝所分担的轴力:

$$N_1 = \frac{N(b-e)}{b} - \frac{N_3}{2} = \alpha_1 N - \frac{N_3}{2} \tag{7-14}$$

$$N_2 = \frac{Ne}{b} - \frac{N_3}{2} = \alpha_2 N - \frac{N_3}{2} \tag{7-15}$$

式中 N_1、N_2——角钢肢背和肢尖上的侧面角焊缝所分担的轴力;

e——角钢的形心距;

α_1、α_2——角钢肢背和肢尖焊缝的内力分配系数,设计时可近似取 $\alpha_1=\dfrac{2}{3}$,$\alpha_2=\dfrac{1}{3}$。

(2) 对于两面侧焊(图 7-25a),因 $N_3=0$,由式(7-14)、式(7-15)可得:

$$N_1 = \alpha_1 N \tag{7-16}$$

$$N_2 = \alpha_2 N \tag{7-17}$$

由式(7-14)~式(7-17)求得各条侧面角焊缝所受的内力后,按构造要求(角焊缝的尺寸限制)假定肢背和肢尖焊缝的焊脚尺寸,即可求出两侧面角焊缝的计算长度:

$$l_{w1} = \frac{N_1}{2 \times 0.7 h_{f1} f_f^w} \quad (7\text{-}18)$$

$$l_{w2} = \frac{N_2}{2 \times 0.7 h_{f2} f_f^w} \quad (7\text{-}19)$$

式中 h_{f1}、l_{w1}——一个角钢肢背上侧面角焊缝的焊脚尺寸及计算长度；

h_{f2}、l_{w2}——一个角钢肢尖上侧面角焊缝的焊脚尺寸及计算长度。

对于三面围焊，由于在杆件端部转角处必须连续施焊，每条侧面角焊缝只有一端可能起灭弧，故侧面角焊缝实际长度为计算长度加 h_f。对于两面侧焊，如果在杆件端部转角处连续作 $2h_f$ 的绕角焊，则侧面角焊缝实际长度为计算长度加 h_f；如果在杆件端部未作绕角焊，则侧面角焊缝实际长度为计算长度加 $2h_f$。

(3) 对于 L 形围焊（图 7-25c），L 形围焊仅当杆件受力很小时采用。由于只有正面角焊缝和角钢肢背上的侧面角焊缝，可令式（7-15）中的 $N_2 = 0$，得：

$$N_3 = 2\alpha_2 N \quad (7\text{-}20)$$

$$N_1 = N - N_3 \quad (7\text{-}21)$$

角钢肢背上的角焊缝计算长度可按式（7-18）计算，由于在杆件端部转角处必须连续施焊，侧面角焊缝只有一端可能起灭弧，故侧面角焊缝实际长度为计算长度加 h_f。角钢端部的正面角焊缝的长度已知，可按下式计算其焊脚尺寸：

$$h_{f3} = \frac{N_3}{2 \times 0.7 l_{w3} \beta_f f_f^w} \quad (7\text{-}22)$$

式中，$l_{w3} = b$（采用 $2h_f$ 的绕角焊）或 $l_{w3} = b - h_{f3}$（未采用绕角焊）。

【解】 由式（7-13）得正面角焊缝所能承担的内力 N_3 为：

$$N_3 = 2 \times 0.7 h_f b \beta_f f_f^w = 2 \times 0.7 \times 8 \times 125 \times 1.22 \times 160 = 273.3 \text{kN}$$

肢背角焊缝承受的内力 N_1 为：

$$N_1 = 2 \times 0.7 h_f l_{w1} f_f^w = 2 \times 0.7 \times 8 \times (300 - 8) \times 160 = 523.3 \text{kN}$$

由式（7-14）知

$$N_1 = \alpha_1 N - \frac{N_3}{2} = 0.67 N - \frac{273.3}{2} = 523.3 \text{kN}，可求得 N = 985.0 \text{kN}$$

由式（7-15）计算肢尖焊缝承受的内力 N_2 为：

$$N_2 = \alpha_2 N - \frac{N_3}{2} = 0.33 \times 985.0 - \frac{273.3}{2} = 188.4 \text{kN}$$

由此可算出肢尖焊缝的实际长度为：

$$l'_{w2} = \frac{N_2}{2 \times 0.7 h_f f_f^w} + h_f = \frac{188.4 \times 10^3}{2 \times 0.7 \times 8 \times 160} + 8 = 113 \text{mm}，可取 115 \text{mm}。$$

7.2.6.2 承受弯矩、剪力或轴力作用（例 7-4）

(1) 图 7-26（a）所示的双面角焊缝连接承受偏心斜拉力 N 作用，将作用力 N 分解为 N_x 和 N_y 两个分力后，可知角焊缝同时受轴心力 N_x、剪力 N_y 以及偏心弯矩 $M = N_x \cdot e$ 的共同作用。从焊缝计算截面上的应力分布（图 7-26b）可以看出，A 点应力最大为控制设计点，此时对整个角焊缝连接的计算就转化为对 A 点应力的验算，如果该点强度满足要求，则角焊缝连接即可以安全承载。

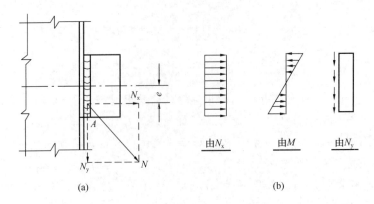

图 7-26 承受偏心斜拉力的角焊缝

A 点处垂直于焊缝长度方向的应力由轴心拉力 N_x 产生的应力 σ_N 以及由弯矩 M 产生的应力 σ_M 两部分组成，这两部分应力在 A 点处的方向相同可直接叠加，故 A 点垂直于焊缝长度方向的应力为：

$$\sigma_f = \sigma_N + \sigma_M = \frac{N_x}{A_e} + \frac{M}{W_e} = \frac{N_x}{2h_e l_w} + \frac{6M}{2h_e l_w^2} \tag{7-23}$$

A 点处由剪力 N_y 产生的平行于焊缝长度方向的应力为：

$$\tau_f = \frac{N_y}{A_e} = \frac{N_y}{2h_e l_w} \tag{7-24}$$

将 σ_f、τ_f 代入式（7-7）即可验算焊缝 A 点处的强度，即

$$\sqrt{\left(\frac{\sigma_f}{\beta_f}\right)^2 + \tau_f^2} \leqslant f_f^w$$

（2）图 7-27（a）所示的工字形梁（或牛腿）与钢柱翼缘的角焊缝连接，承受弯矩 M 和剪力 V 的联合作用。在计算该类连接焊缝应力时有两种方法，方法一：假设腹板焊缝承受全部剪力，全部焊缝承受弯矩；方法二：假设腹板焊缝承受全部剪力，翼缘焊缝承受全部弯矩。

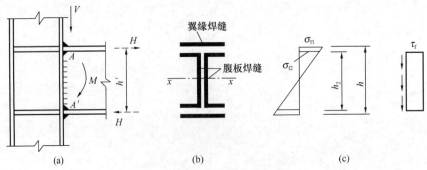

图 7-27 工字形梁（或牛腿）的角焊缝连接

方法一：假设腹板焊缝承受全部剪力，全部焊缝承受弯矩。由于翼缘焊缝只承受垂直于焊缝长度方向的弯曲应力，此弯曲应力沿梁高呈三角形分布（图 7-27c），最大应力发生在翼缘焊缝的最外纤维处，故该处的应力需满足角焊缝的强度条件为：

$$\sigma_{f1} = \frac{M}{I_w} \cdot \frac{h}{2} \leqslant \beta_f f_f^w \tag{7-25}$$

式中 h——上、下翼缘焊缝有效截面最外纤维之间的距离；

I_w——全部焊缝有效截面对中和轴的惯性矩。

腹板焊缝承受两种应力的联合作用，即垂直于焊缝长度方向并沿梁高呈三角形分布的弯曲应力，以及平行于焊缝长度方向并沿焊缝截面均匀分布的剪应力。设计控制点为翼缘焊缝与腹板焊缝的交点处 A（或 A'），此处的弯曲应力和剪应力分别按下式计算：

$$\sigma_{f2} = \frac{M}{I_w} \cdot \frac{h_2}{2} \tag{7-26}$$

$$\tau_f = \frac{V}{\sum(h_{e2} l_{w2})} \tag{7-27}$$

式中 h_2——腹板焊缝的实际长度；

$\sum(h_{e2} l_{w2})$——腹板焊缝有效截面积之和。

则腹板焊缝在 A 点（或 A' 点）的强度验算式为：

$$\sqrt{\left(\frac{\sigma_{f2}}{\beta_f}\right)^2 + \tau_f^2} \leqslant f_f^w \tag{7-28}$$

方法二：假设腹板焊缝承受全部剪力，翼缘焊缝承受全部弯矩。由于翼缘焊缝承担全部弯矩，故可以将弯矩 M 化为一对水平力 $H = M/h'$（h' 为翼缘板中心间的距离，详见图 7-27a），则翼缘焊缝的强度计算式为：

$$\sigma_f = \frac{H}{h_{e1} l_{w1}} \leqslant \beta_f f_f^w \tag{7-29}$$

腹板焊缝的强度计算式为：

$$\tau_f = \frac{V}{2 h_{e2} l_{w2}} \leqslant f_f^w \tag{7-30}$$

式中 $h_{e1} l_{w1}$——一个翼缘上的角焊缝有效截面积；

$2 h_{e2} l_{w2}$——两条腹板焊缝的有效截面积。

【例 7-4】 如图 7-28 所示牛腿与钢柱连接节点，静态荷载设计值 $N = 365 \text{kN}$，偏心距 $e = 350 \text{mm}$，焊脚尺寸 $h_{f1} = 8 \text{mm}$，$h_{f2} = 6 \text{mm}$，试验算连接角焊缝的强度。钢材为 Q235B，焊条为 E43 型，手工焊。图 7-28（b）为焊缝有效截面的示意图。

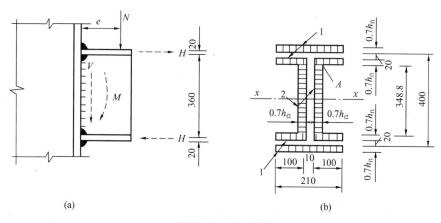

图 7-28 例 7-4 图

【解】 竖向力 N 在角焊缝形心处引起剪力 $V=N=365\text{kN}$ 和弯矩 $M=Ne=365\times 0.35=127.8\text{kN}\cdot\text{m}$。

(1) 方法一：考虑腹板焊缝参与传递弯矩。

全部焊缝有效截面对中和轴的惯性矩为：

$$I_x = 2\times\frac{4.2\times 348.8^3}{12}+2\times 210\times 5.6\times 202.8^2+4\times 100\times 5.6\times 177.2^2$$

$$= 196.8\times 10^6\text{mm}^4$$

由式 (7-25)，翼缘焊缝的最大应力为：

$$\sigma_{f1}=\frac{M}{I_x}\cdot\frac{h}{2}=\frac{127.8\times 10^6}{196.8\times 10^6}\times 205.6$$

$$=133.5\text{N/mm}^2<\beta_f f_f^w=1.22\times 160=195\text{N/mm}^2$$

可见翼缘焊缝满足强度要求。

由比例关系得腹板焊缝由弯矩 M 引起的最大应力（图中 A 点处）为：

$$\sigma_{f2}=133.5\times\frac{174.4}{205.6}=113.2\text{N/mm}^2$$

由式 (7-27)，剪力 V 在腹板焊缝中产生的平均剪应力为：

$$\tau_f=\frac{V}{\sum (h_{e2}l_{w2})}=\frac{365\times 10^3}{2\times 0.7\times 6\times 348.8}=124.6\text{N/mm}^2$$

将求得的 σ_{f2}、τ_f 带入式 (7-28)，得腹板焊缝的强度（A 点为设计控制点）为：

$$\sqrt{\left(\frac{\sigma_{f2}}{\beta_f}\right)^2+\tau_f^2}=\sqrt{\left(\frac{113.2}{1.22}\right)^2+124.6^2}=155.4\text{N/mm}^2<f_f^w=160\text{N/mm}^2$$

可见腹板焊缝也满足强度要求。

(2) 方法二：不考虑腹板焊缝参与传递弯矩。

翼缘焊缝所承担的水平力为：

$$H=\frac{M}{h}=\frac{127.8\times 10^6}{380}=336.3\text{kN}\ (h\ \text{值近似取为翼缘板中线间距离})$$

由式 (7-29)，翼缘焊缝的强度：

$$\sigma_f=\frac{H}{h_{e1}l_{w1}}=\frac{336.3\times 10^3}{0.7\times 8\times(210+2\times 100)}=146.5\text{N/mm}^2<\beta_f f_f^w=195\text{N/mm}^2,\text{满足}。$$

由式 (7-30)，腹板焊缝的强度：

$$\tau_f=\frac{V}{2h_{e2}l_{w2}}=\frac{365\times 10^3}{2\times 0.7\times 6\times 348.8}=124.6\text{N/mm}^2<160\text{N/mm}^2,\text{满足}。$$

7.2.6.3 承受扭矩与剪力作用（例 7-5）

如图 7-29 所示三面围焊的角焊缝连接，承受静态竖向剪力 $V=F$ 以及扭矩 $T=F(e_1+e_2)$ 作用。

计算焊缝群在扭矩 T 作用下产生的应力时，可基于下列假定：

①假设角焊缝是弹性的，被连接件是绝对刚性并有绕焊缝形心 O 旋转的趋势；

②焊缝群上任一点的应力方向垂直于该点与焊缝形心的连线，且应力大小与连线长度 r 成正比。

由以上假设，求解焊缝群在扭矩 T 作用下的剪应力可采用如下公式：

$$\tau_T = \frac{T \cdot r}{I_P} \tag{7-31}$$

式中 I_P——焊缝有效截面的极惯性矩，$I_P = I_x + I_y$。

由图 7-29 中可知 A 点（或 A' 点）距形心 O 点最远，由扭矩 T 引起的剪应力 τ_T 最大，故 A 点（或 A' 点）为设计控制点。

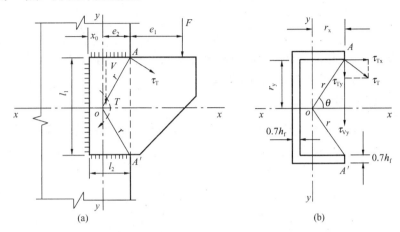

图 7-29 受扭矩与剪力作用的角焊缝

在扭矩 T 作用下 A 点（或 A' 点）的应力为：

$$\tau_T = \frac{T \cdot r}{I_P} = \frac{T \cdot r}{I_x + I_y} \tag{7-32}$$

将 τ_T 沿 x 轴和 y 轴分解为：

$$\tau_{Tx} = \tau_T \cdot \sin\theta = \frac{T \cdot r}{I_P} \cdot \frac{r_y}{r} = \frac{T \cdot r_y}{I_P} \tag{7-33}$$

$$\tau_{Ty} = \tau_T \cdot \cos\theta = \frac{T \cdot r}{I_P} \cdot \frac{r_x}{r} = \frac{T \cdot r_x}{I_P} \tag{7-34}$$

由剪力 V 在焊缝群引起的剪应力 τ_V 按均匀分布考虑，A 点（或 A' 点）引起的应力 τ_{Vy} 为：

$$\tau_{Vy} = \frac{V}{\sum(h_e l_w)} \tag{7-35}$$

则 A 点（或 A' 点）受到垂直于焊缝长度方向的应力为 $\sigma_f = \tau_{Ty} + \tau_{Vy}$，$A$ 点（或 A' 点）沿焊缝长度方向的应力为 τ_{Tx}；最后得到 A 点（或 A' 点）合应力应满足的强度条件为：

$$\sqrt{\left(\frac{\tau_{Ty} + \tau_{Vy}}{\beta_f}\right)^2 + \tau_{Tx}^2} \leqslant f_f^w \tag{7-36}$$

当连接直接承受动态荷载时，取 $\beta_f = 1.0$。

需要注意的是，为了便于设计，上述计算方法存在一定的近似性：

①在求剪力 V 引起的 τ_{Vy} 时，假设剪力 V 在焊缝群引起的剪应力均匀分布。事实上由于正面角焊缝（即图 7-29 中水平焊缝）与侧面角焊缝（即图 7-29 中竖向焊缝）的强度不同，在轴心力作用下两者单位长度分担的应力是不同的，前者较大而后者较小，因此，假设轴心力产生的应力为平均分布与前面基本公式推导中考虑焊缝方向的思路不符。

②在确定焊缝形心位置以及计算扭矩作用下产生的应力时，同样也没有考虑焊缝方向对计算结果的影响，但是最后却又在验算式（7-36）中考虑焊缝的方向而引进了系数 β_f。

【例 7-5】 如图 7-29 所示，钢板长度 $l_1=400$mm，搭接长度 $l_2=300$mm，静态荷载设计值 $F=217$kN，荷载至柱边缘的偏心距离 $e_1=300$mm，焊缝焊脚尺寸均为 $h_f=8$mm，试验算该角焊缝群的强度。钢材为 Q235B，焊条为 E43 型，手工焊。

【解】 图 7-29 三段焊缝组成的围焊共同承受剪力 $V=F$ 和扭矩 $T=F(e_1+e_2)$ 的作用，焊缝有效截面的重心位置为：

$$x_0 = \frac{2l_2 \cdot l_2/2}{2l_2+l_1} = \frac{300^2}{2\times 300+400} = 90\text{mm}$$

在计算形心距 x_0 时，由于焊缝的实际长度稍大于 l_1 和 l_2，故焊缝的计算长度直接采用 l_1 和 l_2，不再扣除水平焊缝的端部缺陷。

焊缝有效截面的极惯性矩：

$$I_x = \frac{1}{12}\times 0.7\times 8\times 400^3 + 2\times 0.7\times 8\times 300\times 200^2 = 164.3\times 10^6\text{mm}^4$$

$$I_y = \frac{1}{12}\times 2\times 0.7\times 8\times 300^3 + 2\times 0.7\times 8\times 300\times (150-90)^2$$
$$+ 0.7\times 8\times 400\times 90^2 = 55.4\times 10^6\text{mm}$$

$$I_P = I_x + I_y = 219.7\times 10^6\text{mm}^4$$

$$r_x = e_2 = l_2 - x_0 = 300 - 90 = 210\text{mm}, r_y = 200\text{mm}$$

在扭矩 $T=F(e_1+e_2)=217\times(0.3+0.21)=110.7$kN·m 作用下，$A$ 点（或 A' 点）的应力分量 τ_{Tx} 与 τ_{Ty} 为：

由式 (7-33)，$\tau_{Tx} = \dfrac{T\cdot r_y}{I_P} = \dfrac{110.7\times 10^6\times 200}{219.7\times 10^6} = 100.8\text{N/mm}^2$

由式 (7-34)，$\tau_{Ty} = \dfrac{T\cdot r_x}{I_P} = \dfrac{110.7\times 10^6\times 210}{219.7\times 10^6} = 105.8\text{N/mm}^2$

在剪力 $V=217$kN 作用下，A 点（或 A' 点）的应力 τ_{Vy} 为：

由式 (7-35)，$\tau_{Vy} = \dfrac{V}{\sum h_e l_w} = \dfrac{217\times 10^3}{0.7\times 8\times (2\times 300+400)} = 38.8\text{N/mm}^2$

由图 7-29 (b) 可知，τ_{Ty} 与 τ_{Vy} 在 A 点（或 A' 点）的作用方向相同且垂直于焊缝长度方向，则 $\sigma_f = \tau_{Ty} + \tau_{Vy} = 105.8 + 38.8 = 144.6\text{N/mm}^2$；$\tau_{Tx}$ 平行于焊缝长度方向，则 $\tau_f = \tau_{Tx}$。

最后由式 (7-36) 得：

$$\sqrt{\left(\frac{\sigma_f}{\beta_f}\right)^2 + \tau_f^2} = \sqrt{\left(\frac{144.6}{1.22}\right)^2 + 100.8^2} = 155.6\text{N/mm}^2 < f_f^w = 160\text{N/mm}^2$$，故焊缝强度满足要求。

7.3 对接焊缝连接的设计

7.3.1 焊透的对接焊缝连接设计

(1) 等级要求

焊透的对接焊缝在连接处是完全熔透焊，如果焊缝中不存在任何缺陷的话，焊缝金属通常都高于母材强度。但由于焊接技术问题，焊缝中可能有气孔、夹渣、咬边、未焊透等缺陷。实验证明，焊接缺陷对受压、受剪的对接焊缝影响不大，故可认为受压、受剪的对接焊缝与母材强度相等；但受拉的对接焊缝对缺陷甚为敏感，当缺陷面积与焊件截面积之比超过5%时，对接焊缝的抗拉强度将明显下降。由于三级检验的对接焊缝允许存在的缺陷较多，故其抗拉强度取为母材强度的85%，而一、二级检验的对接焊缝其抗拉强度可认为与母材强度相等。

《钢结构设计规范》（GB 50017—2003）中就焊透的对接焊缝质量等级的选用有如下规定：

1) 需要进行疲劳计算的构件中，垂直于作用力方向的横向对接焊缝受拉时应为一级，受压时应为二级，平行于作用力方向的纵向对接焊缝应为二级；

2) 不需要计算疲劳的构件中，凡要求与母材等强的受拉对接焊缝应不低于二级，受压对接焊缝宜为二级。

（2）构造要求

在对接焊缝的拼接处，当焊件的宽度不同或厚度在一侧相差4mm以上时，应分别在宽度方向或厚度方向从一侧或两侧做成坡度不大于1:2.5的斜角（图7-30），以使截面过渡平缓，减小应力集中。对于直接承受动力荷载且需要进行疲劳计算的结构，根据我国的试验研究，当坡度采用1:8~1:4的接头时，其疲劳强度与等宽、等厚的情况相差不大，因此，规范规定此时的斜角坡度不应大于1:4。

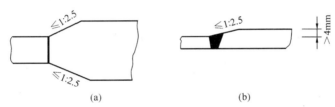

图 7-30 不等宽和不等厚钢板的拼接
(a) 改变宽度；(b) 改变厚度

在对接焊缝的起灭弧处常会出现弧坑等缺陷，这些缺陷对连接承载力影响很大，故焊接时一般应设置引弧板和引出板（图7-31），焊后将它割除。承受静力荷载的结构当设置引弧（出）板有困难时，允许不设置引弧（出）板，此时可令焊缝计算长度等于实际长度减去$2t$（t为较薄板件厚度）。

（3）工作性能

由于焊透的对接焊缝已经成为焊件截面的组成部分，所以焊透的对接焊缝其计算方法与构件的强度计算一样。只是在计算三级焊缝的抗拉连接时，其强度设计值有所降低。

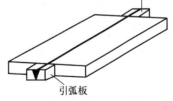

图 7-31 用引弧板和引出板焊接

7.3.2 焊透的对接焊缝连接应用举例

7.3.2.1 承受轴心力作用（例 7-6）

【例 7-6】如图 7-32 所示，两块钢板通过对接焊缝连接成为一个整体，钢板宽度 $a=540$mm，厚度 $t=22$mm，轴拉力设计值为 $N=2150$kN。钢材为 Q235B，手工焊，焊条为 E43 型，对接焊缝为三级，施焊时加引弧（出）板，试验算该对接焊缝的强度。（注：由

于对接焊缝一般均采用焊透的对接焊缝形式,故如果不作特别说明,对接焊缝就是指焊透的对接焊缝)

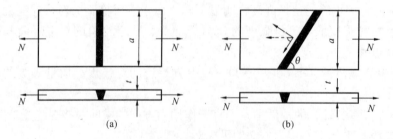

图 7-32 对接焊缝受轴心力

【分析】 焊透的对接焊缝与构件的强度计算方法相同,而构件的应力 $\sigma=2150\times 10^3/(540\times 22)=181.0\text{N/mm}^2 \leqslant f=205 \text{ N/mm}^2$,所以,如果该焊缝采用一级或二级对接焊缝(焊缝强度与母材等强),则该连接根本不必计算。

由于本题为三级对接焊缝受拉,故需验算受拉时的对接焊缝强度(三级对接焊缝受压也不必计算),计算公式如下:

$$\sigma = \frac{N}{l_w t} \leqslant f_t^w \tag{7-37}$$

式中 l_w——对接焊缝的计算长度,当未采用引弧(出)板时,取实际长度减去 $2t$;

　　　t——在对接接头中连接件的较小厚度;

　　　f_t^w——对接焊缝的抗拉强度设计值。

如果图 7-32(a)的直缝形式不能满足强度要求时,可采用图 7-32(b)所示的斜对接焊缝。计算表明:当焊缝与作用力间的夹角 θ 满足 $\tan\theta \leqslant 1.5$(即 $\theta \leqslant 56°$)时,斜焊缝的强度不低于母材强度,可不再进行验算。

【解】 直对接焊缝的计算长度 $l_w=540\text{mm}$,由式(7-37)得焊缝正应力为:

$$\sigma = \frac{N}{l_w t} = \frac{2150\times 10^3}{540\times 22} = 181.0\text{N/mm}^2 > f_t^w = 175\text{N/mm}^2$$

由计算可知采用直对接焊缝不满足要求,改用斜对接焊缝并取 $\theta=56°$,则焊缝计算长度 $l_w=540/\sin 56°=651\text{mm}$。斜对接焊缝计算应力如下:

正应力:$\sigma = \dfrac{N\sin\theta}{l_w t} = \dfrac{2150\times 10^3 \times \sin 56°}{651\times 22} = 124.5\text{N/mm}^2 < f_t^w = 175\text{N/mm}^2$

剪应力:$\tau = \dfrac{N\cos\theta}{l_w t} = \dfrac{2150\times 10^3 \times \cos 56°}{651\times 22} = 83.9\text{N/mm}^2 < f_v^w = 120\text{N/mm}^2$

此题也印证了当三级焊缝受拉采用斜对接焊缝并取 $\tan\theta \leqslant 1.5$ 时,对接焊缝能够满足强度要求,故可不必验算。

7.3.2.2 承受弯矩、剪力或轴力作用(例 7-7)

【例 7-7】 如图 7-33 所示,工字形截面牛腿与钢柱通过对接焊缝连接在一起,竖向集中力设计值 $F=550\text{kN}$,偏心距 $e=300\text{mm}$。钢材为 Q235B,手工焊,焊条为 E43 型,对接焊缝为三级,上、下翼缘施焊时加引弧(出)板,试验算该对接焊缝的强度。

【分析】 先讨论对接焊缝受弯矩、剪力或轴力作用时的一般情况:

(1)受弯剪的钢板对接焊缝(图 7-34a)

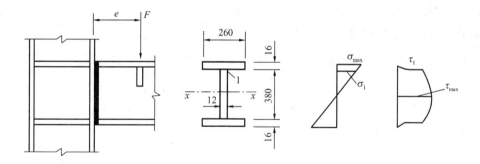

图 7-33 例 7-7 图

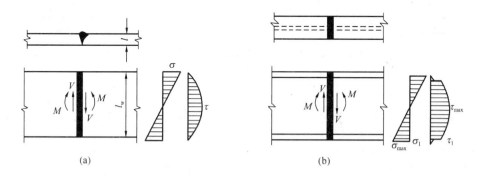

图 7-34 对接焊缝受弯矩和剪力联合作用

由于焊缝截面是矩形，根据材料力学的知识可知，正应力与剪应力图形分别为三角形与抛物线形，其最大值应分别满足下列强度条件：

$$\sigma_{max} = \frac{M}{W_w} = \frac{6M}{l_w^2 t} \leqslant f_t^w \tag{7-38}$$

$$\tau_{max} = \frac{VS_w}{I_w t} = \frac{3}{2} \cdot \frac{V}{l_w t} \leqslant f_v^w \tag{7-39}$$

式中 W_w——焊缝截面模量；

S_w——焊缝中和轴以上截面对中和轴的面积矩；

I_w——焊缝截面惯性矩。

(2) 受弯剪的工字形截面对接焊缝（图 7-34b）

焊缝除应分别验算最大正应力 $\sigma_{max} = M/W_w \leqslant f_t^w$ 和最大剪应力 $\tau_{max} = VS_w/I_w t \leqslant f_v^w$ 外，对于同时受有较大正应力和较大剪应力的位置（例如腹板与翼缘的交接点处），还应按下式验算折算应力（即材料力学中的第四强度理论）：

$$\sigma_{red} = \sqrt{\sigma_1^2 + 3\tau_1^2} \leqslant 1.1 f_t^w \tag{7-40}$$

式中 σ_1、τ_1——验算点处的焊缝正应力和剪应力；

1.1——考虑最大折算应力只在局部位置出现，而将强度设计值适当提高。

(3) 受弯剪以及轴力共同作用的对接焊缝

当轴力与弯矩、剪力共同作用时，焊缝的最大正应力即为轴力和弯矩引起的正应力之和，最大剪应力按式 $\tau_{max} = VS_w/I_w t \leqslant f_v^w$ 验算，折算应力仍按式（7-40）验算。

【解】 本题即上述分析中的情况（2），故需验算 σ_{max}、τ_{max} 以及"1"点的 σ_{red}（因为

上翼缘和腹板交接处"1"点同时受有较大的正应力和剪应力)。由于对接焊缝计算截面与牛腿截面相同,可求得焊缝截面特性如下:

$$I_x = \frac{1}{12} \times 12 \times 380^3 + 2 \times 16 \times 260 \times 198^2 = 381.0 \times 10^6 \text{mm}^4$$

$$S_{x1} = 260 \times 16 \times 198 = 823.7 \times 10^3 \text{mm}^3$$

$$V = F = 550 \text{kN}, M = 550 \times 0.3 = 165 \text{kN} \cdot \text{m}$$

最大正应力:

$$\sigma_{\max} = \frac{M}{I_x} \cdot \frac{h}{2} = \frac{165 \times 10^6 \times 206}{381.0 \times 10^6} = 89.2 \text{N/mm}^2 < f_t^w = 185 \text{N/mm}^2$$

最大剪应力:

$$\tau_{\max} = \frac{VS_x}{I_x t} = \frac{550 \times 10^3}{381.0 \times 10^6 \times 12} \times (260 \times 16 \times 198 + 190 \times 12 \times \frac{190}{2})$$

$$= 125.1 \text{N/mm}^2 \approx f_v^w = 125 \text{N/mm}^2$$

"1"点的正应力:$\sigma_1 = \sigma_{\max} \cdot \frac{190}{206} = 82.3 \text{N/mm}^2$

"1"点的剪应力:$\tau_1 = \frac{VS_{x1}}{I_x t} = \frac{550 \times 10^3 \times 823.7 \times 10^3}{381.0 \times 10^6 \times 12} = 99.1 \text{N/mm}^2$

"1"点的折算应力:

$$\sigma_{\text{red}} = \sqrt{82.3^2 + 3 \times 99.1^2} = 190.4 \text{N/mm}^2 < 1.1 \times 185 = 203.5 \text{N/mm}^2$$

由上述计算可知,该对接焊缝连接的强度基本满足承载力要求。

7.3.3 部分焊透的对接焊缝连接设计

对于受力较小的对接焊缝,采用焊透的方式没有必要,此时可采用部分焊透的对接焊缝(图7-7)。部分焊透对接焊缝的坡口形式分V形(图7-7a)、单边V形(图7-7b)、U形(图7-7c)、J形(图7-7d)和K形(图7-7e)。

部分焊透的对接焊缝实际上可视为在坡口内焊接的角焊缝,故其强度计算方法与前述直角角焊缝相同,但偏安全地取 $\beta_f = 1.0$。由于焊缝熔合线上的强度略低,而对于图7-7(b)、(d)、(e)这三种情况,熔合线处焊缝截面边长等于或接近于最短距离 s,故对这三种情况的抗剪强度设计值应按角焊缝的强度设计值乘以0.9。

相应于角焊缝的有效厚度 h_e,部分焊透对接焊缝 h_e 的取法规定如下:

① 对U形、J形和坡口角 $\alpha \geq 60°$ 的V形坡口,h_e 取为焊缝根部至焊缝表面(不考虑余高)的最短距离 s,即 $h_e = s$;

② 对于 $\alpha < 60°$ 的V形坡口焊缝,考虑到焊缝根部处不易焊满,因此将 h_e 降低,取 $h_e = 0.75s$;

③ 对K形和单边V形坡口焊缝,当 $\alpha = 45° \pm 5°$ 时,取 $h_e = s - 3$(mm)。

部分焊透对接焊缝的最小有效厚度为 $1.5\sqrt{t}$,t(mm)为坡口所在焊件的较大厚度。

7.4 焊接应力和焊接变形

7.4.1 焊接应力的分类

焊接过程是一个不均匀加热和冷却的过程。施焊时焊件上产生不均匀的温度场,焊缝及附近温度最高，可达1600℃以上，而邻近区域温度则急剧下降（图7-35a、b）。不均匀的温度场产生不均匀的膨胀，温度高的钢材膨胀大，但受到周围温度较低、膨胀量较小的钢材所限制，产生了热态塑性压缩。焊缝冷却时，被塑性压缩的焊缝区趋向于缩短，但受到周围钢材限制而产生拉应力。在低碳钢和低合金钢中，这种拉应力经常达到钢材的屈服强度。焊接应力是一种无荷载作用下的内应力，因此会在焊件内部自相平衡，这就必然在距焊缝稍远区段内产生压应力。

焊接应力分为：沿焊缝长度方向的纵向焊接应力、垂直于焊缝长度方向的横向焊接应力以及沿钢板厚度方向的焊接应力。焊接应力也可称为焊接残余应力。

(1) 纵向焊接应力

纵向焊接应力是由焊缝的纵向收缩引起的。一般情况下，焊缝区及近缝两侧的纵向应力为拉应力区，远离焊缝的两侧为压应力区（图7-35c）。

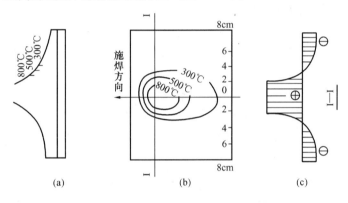

图 7-35 施焊时焊缝及附近的温度场和焊接应力
(a)、(b) 施焊时焊缝及其附近的温度场；(c) 钢板上的纵向焊接应力

(2) 横向焊接应力

横向焊接应力是由两部分收缩力引起的。一是由于焊缝纵向收缩，使两块钢板趋向于形成反方向的弯曲变形，但实际上焊缝将两块钢板连成整体不能分开，于是两块板的中间产生横向拉应力，而两端则产生压应力（图7-36a、b）；二是由于先焊的焊缝已经凝固，阻止后焊焊缝在横向自由膨胀，使后焊焊缝发生横向的塑性压缩变形。当后焊焊缝冷却时，其收缩受到已凝固的先焊焊缝限制而产生横向拉应力，而先焊部分则产生横向压应力，因应力自相平衡，更远处的另一端焊缝则受拉应力（图7-36c）。焊缝的横向应力就是上述两部分应力合成的结果（图7-36d）。

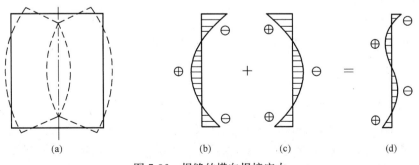

图 7-36 焊缝的横向焊接应力

(3) 厚度方向的焊接应力

在厚钢板的焊接连接中，焊缝需要多层施焊。因此，除有纵向和横向焊接应力 σ_x、σ_y 外，还存在着沿钢板厚度方向的焊接应力 σ_z（图 7-37）。这三种应力形成三向拉应力场，将大大降低连接的塑性。

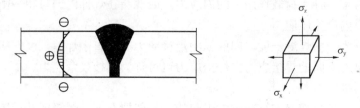

图 7-37 厚板中的焊接应力

7.4.2 焊接应力的影响

（1）结构静力强度

对在常温下工作并具有一定塑性的钢材，在静荷载作用下，焊接应力不会影响结构强度。设轴心受拉构件在受荷前（$N=0$）截面上就存在纵向焊接应力，并假设其分布如图 7-38 (a) 所示。由于截面 $A_t=b\times t$ 部分的焊接拉应力已达屈服点 f_y，在轴心力 N 作用下该区域的应力将不再增加，如果钢材具有一定的塑性，拉力 N 就仅由受压的弹性区 A_c 承担。两侧受压区应力由原来受压逐渐变为受拉，最后应力也达到屈服点 f_y，这时全截面应力都达到 f_y（图 7-38b）。

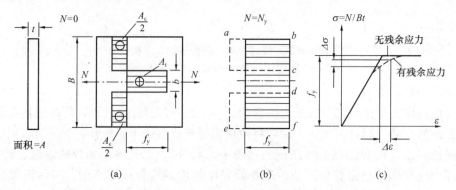

图 7-38 具有焊接应力的轴心受拉杆加荷时应力的变化情况

由于焊接应力自相平衡，故受拉区应力面积 A_t 必然和受压区应力面积 A_c 相等，即 $A_t=A_c=btf_y$。则构件全截面达到屈服点 f_y 时所承受的外力 $N_y=A_c+(B-b)tf_y=Btf_y$，而 Btf_y 也就是无焊接应力且无应力集中现象的轴心受拉构件，当全截面上的应力达到 f_y 时所承受的外力。由此可知，有焊接应力构件的承载能力和无焊接应力者完全相同，即焊接应力不影响结构的静力强度。

（2）结构刚度

构件内存在焊接应力会降低结构的刚度。现仍以轴心受拉构件为例加以说明（图 7-38a）。由于受荷前截面 $b\times t$ 部分的拉应力已达到 f_y，这部分截面的弹性模量为零，因而构件在拉力 N 作用下的应变增量为 $\Delta\varepsilon_1=\Delta N/(B-b)tE$；如果构件上无焊接应力存在，则在拉力作用下的应变增量为 $\Delta\varepsilon_2=\Delta N/BtE$，显然 $\Delta\varepsilon_1>\Delta\varepsilon_2$（图 7-38c）。因此，焊接残余应力的存在增大了结构的变形,降低了结构的刚度。对于轴心受压构件,焊接应力使其挠曲刚度减小,将导致压杆稳定承载力的降低,这方面内容在构件章节中已有论及。

(3) 低温冷脆

在厚板焊接处或具有交叉焊缝(图7-39)的部位,将产生三向焊接拉应力,阻碍这些区域塑性变形的发展,增加钢材在低温下的脆断倾向。因此,降低或消除焊缝中的焊接应力是改善结构低温冷脆性能的重要措施之一。

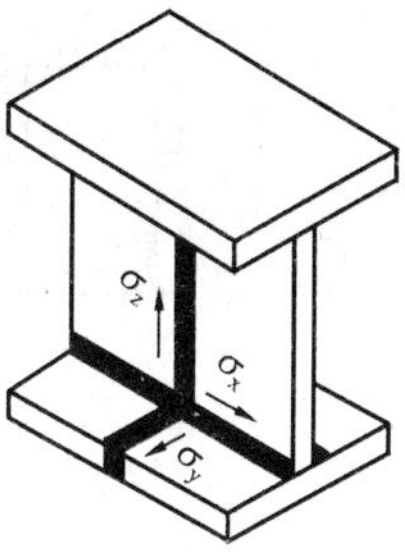

图7-39 三向焊接残余应力

(4) 疲劳强度

在焊缝及其附近的主体金属焊接拉应力通常达到钢材的屈服点,此部位正是形成和发展疲劳裂纹最为敏感的区域,因此,焊接应力对结构的疲劳强度有明显不利的影响。

7.4.3 焊接变形的形式

在焊接过程中由于不均匀的加热和冷却,焊接区沿纵向和横向收缩时,势必导致构件产生焊接变形。焊接变形包括纵、横收缩变形,弯曲变形,角变形,波浪变形和扭曲变形等(图7-40),通常表现为几种变形的组合。任一焊接变形超过《钢结构工程施工质量验收规范》(GB 50205—2002)的规定时,必须进行校正,以免影响构件在正常使用条件下的承载能力。

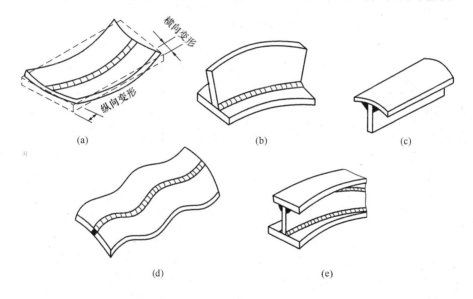

图7-40 焊接变形
(a) 纵、横收缩;(b) 弯曲变形;(c) 角变形;(d) 波浪变形;(e) 扭曲变形

7.4.4 减少焊接应力和焊接变形的方法

(1) 设计上的措施

① 焊接位置安排要合理 只要结构上允许,应尽可能使焊缝对称于构件截面的中性轴,以减小焊接变形。图7-41 (a)、(c) 所示的焊接处理措施就分别优于图7-41 (b)、(d)。

② 焊缝尺寸要适当 在保证安全的前提下,不得随意加大焊缝厚度。焊缝尺寸过大容易引起过大的焊接残余应力,且在施焊时易发生焊穿、过烧等缺陷,未必有利于连接的强度。

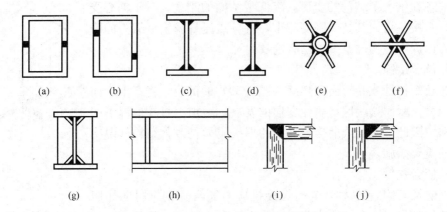

图 7-41 减少焊接应力和焊接变形影响的设计措施

③ 焊缝不宜过分集中　当几块钢板交汇一处进行连接时，宜采取图 7-41（e）所示的方式；如采用 7-41（f）的方式，由于热量高度集中会引起过大的焊接变形。

④ 避免焊缝垂直交叉　如图 7-41（g）、(h) 所示，梁腹板加劲肋与腹板及翼缘的连接焊缝，就应通过切角的方式予以中断，以保证主要焊缝（翼缘与腹板的连接焊缝）连续通过。

⑤ 避免板厚方向的焊接应力　厚度方向的焊接收缩应力易引起板材层状撕裂，如图 7-41（i）的焊接处理方式对于防止层状撕裂就比图 7-41（j）的方式要好。

(2) 工艺上的措施

① 采取合理的施焊次序　如图 7-42 所示，钢板对接采用分段退焊，厚焊缝采用分层焊，工字形截面采用对角跳焊，钢板拼接时采用分块拼接。

② 采用反变形　施焊前给构件一个与焊接变形反方向的预变形，使之与焊接所引起的变形相抵消，从而达到减小焊接变形的目的（图 7-43）。

③ 对于小型焊件，焊前预热或焊后回火（加热至 600℃左右然后缓慢冷却）可以部分消除焊接应力和焊接变形；也可采用刚性固定法将构件加以固定来限制焊接变形，但却增加了焊接应力。

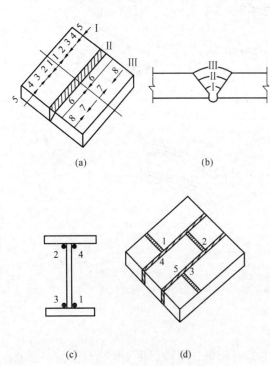

图 7-42　合理的施焊次序
(a) 分段退焊；(b) 沿厚度分层焊；(c) 对角跳焊；
(d) 钢板分块拼接

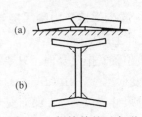

图 7-43　焊接前的反变形

7.5 螺栓连接的基本知识

7.5.1 螺栓连接的形式及特点

螺栓连接有普通螺栓连接和高强度螺栓连接两大类。

(1) 普通螺栓连接

普通螺栓分为 A、B、C 三级，其中 A 级和 B 级为精制螺栓，C 级为粗制螺栓。A 级和 B 级精制螺栓的性能等级有 5.6 级和 8.8 级两种，C 级粗制螺栓的性能等级有 4.6 级和 4.8 级两种。螺栓性能等级的含义是（以常用的 4.6 级 C 级螺栓为例）：小数点前的数字"4"表示螺栓的最低抗拉强度为 400MPa，小数点及小数点后面的数字".6"表示其屈强比（屈服强度与抗拉强度之比）为 0.6。

A 级与 B 级精制螺栓是由毛坯在车床上经过切削加工精制而成，其表面光滑、尺寸准确，螺栓杆直径与螺栓孔径相同，对成孔质量要求高（Ⅰ类孔）。由于精制螺栓有较高的精度，因而受剪性能好，但制作和安装复杂、造价偏高，很少在钢结构中采用。

C 级粗制螺栓由未经加工的圆钢压制而成，其表面粗糙，一般采用在单个零件上一次冲成或不用钻模钻成设计孔径的孔（Ⅱ类孔），螺栓孔径比螺栓杆直径大 1.5~3mm（见表 7-2）。由于螺栓杆与螺栓孔之间有较大的间隙，故 C 级螺栓连接受剪力作用时将会产生较大的剪切滑移；但 C 级螺栓安装方便，且能有效传递拉力，故一般可用于沿螺栓杆轴方向受拉的连接中，以及次要结构的抗剪连接或结构安装时的临时固定。

C 级螺栓孔径							表 7-2
螺栓公称直径（mm）	12	16	20	(22)	24	(27)	30
螺栓孔公称直径（mm）	13.5	17.5	22	(24)	26	(30)	33

注：表中仅列出部分常用的直径规格，其中括号内的螺杆直径为非优选规格。

(2) 高强度螺栓连接

高强度螺栓一般采用 45 号钢、40B 钢和 20MnTiB 钢并经热处理加工而成，其性能等级有 8.8 级和 10.9 级两种，分别对应螺栓的抗拉强度不低于 830MPa 和 1040MPa。

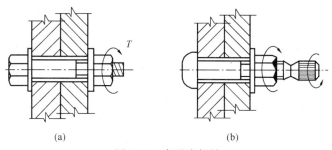

图 7-44 高强度螺栓

高强度螺栓根据外形来分有大六角头型（图 7-44a）和扭剪型（图 7-44b）。两种高强度螺栓都是通过拧紧螺帽使螺杆受到拉伸产生很大的预拉力，以使被连接板层间产生压紧力。但两种螺栓对预拉力的控制方法各不相同：大六角头型高强度螺栓是通过控制拧紧力矩或转动角度来控制预拉力；而扭剪型高强度螺栓采用特制电动扳手，将螺杆顶部的十二角体拧断则连接达到所要求的预拉力（图7-45）。

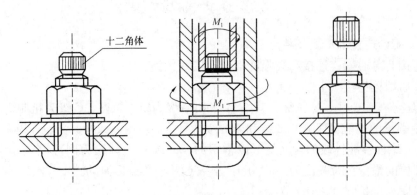

图7-45 扭剪型高强度螺栓安装过程

高强度螺栓根据设计准则来分有摩擦型连接高强度螺栓和承压型连接高强度螺栓。摩擦型连接高强度螺栓只依靠板层间的摩擦阻力传力，并以剪力不超过接触面摩擦力作为设计准则，其连接的剪切变形小，弹性性能好，耐疲劳，特别适于承受动力荷载的结构。而承压型连接高强度螺栓允许连接达到破坏前接触面滑移，以螺栓杆被剪断或板件被挤压破坏时的极限承载力作为设计准则，其连接的剪切变形比摩擦型大，故只适于承受静力荷载或间接承受动力荷载的结构。

高强度螺栓孔应采用钻成孔（一般为Ⅱ类孔）。摩擦型连接高强度螺栓的孔径比螺栓公称直径 d 大 1.5～2.0mm；承压型连接高强度螺栓的孔径比螺栓公称直径 d 大 1.0～1.5mm。需要注意的是，根据设计的要求，大六角头型和扭剪型高强度螺栓均可设计用于摩擦型连接或承压型连接。

7.5.2 螺栓的排列要求

螺栓在构件上的排列应符合简单整齐、规格统一、布置紧凑的原则。常用的排列方式有并列（图7-46a）和错列（图7-46b）两种形式，并列简单整齐，连接板尺寸较小，但对构件截面削弱较大；而错列对截面削弱较小，但螺栓排列不如并列紧凑，连接板尺寸较大。

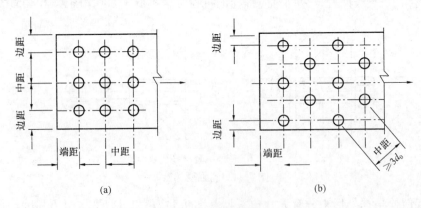

图7-46 钢板的螺栓排列

螺栓在构件上排列的距离要求应符合表7-3的要求，规定螺栓的最小中心距和边距（端距）的取值是基于受力要求和施工安装要求而定，规定螺栓的最大中心距和边距（端距）是为了保证钢板间的紧密贴合。

螺栓的最大、最小容许距离　　　　　　　表7-3

名称	位置和方向			最大容许距离（取两者的较小值）	最小容许距离
中心间距	外排（垂直内力方向或顺内力方向）			$8d_0$ 或 $12t$	$3d_0$
	中间排	垂直内力方向		$16d_0$ 或 $24t$	
		顺内力方向	构件受压力	$12d_0$ 或 $18t$	
			构件受拉力	$16d_0$ 或 $24t$	
	沿对角线方向			—	
中心至构件边缘距离	顺内力方向			$4d_0$ 或 $8t$	$1.2d_0$
	垂直内力方向	剪切边或手工气割边			$1.5d_0$
		轧制边、自动气割或锯割边	高强度螺栓		$1.5d_0$
			其他螺栓		$1.2d_0$

注：1. d_0 为螺栓孔直径，t 为外层较薄板件的厚度；
　　2. 钢板边缘与刚性构件（如角钢、槽钢等）相连的螺栓的最大间距，可按中间排的数值采用。

根据表7-3的排列要求，螺栓在型钢（图7-47）上排列的间距应满足表7-4、表7-5和表7-6的要求。在H型钢截面上排列螺栓（图7-47d），腹板上的 c 值可参照普通工字钢，翼缘上的 e 值或 e_1、e_2 值可根据其外伸宽度参照角钢。

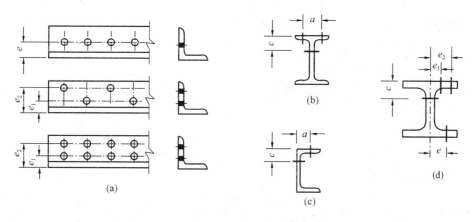

图7-47　型钢的螺栓排列

角钢上螺栓间距表（mm）　　　　　　　表7-4

单行排列	角钢肢宽	40	45	50	56	63	70	75	80	90	100	110	125
	线距 e	25	25	30	30	35	40	40	45	50	55	60	70
	螺孔最大直径	11.5	13.5	13.5	15.5	17.5	20	22	22	24	24	26	26
双行错排	角钢肢宽	125	140	160	180	200	双行并列	角钢肢宽			160	180	200
	e_1	55	60	70	70	80		e_1			60	70	80
	e_2	90	100	120	140	160		e_2			130	140	160
	螺孔最大直径	24	24	26	26	26		螺孔最大直径			24	24	26

工字钢和槽钢腹板上的螺栓间距表（mm） 表 7-5

工字钢型号	12	14	16	18	20	22	25	28	32	36	40	45	50	56	63
线距 c_{min}	40	45	45	45	50	50	55	60	60	65	70	75	75	75	75
槽钢型号	12	14	16	18	20	22	25	28	32	36	40	—	—	—	—
线距 c_{min}	40	45	50	50	55	55	55	60	65	70	75	—	—	—	—

工字钢和槽钢翼缘上的螺栓间距表（mm） 表 7-6

工字钢型号	12	14	16	18	20	22	25	28	32	36	40	45	50	56	63
线距 a_{min}	40	40	50	55	60	65	65	70	75	80	80	85	90	95	95
槽钢型号	12	14	16	18	20	22	25	28	32	36	40	—	—	—	—
线距 a_{min}	30	35	35	40	40	45	45	45	50	56	60	—	—	—	—

7.5.3 螺栓连接的构造要求

螺栓连接除满足排列的容许距离外，根据不同情况尚应满足下列构造要求：

（1）为使连接可靠，每一杆件在节点上以及拼接接头的一端，永久性螺栓数不宜少于两个。但根据实践经验，对组合构件的缀条，其端部连接可采用一个螺栓，某些塔桅结构的腹杆也有用一个螺栓的情况。

（2）对直接承受动力荷载的普通螺栓受拉连接应采用双螺帽或其他能防止螺帽松动的有效措施，比如采用弹簧垫圈或将螺帽和螺杆焊死等方法。

（3）由于C级螺栓与孔壁间有较大间隙，故宜用于沿其杆轴方向受拉的连接，在承受静力荷载或间接承受动力荷载结构中的次要连接、承受静力荷载的可拆卸结构的连接、临时固定构件用的安装连接中，也可用C级螺栓受剪。但在重要的连接中，不宜采用C级螺栓，而应优先采用高强度螺栓。

（4）当型钢构件拼接采用高强度螺栓连接时，由于构件本身抗弯刚度较大，为了保证高强度螺栓摩擦面的紧密贴合，拼接件宜采用刚度较弱的钢板。

7.5.4 螺栓的符号表示

螺栓及其孔眼图例见表 7-7，在钢结构施工图上需要将螺栓及其孔眼的施工要求用图形表示清楚，以免引起混淆。

螺栓及其孔眼图例 表 7-7

名　称	永久螺栓	高强度螺栓	安装螺栓	圆形螺栓孔	长圆形螺栓孔
图　例	◇	◆	◇		

7.6 普通螺栓连接的设计

7.6.1 螺栓抗剪的工作性能

抗剪连接是最常见的螺栓连接形式。图 7-48（a）所示的螺栓连接试件做抗剪试验，可得出试件上 a、b 两点之间的相对位移 δ 与作用力 N 之间的关系曲线，如图 7-48（b）所示。

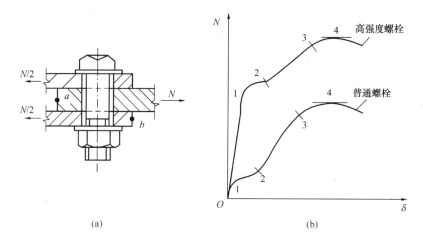

图 7-48 单个螺栓抗剪试验结果

由此关系曲线可知,试件由零载一直加载至连接破坏的全过程,经历了以下四个阶段:

(1) 摩擦传力的弹性阶段

在施加荷载的最初阶段荷载较小,连接中的剪力也较小,荷载靠板层间接触面的摩擦力传递,螺栓杆与孔壁之间的间隙保持不变,连接处于弹性工作阶段,在 $N-\delta$ 图中呈现出 0~1 斜直线段。但由于板件间摩擦力的大小取决于拧紧螺帽时施加于螺杆中的初始拉力,而普通螺栓的初拉力一般很小,故此阶段很短可略去不计。

(2) 滑移阶段

当荷载增大,连接中的剪力达到板件间摩擦力的最大值,板件间突然产生相对滑移直至螺栓杆与孔壁接触,其最大滑移量即为螺栓杆与孔壁之间的间隙,该阶段在 $N-\delta$ 图中表现为 1~2 的近似水平线段。

(3) 螺杆直接传力的弹性阶段

当荷载继续增加,连接所承受的外力就主要靠螺栓杆与孔壁之间的接触传递。此时螺栓杆除主要受剪力外,还有弯矩作用,而孔壁则受到挤压。由于接头材料的弹性性质,$N-\delta$ 图呈直线上升状态,达到弹性极限"3"点后此阶段结束。

(4) 弹塑性阶段

当荷载进一步增大,在此阶段即使给荷载很小的增量,连接的剪切变形也迅速加大,直到连接最后破坏。$N-\delta$ 图中曲线的最高点"4"对应的荷载即为螺栓抗剪连接的极限荷载。

7.6.2 普通螺栓的抗剪连接

普通螺栓抗剪连接达到极限承载力时可能发生的破坏形式有:

① 当螺杆直径较小而板件较厚时,螺杆可能先被剪断(图 7-49a),该种破坏形式称为螺栓杆受剪破坏;

② 当螺杆直径较大而板件较薄时,板件可能先被挤坏(图 7-49b),该种破坏形式称为孔壁承压破坏,由于螺杆和板件的挤压是相互的,故也把这种破坏叫做螺栓承压破坏;

③ 当板件净截面面积因螺栓孔削弱太多时,板件可能被拉断(图 7-49c),这种破坏形式可以通过构件的强度计算来保证(详见第 4 章),故不将其纳入连接设计范畴;

④ 当螺栓排列的端距太小，端距范围内的板件有可能被螺杆冲剪破坏（图 7-49d），但如果满足规范规定的螺栓排列要求，这种破坏形式就不会发生。

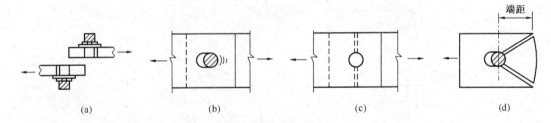

图 7-49 普通螺栓抗剪连接的破坏形式

由普通螺栓抗剪连接可能发生的破坏形式可以知道，连接计算只须考虑第①种（螺栓杆受剪破坏）和第②种（孔壁承压破坏）两种情况。两种情况可以分别求得螺栓杆受剪承载力 N_v^b、孔壁承压承载力 N_c^b，取二者之中较小的承载力作为单个普通螺栓抗剪连接的承载力设计值，即 $N_{min}^b = \min(N_v^b, N_c^b)$。

(1) 螺栓杆受剪承载力 N_v^b

假定螺栓杆受剪面上的剪应力是均匀分布的，则螺栓杆受剪承载力设计值计算公式为：

$$N_v^b = n_v \frac{\pi d^2}{4} f_v^b \tag{7-41}$$

式中 n_v——受剪面数目，单剪 $n_v=1$，双剪 $n_v=2$，四剪 $n_v=4$；

d——螺栓杆直径；

f_v^b——螺栓抗剪强度设计值。

(2) 孔壁承压承载力 N_c^b

由于螺栓的实际承压应力分布情况较难确定，为简化计算，假定螺栓承压应力分布于螺栓直径平面上（图 7-50），而且假定该承压面上的应力为均匀分布，则螺栓承压（或孔壁承压）承载力设计值为：

$$N_c^b = d \sum t \cdot f_c^b \tag{7-42}$$

式中 $\sum t$——在同一受力方向的承压构件的较小总厚度；

f_c^b——螺栓承压强度设计值。

试验表明，螺栓群（包括普通螺栓和高强度螺栓）的抗剪连接承受轴心力时，螺栓群在长度方向上的各螺栓受力不均匀（图 7-51），表现为两端螺栓受力大而中间螺栓受力小。

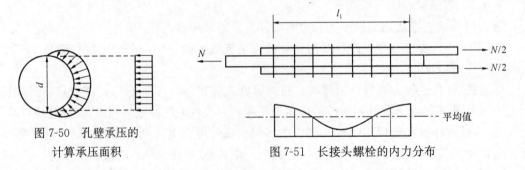

图 7-50 孔壁承压的计算承压面积

图 7-51 长接头螺栓的内力分布

当连接长度 $l_1 \leqslant 15d_0$（d_0 为螺孔直径）时，由于连接工作进入弹塑性阶段后内力发生重分布，螺栓群中各螺栓受力逐渐接近，故可认为轴心力 N 由每个螺栓平均分担。

当连接长度 $l_1 > 15d_0$ 时，由于接头较长，连接工作进入弹塑性阶段后各螺栓所受内力也不易均匀，端部螺栓首先达到极限强度而破坏，随后由外向里依次破坏。根据试验资料得出的抗剪连接折减系数与 l_1/d_0 的关系曲线可知，当 $l_1/d_0 > 15$ 后连接强度折减系数明显下降，开始下降较快，当 $l_1 > 60d_0$ 后逐渐缓和并趋于常值 0.7。

由上述分析，故规范规定：在构件的节点处或拼接接头的一端，当螺栓（包括普通螺栓和高强度螺栓）沿轴向受力方向的连接长度 $l_1 > 15d_0$ 时，应将螺栓的承载力设计值乘以长接头折减系数 $\eta = 1.1 - \dfrac{l_1}{150d_0}$；当 $l_1 > 60d_0$ 时，折减系数取为 0.7。

7.6.3 普通螺栓的抗拉连接

抗拉螺栓连接在外力作用下，构件的接触面有脱开趋势。此时螺栓受到沿杆轴方向的拉力作用，故抗拉螺栓连接的破坏形式表现为螺栓杆被拉断。

单个抗拉螺栓的承载力设计值为：

$$N_t^b = A_e f_t^b = \frac{\pi d_e^2}{4} f_t^b \tag{7-43}$$

式中　A_e——螺栓在螺纹处的有效截面积（见附表7）；
　　　d_e——螺栓在螺纹处的有效直径（见附表7）；
　　　f_t^b——螺栓抗拉强度设计值。

螺栓受拉时，通常不可能使拉力正好作用在每个螺栓轴线上，而是通过与螺杆垂直的板件传递。如图 7-52 所示的 T 形连接，如果连接件的刚度较小，受力后与螺栓垂直的连接件总会有变形，因而形成杠杆作用，螺栓有被撬开的趋势，使螺杆中的拉力增加并产生弯曲现象。

考虑杠杆作用时，螺杆的轴心力为：

$$N_t = N + Q$$

式中　Q——由于杠杆作用对螺栓产生的撬力。

撬力的大小与连接件的刚度有关，连接件的刚度越小撬力越大；同时撬力也与螺栓直径和螺栓所在位置等因素有关。由于确定撬力比较复杂，《钢结构设计规范》（GB 50017—2003）为了简化计算，规定普通螺栓抗拉强度设计值 f_t^b 取为螺栓钢材抗拉强度设计值 f 的 0.8 倍（即 $f_t^b = 0.8f$），以考虑撬力的影响。此外，在构造上也可采取一些措施加强连接件的刚度，如设置加劲肋（图 7-53），可以减小甚至消除撬力的影响。

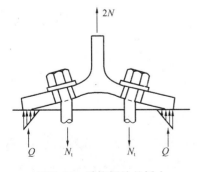

图 7-52　受拉螺栓的撬力

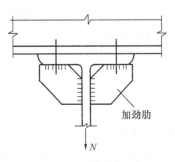

图 7-53　T 形连接中螺栓受拉

7.6.4 普通螺栓受拉剪共同作用

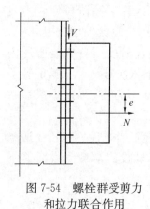

图 7-54 螺栓群受剪力和拉力联合作用

图 7-54 所示连接，螺栓群承受剪力 V 和偏心拉力 N（偏心拉力 N 可以看作轴心拉力 N 和弯矩 $M=N \cdot e$ 的合成）的联合作用。承受剪力和拉力联合作用的普通螺栓应考虑两种可能的破坏形式：一是螺杆受剪兼受拉破坏；二是孔壁承压破坏。

(1) 螺栓杆受剪兼受拉计算

根据试验结果可知，兼受剪力和拉力的螺杆，将剪力和拉力分别除以各自单独作用时的承载力，这样无量纲化后的相关关系近似为一圆曲线。故螺栓杆受剪兼受拉的计算式为：

$$\left(\frac{N_v}{N_v^b}\right)^2 + \left(\frac{N_t}{N_t^b}\right)^2 \leqslant 1 \tag{7-44}$$

或

$$\sqrt{\left(\frac{N_v}{N_v^b}\right)^2 + \left(\frac{N_t}{N_t^b}\right)^2} \leqslant 1 \tag{7-45}$$

式中 N_v——单个螺栓所受的剪力设计值，一般假定剪力 V 由每个螺栓平均承担，即 $N_v = N/n$，n 为螺栓个数；

N_t——单个螺栓所受的拉力设计值。由偏心拉力引起的螺栓最大拉力 N_t 按后面例题讲述的方法进行计算；

N_v^b、N_t^b——单个螺栓的抗剪和抗拉承载力设计值。

需要注意的是，在式（7-45）左侧加根号数学上没有意义，但加根号后可以更明确地看出计算结果的富余量或不足量。假如按式（7-44）左侧算出的数值为 0.9，不能误认为富余量为 10%，实际上应为式（7-45）算出的数值 0.95，富余量仅为 5%。

(2) 孔壁承压计算

孔壁承压的计算式为：

$$N_v \leqslant N_c^b \tag{7-46}$$

式中 N_c^b——单个螺栓的孔壁承压承载力设计值按 7-42 式计算。

7.6.5 普通螺栓连接计算的应用举例

7.6.5.1 普通螺栓群承受轴心剪力作用（例 7-8）

【例 7-8】 设计两块钢板用普通螺栓连接的盖板拼接。已知轴心拉力设计值 $N=325$kN，钢材为 Q235A，螺栓直径 $d=20$mm（粗制螺栓）。

【解】 单个螺栓抗剪连接的承载力设计值：

螺栓杆受剪承载力设计值：

$$N_v^b = n_v \frac{\pi d^2}{4} f_v^b = 2 \times \frac{3.14 \times 20^2}{4} \times 140 = 87.9 \text{kN}$$

孔壁承压承载力设计值：

$$N_c^b = d \sum t \cdot f_c^b = 20 \times 8 \times 305 = 48.8 \text{kN}$$

在轴心剪力作用下可认为每个螺栓平均受力，则连接一侧所需螺栓数：$n = N/N_{\min}^b = 325/48.8 = 6.7$，取 8 个，按图 7-55 排列。

7.6.5.2 普通螺栓群承受偏心剪力作用（例 7-9）

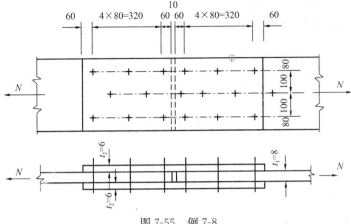

图 7-55 例 7-8

图 7-56 所示即为螺栓群承受偏心剪力的情形，剪力 F 的作用线至螺栓群中心线的距离为 e，故螺栓群同时受到轴心剪力 F 和扭矩 $T=F\cdot e$ 的联合作用。

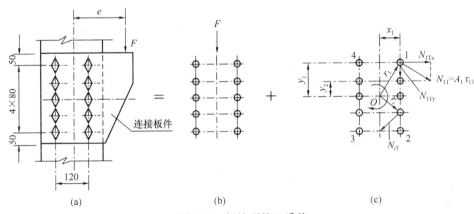

图 7-56 螺栓群偏心受剪

在轴心剪力 F 作用下每个螺栓平均承受竖直向下的剪力，则

$$N_{1F} = \frac{F}{n} \tag{7-47}$$

在扭矩 $T=F\cdot e$ 作用下每个螺栓均受剪，但承受的剪力大小或方向均有所不同。为了便于设计，连接计算从弹性设计法的角度出发，并基于下列假设计算扭矩 T 作用下的螺栓剪力：

① 连接板件为绝对刚性，螺栓为弹性体；

② 连接板件绕螺栓群形心旋转，各螺栓所受剪力大小与该螺栓至形心距离 r_i 成正比，剪力方向则与连线 r_i 垂直（图 7-56c）。

螺栓 1 距形心 O 最远，其所受剪力 N_{1T} 最大：

$$N_{1T} = A_1 \tau_{1T} = A_1 \frac{T\cdot r_1}{I_p} = A_1 \frac{T\cdot r_1}{A_1\cdot \sum r_i^2} = \frac{T\cdot r_1}{\sum r_i^2} \tag{7-48}$$

式中 A_1——单个螺栓的截面积；

τ_{1T}——螺栓 1 的剪应力；

I_p——螺栓群对形心 O 的极惯性矩；

r_i——任一螺栓至形心的距离。

将 N_{1T} 分解为水平分力 N_{1Tx} 和垂直分力 N_{1Ty}：

$$N_{1Tx} = N_{1T} \cdot \frac{y_1}{r_1} = \frac{T \cdot y_1}{\sum r_i^2} = \frac{T \cdot y_1}{\sum x_i^2 + \sum y_i^2} \tag{7-49}$$

$$N_{1Ty} = N_{1T} \cdot \frac{x_1}{r_1} = \frac{T \cdot x_1}{\sum r_i^2} = \frac{T \cdot x_1}{\sum x_i^2 + \sum y_i^2} \tag{7-50}$$

由此可得螺栓群偏心受剪时，受力最大的螺栓 1 所受合力为：

$$\sqrt{N_{1Tx}^2 + (N_{1Ty} + N_{1F})^2} = \sqrt{\left(\frac{T \cdot y_1}{\sum x_i^2 + \sum y_i^2}\right)^2 + \left(\frac{T \cdot x_1}{\sum x_i^2 + \sum y_i^2} + \frac{F}{n}\right)^2} \leqslant N_{\min}^b \tag{7-51}$$

当螺栓群布置在一个狭长带，例如 $y_1 > 3x_1$ 时，可取 $x_i = 0$ 以简化计算，则上式为：

$$\sqrt{\left(\frac{T \cdot y_1}{\sum y_i^2}\right)^2 + \left(\frac{F}{n}\right)^2} \leqslant N_{\min}^b \tag{7-52}$$

设计时通常是先按构造要求排好螺栓，再用式（7-51）验算受力最大的螺栓。由于连接是由受力最大螺栓的承载力控制，而其他大多数螺栓受力较小，不能充分发挥作用，因此这是一种偏安全的弹性设计法。

【例 7-9】 试验算图 7-56（a）所示的普通螺栓连接。柱翼缘板厚度为 10mm，连接板厚度为 8mm，钢材为 Q235B，荷载设计值 $F = 150$kN，偏心距 $e = 250$mm，螺栓为 M22 粗制螺栓。

【解】 $\sum x_i^2 + \sum y_i^2 = 10 \times 60^2 + (4 \times 80^2 + 4 \times 160^2) = 0.164 \times 10^6 \text{mm}^2$

$T = F \cdot e = 150 \times 0.25 = 37.5 \text{kN} \cdot \text{m}$

$$N_{1Tx} = \frac{T \cdot y_1}{\sum x_i^2 + \sum y_i^2} = \frac{37.5 \times 10^6 \times 160}{0.164 \times 10^6} = 36.6 \text{kN}$$

$$N_{1Ty} = \frac{T \cdot x_1}{\sum x_i^2 + \sum y_i^2} = \frac{37.5 \times 10^6 \times 60}{0.164 \times 10^6} = 13.7 \text{kN}$$

$$N_{1F} = \frac{F}{n} = \frac{150}{10} = 15 \text{kN}$$

$$N_1 = \sqrt{N_{1Tx}^2 + (N_{1Ty} + N_{1F})^2} = \sqrt{36.6^2 + (13.7 + 15)^2} = 46.5 \text{kN}$$

螺栓直径 $d = 22$mm，单个螺栓的设计承载力为：

螺栓杆抗剪：$N_v^b = n_v \frac{\pi d^2}{4} f_v^b = 1 \times \frac{3.14 \times 22^2}{4} \times 140 = 53.2 \text{kN} > 46.5 \text{kN}$

孔壁承压：$N_c^b = d \sum t \cdot f_c^b = 22 \times 8 \times 305 = 53.7 \text{kN} > 46.5 \text{kN}$

故该连接强度满足要求。

7.6.5.3 普通螺栓群轴心受拉

图 7-57 所示螺栓群在轴心作用下的抗拉连接，通常假定每个螺栓平均受力，则连接所需螺栓数为：

$$n = \frac{N}{N_t^b} \tag{7-53}$$

式中 N_t^b——单个螺栓的抗拉承载力设计值。

7.6.5.4 普通螺栓群弯矩受拉（例 7-10）

图 7-58 所示为螺栓群在弯矩作用下的抗拉连接（图中的剪力 V 通过承托板传递）。设

中和轴至端板受压边缘的距离为 c，在弯矩作用下，离中和轴越远的螺栓所受拉力越大，而压应力则由弯矩指向一侧的部分端板承受。

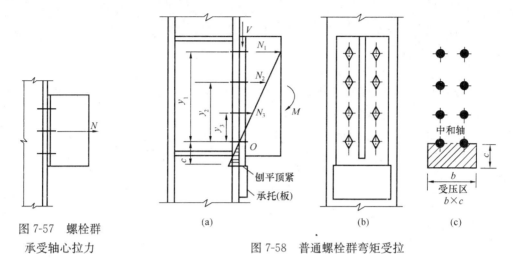

图 7-57　螺栓群承受轴心拉力

图 7-58　普通螺栓群弯矩受拉

这种连接的受力有如下特点：受拉螺栓截面只是孤立的几个螺栓点，而端板受压区则是宽度较大的实体矩形截面（图 7-58c）。当计算其形心位置作为中和轴时，所求得的端板受压区高度 c 总是很小，中和轴通常在弯矩指向一侧最外排螺栓附近的某个位置。因此，实际计算时可近似取中和轴位于最下排螺栓 O 处（弯矩作用方向如图 7-58a 所示时），即认为连接变形为绕 O 处水平轴转动，螺栓拉力与 O 点算起的纵坐标 y 成正比。

按弹性设计法，仿式（7-48）推导时的基本假设，并在对 O 处水平轴列弯矩平衡方程时，偏安全地忽略力臂很小的端板受压区部分的力矩而只考虑受拉螺栓部分，则得（各 y_i 均自 O 点算起）：

$$N_1/y_1 = N_2/y_2 = \cdots = N_i/y_i = \cdots = N_n/y_n$$

$$\begin{aligned}M &= N_1 y_1 + N_2 y_2 + \cdots + N_i y_i + \cdots + N_n y_n\\ &= (N_1/y_1)y_1^2 + (N_2/y_2)y_2^2 + \cdots + (N_i/y_i)y_i^2 + \cdots + (N_n/y_n)y_n^2\\ &= (N_i/y_i)\sum y_i^2\end{aligned}$$

故得螺栓 i 的拉力为：

$$N_i = My_i/\sum y_i^2 \quad (7\text{-}54)$$

设计时要求受力最大的最外排螺栓 1 的拉力不超过单个螺栓的抗拉承载力设计值：

$$N_1 = My_1/\sum y_i^2 \leqslant N_t^b \quad (7\text{-}55)$$

【**例 7-10**】如图 7-59 所示，牛腿通过 C 级普通螺栓以及承托与柱连接，该连接承受竖向荷载设计值 $F=220\text{kN}$，偏心距 $e=200\text{mm}$，钢材采用 Q235B，螺栓为 M20 粗制螺栓，试设计该螺栓连接。

【**解**】牛腿的剪力 $V=F=220\text{kN}$，由端板刨平顶紧于承托传递；弯矩 $M=F\cdot e$

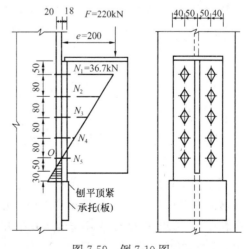

图 7-59　例 7-10 图

$=220×0.2=44\text{kN·m}$，由螺栓群连接传递，使螺栓受拉。

初步假定螺栓布置如图 7-59 所示，对最下排螺栓 O 轴取矩，最大受力螺栓（最上排螺栓 1）的拉力为：

$$N_1 = My_1/\sum y_i^2 = (44×10^3×320)/[2×(80^2+160^2+240^2+320^2)] = 36.7\text{kN}$$

单个螺栓的抗拉承载力设计值为：

$$N_t^b = A_e f_t^b = 245×170 = 41.7\text{kN} > N_1 = 36.7\text{kN}$$

故所设计的螺栓连接满足承载力要求，确定采用。

7.6.5.5 普通螺栓群偏心受拉（例 7-11、例 7-12）

由图 7-60（a）可知，螺栓群偏心受拉相当于连接承受轴心拉力 N 和弯矩 $M = N·e$ 的联合作用。按弹性设计法，根据偏心距的大小可能出现小偏心受拉和大偏心受拉两种情况。

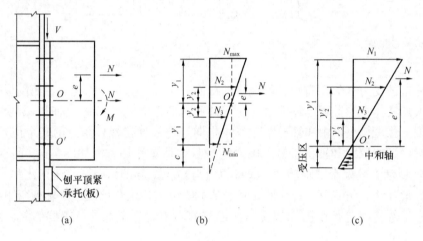

图 7-60 螺栓群偏心受拉

（1）小偏心受拉

对于小偏心情况（图 7-60b），所有螺栓均承受拉力作用，端板与柱翼缘有分离趋势，故轴心拉力 N 由各螺栓均匀承受；而弯矩 M 则引起以螺栓群形心 O 处水平轴为中和轴的三角形应力分布（图 7-60b），表现为上部螺栓受拉，下部螺栓受压；叠加后全部螺栓均为受拉（图 7-60b）。这样可得受力最小和最大螺栓的拉力计算公式如下（各 y_i 均自 O 点算起）：

$$N_{\min} = N/n - Ney_1/\sum y_i^2 \geqslant 0 \qquad (7\text{-}56)$$

$$N_{\max} = N/n + Ney_1/\sum y_i^2 \leqslant N_t^b \qquad (7\text{-}57)$$

式（7-56）表示全部螺栓受拉，不存在受压区，该式也即是小偏心受拉的条件验算式；式（7-57）表示受力最大螺栓的拉力不超过单个螺栓的承载力设计值。

（2）大偏心受拉

当条件验算式（7-56）计算得到 $N_{\min} = N/n - Ney_1/\sum y_i^2 < 0$ 时，则端板底部将出现受压区（图 7-60c），这种情况往往是在偏心距 e 比较大时出现，故称为大偏心受拉。

仿式（7-54）的推导并偏安全地取中和轴位于最下排螺栓 O' 处，按相似步骤列出对 O' 处水平轴的弯矩平衡方程，可得（e' 和各 y_i' 均自 O' 点算起，最上排螺栓 1 的拉力

N_1 最大）：
$$N_1/y'_1 = N_2/y'_2 = \cdots = N_i/y'_i = \cdots = N_n/y'_n$$
$$Ne' = N_1 y'_1 + N_2 y'_2 + \cdots + N_i y'_i + \cdots + N_n y'_n$$
$$= (N_1/y'_1)y'^2_1 + (N_2/y'_2)y'^2_2 + \cdots + (N_i/y'_i)y'^2_i + \cdots + (N_n/y'_n)y'^2_n$$
$$= (N_i/y'_i)\sum y'^2_i$$
$$N_1 = Ne'y'_1/\sum y'^2_i \leqslant N^b_t$$

任意一点的螺栓拉力为：
$$N_i = Ne'y'_i/\sum y'^2_i \tag{7-58}$$

【例 7-11】 图 7-61 为一刚接屋架下弦节点，螺栓布置如图 7-61（a）所示，竖向力由承托承受，偏心拉力设计值 $N=250$kN，$e=100$mm，螺栓为 C 级。试确定该连接的螺栓大小。

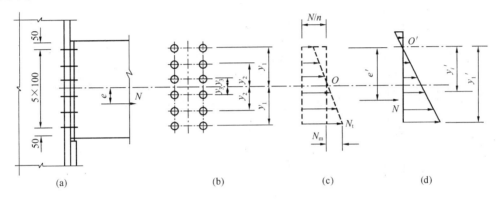

图 7-61 例 7-11、例 7-12 图

【解】 由条件式（7-56）可得：
$$N_{\min} = N/n - Ney_1/\sum y^2_i$$
$$= \frac{250 \times 10^3}{12} - \frac{250 \times 10^3 \times 100 \times 250}{4 \times (50^2 + 150^2 + 250^2)} = 3.0\text{kN} \geqslant 0$$

故该连接属小偏心受拉（图 7-61c），应由式（7-57）进行计算：
$$N_{\max} = N/n + Ney_1/\sum y^2_i$$
$$= \frac{250 \times 10^3}{12} + \frac{250 \times 10^3 \times 100 \times 250}{4 \times (50^2 + 150^2 + 250^2)} = 38.7\text{kN}$$

则需要的螺栓有效面积：
$$A_e = \frac{38.7 \times 10^3}{170} = 228\text{mm}^2$$

故采用 M20 螺栓，$A_e = 245\text{mm}^2$。

【例 7-12】 同例 7-11，但取 $e = 200$mm。

【解】 由条件式（7-56）可得：
$$N_{\min} = N/n - Ney_1/\sum y^2_i \text{（注：各 } y_i \text{ 均自 } O \text{ 点算起）}$$
$$= \frac{250 \times 10^3}{12} - \frac{250 \times 10^3 \times 200 \times 250}{4 \times (50^2 + 150^2 + 250^2)} = -14.9\text{kN} < 0$$

故该连接属大偏心受拉（图 7-61d），应由式（7-58）进行计算：

$$N_1 = Ne'y'_1/\sum y'^2_i \text{（注：}e' \text{和各} y'_i \text{均自} O' \text{点算起）}$$

$$= \frac{250 \times 10^3 \times (200+250) \times 500}{2 \times (500^2 + 400^2 + 300^2 + 200^2 + 100^2)} = 51.1\text{kN}$$

则需要的螺栓有效面积：

$$A_e = \frac{51.1 \times 10^3}{170} = 301\text{mm}^2$$

故采用 M22 螺栓，$A_e = 303\text{mm}^2$。

7.6.5.6 普通螺栓群受拉剪共同作用（例 7-13）

【**例 7-13**】 图 7-62 为短横梁与柱翼缘的连接，剪力设计值 $V=250\text{kN}$，$e=120\text{mm}$，螺栓为 C 级，钢材为 Q235B，手工焊，焊条 E43 型，按考虑设承托和不设承托两种情况分别设计此连接。

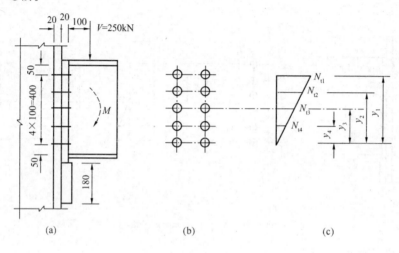

图 7-62 例 7-13 图

【**解**】 (1) 当设承托时考虑承托传递全部剪力 $V=250\text{kN}$，则螺栓群只承受由偏心力引起的弯矩 $M=V \cdot e = 250 \times 0.12 = 30\text{kN} \cdot \text{m}$。按弹性设计法，可假定螺栓群旋转中心在弯矩指向一侧最下排螺栓的轴线上。螺栓排列如图 7-62 所示，设螺栓为 M20（$A_e = 245\text{mm}^2$），则单个螺栓的抗拉承载力设计值为：

$$N_t^b = A_e f_t^b = 245 \times 170 = 41.6\text{kN}$$

由式 (7-55)，受力最大的螺栓承受的拉力为：

$$N_1 = My_1/\sum y_i^2 = \frac{30 \times 10^3 \times 400}{2 \times (100^2 + 200^2 + 300^2 + 400^2)} = 20\text{kN} < N_t^b = 41.6\text{kN}$$

剪力 V 由承托板承受，需要验算承托板的连接焊缝，设承托与柱翼缘的连接角焊缝为两面侧焊，并取焊脚尺寸 $h_f = 10\text{mm}$，则焊缝应力为：

$$\tau_f = \frac{1.35V}{\sum h_e l_w} = \frac{1.35 \times 250 \times 10^3}{2 \times 0.7 \times 10 \times (180 - 2 \times 10)} = 150.7\text{N/mm}^2 < f_f^w = 160\text{N/mm}^2$$

式中的常数 1.35 是为了考虑剪力 V 对承托与柱翼缘连接角焊缝的偏心影响。

(2) 当不设承托时，则螺栓群同时承受剪力 $V=250\text{kN}$ 和弯矩 $M=30\text{kN} \cdot \text{m}$ 作用。

单个螺栓承载力设计值为：

$$N_v^b = n_v \frac{\pi d^2}{4} f_v^b = 1 \times \frac{3.14 \times 20^2}{4} \times 140 = 44.0 \text{kN}$$

$$N_c^b = d\sum t \cdot f_c^b = 20 \times 20 \times 305 = 122 \text{kN}$$

$$N_t^b = 41.6 \text{kN}$$

由前面计算可知，单个螺栓的最大拉力 $N_t = 20 \text{kN}$；

单个螺栓的剪力 $N_v = \dfrac{V}{n} = \dfrac{250}{10} = 25 \text{kN} < N_c^b = 122 \text{kN}$

在剪力和拉力联合作用下：

$$\sqrt{\left(\frac{N_v}{N_v^b}\right)^2 + \left(\frac{N_t}{N_t^b}\right)^2} = \sqrt{\left(\frac{25}{44.0}\right)^2 + \left(\frac{20}{41.6}\right)^2} = 0.744 < 1$$

7.7 高强度螺栓连接的设计

7.7.1 高强度螺栓的预拉力及抗滑移系数

前已述及，高强度螺栓连接按其设计准则分为摩擦型连接和承压型连接两种类型。摩擦型连接是依靠被连接件之间的摩擦阻力传递内力，并以荷载设计值引起的剪力不超过摩擦阻力这一条件作为设计准则。高强度螺栓的预拉力 P（即板件间的法向压紧力）、摩擦面间的抗滑移系数等因素直接影响到高强度螺栓连接的承载力。

(1) 高强度螺栓的预拉力

高强度螺栓的设计预拉力 P 由下式计算得到：

$$P = \frac{0.9 \times 0.9 \times 0.9}{1.2} A_e f_u \tag{7-59}$$

式中 A_e——螺栓的有效截面面积；

  f_u——螺栓材料经热处理后的最低抗拉强度，对 8.8 级螺栓，$f_u = 830 \text{N/mm}^2$；对 10.9 级螺栓，$f_u = 1040 \text{N/mm}^2$。

式 (7-59) 中的系数考虑了以下几个因素：

① 拧紧螺帽时螺栓同时受到预拉力引起的拉应力 σ 和由螺纹力矩引起的扭转剪应力 τ 共同作用，其折算应力为：

$$\sqrt{\sigma^2 + 3\tau^2} = \eta \sigma$$

根据试验分析，系数 η 在 1.15～1.25 之间，取平均值为 1.2。式 (7-59) 中分母的 1.2 即为考虑拧紧螺栓时扭矩对螺杆的不利影响系数；

② 施工时为了补偿高强度螺栓预拉力的松弛损失，一般超张拉 5%～10%，故式 (7-59) 右端分子中考虑了一个超张拉系数 0.9；

③ 考虑螺栓材质不均匀性，式 (7-59) 分子中引入一个折减系数 0.9；

④ 由于以螺栓的抗拉强度 f_u 而非通常情况下的屈服强度为基准（高强度螺栓没有明显的屈服点），为安全起见，式 (7-59) 分子中再引入一个附加安全系数 0.9。

各种规格高强度螺栓预拉力的取值见表 7-8。

单个高强度螺栓的设计预拉力值（kN）　　　　　表 7-8

螺栓的性能等级	螺栓公称直径（mm）					
	M16	M20	M22	M24	M27	M30
8.8 级	80	125	150	175	230	280
10.9 级	100	155	190	225	290	355

(2) 高强度螺栓的抗滑移系数

高强度螺栓摩擦面抗滑移系数的大小与连接处构件接触面的处理方法以及构件的钢号有关。试验表明，此系数会随着被连接构件接触面间的压紧力减小而降低，故与物理学中的摩擦系数有区别。

摩擦面的抗滑移系数 μ 值　　　　　表 7-9

在连接处构件接触面的处理方法	构件的钢号		
	Q235 钢	Q345、Q390 钢	Q420 钢
喷砂（丸）	0.45	0.50	0.50
喷砂（丸）后涂无机富锌漆	0.35	0.40	0.40
喷砂（丸）后生赤锈	0.45	0.50	0.50
钢丝刷清除浮锈或未经处理的干净轧制表面	0.30	0.35	0.40

钢材表面经喷砂（丸）除锈后，表面看来光滑平整，实际上金属表面存在着微观的凹凸不平，高强度螺栓连接在很高的压紧力作用下，被连接构件表面将相互啮合。钢材强度和硬度愈高，要使这种啮合的接触面产生滑移的力就愈大，故 μ 值与钢种有关。

试验证明，摩擦面涂红丹防锈漆后 $\mu<0.15$，即使经处理后仍然很低，故严禁在摩擦面上涂刷红丹。另外，连接在潮湿或淋雨条件下拼装，也会降低 μ 值，故应采取有效措施保证连接处表面的干燥。

7.7.2 高强度螺栓的抗剪连接

(1) 高强度螺栓摩擦型连接

高强度螺栓在拧紧时，螺杆中产生了很大的预拉力，而被连接板件间则产生很大的预压力。如图 7-48 (b) 所示，连接受力后由于接触面上产生的摩擦力，能在相当大的荷载情况下阻止板件间的相对滑移，因而摩擦传力的弹性工作阶段较长。当外力超过接触面摩擦力后，板件间即产生相对滑动。高强度螺栓摩擦型连接以板件间出现滑动为抗剪承载力极限状态，故它的最大承载力不能取图 7-48 (b) 的最高点，而应取板件产生相对滑动的起始点"1"。

摩擦型连接的承载力取决于构件接触面的摩擦力，而此摩擦力的大小与螺栓所受预拉力、摩擦面的抗滑移系数以及连接的传力摩擦面数有关。因此单个摩擦型连接高强度螺栓的抗剪承载力设计值为：

$$N_v^b = 0.9 n_f \mu P \tag{7-60}$$

式中　0.9——抗力分项系数 γ_R（$\gamma_R=1.111$）的倒数；

n_f——传力摩擦面数目；单剪时 $n_f=1$；双剪时 $n_f=2$；

P——单个高强度螺栓的设计预拉力，按表 7-8 采用；

μ——摩擦面抗滑移系数，按表 7-9 采用。

试验证明，低温对摩擦型连接高强度螺栓抗剪承载力无明显影响，但当 $t=100\sim150℃$ 时，螺栓的预拉力将产生温度损失，故应将摩擦型连接高强度螺栓的抗剪承载力设计值降低 10%；当 $t>150℃$ 时，应采取隔热措施，以使连接温度在 150℃ 或 100℃ 以下。

(2) 高强度螺栓承压型连接

承压型连接高强度螺栓受剪时，从受力直至破坏的荷载—位移（N-δ）曲线如图 7-48(b) 所示。由于它允许接触面滑动并以连接达到破坏的极限状态作为设计准则，接触面的摩擦力只起着延缓滑动的作用，因此承压型连接的最大抗剪承载力应取图 7-48(b) 曲线最高点"4"。连接达到极限承载力时，由于螺杆伸长预拉力几乎全部消失，故高强度螺栓承压型连接的计算方法与普通螺栓连接相同，仍可采用式（7-41）和式（7-42）计算单个抗剪螺栓的承载力，只是应采用承压型连接高强度螺栓的强度设计值。

需要注意区别的是：当剪切面在螺纹处时，承压型连接高强度螺栓的抗剪承载力应按螺纹处的有效截面 A_e 计算；但对于普通螺栓，其抗剪承载力是根据连接的试验数据统计而定，试验时未分剪切面是否在螺纹处，故计算普通螺栓的抗剪承载力时直接采用公称直径。

由于承压型连接高强度螺栓的计算准则与摩擦型连接不同，故前者对构件接触面的要求较低，除应清除油污和浮锈外，不再要求做其他处理。

7.7.3 高强度螺栓的抗拉连接

(1) 高强度螺栓摩擦型连接

高强度螺栓在承受外拉力前，螺杆中存在很大的预拉力 P，板层间存在与之相平衡的压紧力 C，拉力 P 与压力 C 是等值反向的（图 7-63a）。

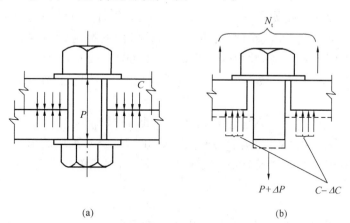

图 7-63 高强度螺栓受拉
(a) $P=C$；(b) $P+\Delta P=N_t+(C-\Delta C)$

当对螺栓连接施加外拉力 N_t 后，栓杆被拉长，此时螺杆中拉力增量为 ΔP，同时压紧的板件被拉松，使压力 C 减少了 ΔC（图 7-63b）。计算表明，即使当加于螺栓连接的外拉力 N_t 为预拉力 P 的 80% 时，螺杆拉力增加却很少（$\Delta P\approx0$），因此，可认为此时螺杆的预拉力基本不变，但同时接触面间仍能保持一定的压紧力（压紧力约为 P-N_t），整个板面始终处于紧密接触状态。

同时由实验得知，当外拉力 N_t 大于螺栓预拉力 P 时，卸荷后螺杆中的预拉力会变小，即发生松弛现象；但如果外拉力小于螺栓预拉力的 80% 时，则无松弛现象发生。

由上述分析，故《钢结构设计规范》（GB 50017—2003）规定，沿杆轴方向受拉的高强度螺栓摩擦型连接中，单个高强度螺栓抗拉承载力设计值取为：

$$N_t^b = 0.8P \tag{7-61}$$

应当注意式（7-61）的取值没有考虑杠杆作用引起的撬力影响。研究表明，当螺栓连接所受外拉力 $N_t \leqslant 0.5P$ 时，连接不出现撬力；撬力 Q 大约在 N_t 达到 $0.5P$ 时开始出现，起初增加缓慢，以后逐渐加快，到临近破坏时因螺栓开始屈服而又有所下降。

由于撬力 Q 的存在，使得高强度螺栓的抗拉承载力有所下降。因此，如果在设计中不计算撬力 Q，应使 $N_t \leqslant 0.5P$ 或者增大 T 形连接件翼缘板的刚度。分析表明当翼缘板的厚度 t_1 不小于 2 倍螺栓直径时，螺栓中可完全不产生撬力，但实际工程中很难满足这一条件，故一般采用设置加劲肋（图 7-53）来增大 T 形连接件翼缘板的刚度。

在直接承受动力荷载的结构中，由于高强度螺栓连接受拉时的疲劳强度较低，每个高强度螺栓的外拉力不宜超过 $0.6P$，当需考虑撬力影响时外拉力还应降低。

(2) 高强度螺栓承压型连接

承压型连接高强度螺栓的预拉力与摩擦型连接高强度螺栓相同，考虑到承压型连接高强度螺栓的设计准则与普通螺栓类似，故其抗拉承载力设计值 N_t^b 采用与普通螺栓相同的计算公式 $N_t^b = A_e f_t^b$（注意强度设计值 f_t^b 取值不同），不过按此式计算得到的结果与 $0.8P$ 相差不大。

7.7.4 高强度螺栓受拉剪共同作用

(1) 高强度螺栓摩擦型连接

如前所述，当螺栓连接所受外拉力 $N_t \leqslant 0.8P$ 时，螺杆中的预拉力 P 基本不变，但板层间压力将减小到 $P - N_t$。试验研究表明，这时接触面的抗滑移系数 μ 也有所降低，而且 μ 值随 N_t 的增大而减小。钢结构设计规范（GB 50017—2003）将 N_t 乘以 1.25 的系数来考虑 μ 值降低的不利影响，故单个摩擦型连接高强度螺栓有拉力作用时的抗剪承载力设计值为：

$$N_{v,t}^b = 0.9 n_f \mu (P - 1.25 N_t) \tag{7-62}$$

公式（7-62）是旧版《钢结构设计规范》（GBJ 17—88）采用的形式，在新版《钢结构设计规范》（GB 500017—2003）中，其承载力采用直线相关公式表达：

$$\frac{N_v}{N_v^b} + \frac{N_t}{N_t^b} \leqslant 1 \tag{7-63}$$

式中　N_v、N_t ——单个高强度螺栓所承受的剪力和拉力；

N_v^b ——单个高强度螺栓抗剪承载力设计值，$N_v^b = 0.9 n_f \mu P$；

N_t^b ——单个高强度螺栓抗拉承载力设计值，$N_t^b = 0.8P$。

将 N_v^b 和 N_t^b 代入公式（7-63），即可得到公式（7-62），可见二者是等效的，应用时可任选一种形式进行计算。

(2) 高强度螺栓承压型连接

同时承受剪力和杆轴方向拉力的承压型连接高强度螺栓的计算方法与普通螺栓相同，即：

$$\sqrt{\left(\frac{N_\mathrm{v}}{N_\mathrm{v}^\mathrm{b}}\right)^2+\left(\frac{N_\mathrm{t}}{N_\mathrm{t}^\mathrm{b}}\right)^2}\leqslant 1 \qquad (7\text{-}64)$$

高强度螺栓承压型连接只承受剪力时，由于板层间存在着由高强度螺栓预拉力产生的强大压紧力，当板层间的摩擦力被克服，螺杆与孔壁接触挤压时，板件孔前区形成三向压应力场，因而承压型连接高强度螺栓的承压强度比普通螺栓高得多（两者相差约50%）。但当承压型连接高强度螺栓同时受有沿杆轴方向的拉力时，由于板层间压紧力随外拉力的增加而减小，因而其承压强度设计值也随之降低。

为了计算简便，《钢结构设计规范》（GB 50017—2003）规定只要有外拉力存在，就将承压强度设计值除以1.2予以降低，而忽略承压强度设计值随外拉力大小而变化这一因素。因为所有高强度螺栓的外拉力一般均不大于0.8P，此时整个板层间始终处于紧密接触状态，采用统一除以1.2的做法来降低承压强度，一般能保证安全。

因此对于兼受剪力和杆轴方向拉力的承压型连接高强度螺栓，除按式（7-64）计算螺栓的强度外，尚应按下式计算孔壁承压：

$$N_\mathrm{v}\leqslant N_\mathrm{c}^\mathrm{b}/1.2=\frac{1}{1.2}d\Sigma t\cdot f_\mathrm{c}^\mathrm{b} \qquad (7\text{-}65)$$

式中　N_c^b——只承受剪力时孔壁承压承载力设计值；

f_c^b——承压型连接高强度螺栓的承压强度设计值，按附录附表1-3取值。

7.7.5　单个螺栓承载力设计值公式汇总

根据前述分析，现将各种受力情况的单个螺栓（包括普通螺栓和高强度螺栓）承载力设计值的计算式汇总于表7-10中以便对照和应用。

单个螺栓承载力设计值　　　　　　　　　　　　表 7-10

序号	螺栓种类	受力状态	计 算 式	备 注
1	普通螺栓	受剪	$N_\mathrm{v}^\mathrm{b}=n_\mathrm{v}\dfrac{\pi d^2}{4}f_\mathrm{v}^\mathrm{b}$ $N_\mathrm{c}^\mathrm{b}=d\Sigma t\cdot f_\mathrm{c}^\mathrm{b}$	取 N_v^b 与 N_c^b 中较小值
		受拉	$N_\mathrm{t}^\mathrm{b}=\dfrac{\pi d_\mathrm{e}^2}{4}f_\mathrm{t}^\mathrm{b}$	
		兼受剪拉	$\sqrt{\left(\dfrac{N_\mathrm{v}}{N_\mathrm{v}^\mathrm{b}}\right)^2+\left(\dfrac{N_\mathrm{t}}{N_\mathrm{t}^\mathrm{b}}\right)^2}\leqslant 1$ $N_\mathrm{v}\leqslant N_\mathrm{c}^\mathrm{b}$	
2	摩擦型连接 高强度螺栓	受剪	$N_\mathrm{v}^\mathrm{b}=0.9n_\mathrm{f}\mu P$	
		受拉	$N_\mathrm{t}^\mathrm{b}=0.8P$	
		兼受剪拉	$N_\mathrm{v,t}^\mathrm{b}=0.9n_\mathrm{f}\mu(P-1.25N_\mathrm{t})$ $N_\mathrm{t}\leqslant 0.8P$	计算式也可采用 $\dfrac{N_\mathrm{v}}{N_\mathrm{v}^\mathrm{b}}+\dfrac{N_\mathrm{t}}{N_\mathrm{t}^\mathrm{b}}\leqslant 1$
3	承压型连接 高强度螺栓	受剪	$N_\mathrm{v}^\mathrm{b}=n_\mathrm{v}\dfrac{\pi d^2}{4}f_\mathrm{v}^\mathrm{b}$ $N_\mathrm{c}^\mathrm{b}=d\Sigma t\cdot f_\mathrm{c}^\mathrm{b}$	当剪切面在螺纹处时 $N_\mathrm{v}^\mathrm{b}=n_\mathrm{v}\dfrac{\pi d_\mathrm{e}^2}{4}f_\mathrm{v}^\mathrm{b}$
		受拉	$N_\mathrm{t}^\mathrm{b}=\dfrac{\pi d_\mathrm{e}^2}{4}f_\mathrm{t}^\mathrm{b}$	
		兼受剪拉	$\sqrt{\left(\dfrac{N_\mathrm{v}}{N_\mathrm{v}^\mathrm{b}}\right)^2+\left(\dfrac{N_\mathrm{t}}{N_\mathrm{t}^\mathrm{b}}\right)^2}\leqslant 1$ $N_\mathrm{v}\leqslant N_\mathrm{c}^\mathrm{b}/1.2$	

7.7.6 高强度螺栓连接计算的应用举例

7.7.6.1 高强度螺栓群承受轴心剪力作用（例7-14）

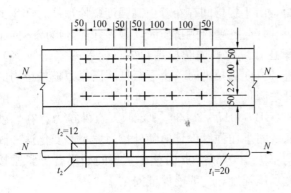

图 7-64 例 7-14 图

【例 7-14】 试设计一双盖板拼接的钢板连接。钢材为 Q235B，高强度螺栓为 8.8 级的 M20，连接处构件接触面采用喷砂处理，作用在螺栓群连接形心处的轴心拉力设计值 $N=800\text{kN}$，试设计此连接。

【解】 (1) 采用摩擦型连接时

由表 7-8 查得 8.8 级 M20 高强度螺栓的预拉力 $P=125\text{kN}$，由表 7-9 查得对于 Q235 钢材接触面作喷砂处理时 $\mu=0.45$。

单个螺栓的抗剪承载力设计值为：

$$N_v^b = 0.9 n_f \mu P = 0.9 \times 2 \times 0.45 \times 125 = 101.3 \text{kN}$$

所需螺栓数：

$$n = \frac{N}{N_v^b} = \frac{800}{101.3} = 7.9，取 9 个。$$

螺栓排列如图 7-64 右边所示。

(2) 采用承压型连接时

单个螺栓的抗剪承载力设计值为：

$$N_v^b = n_v \frac{\pi d^2}{4} f_v^b = 2 \times \frac{3.14 \times 20^2}{4} \times 250 = 157.0 \text{kN}$$

$$N_c^b = d \Sigma t \cdot f_c^b = 20 \times 20 \times 470 = 188.0 \text{kN}$$

所需螺栓数：

$$n = \frac{N}{N_{\min}^b} = \frac{800}{157.0} = 5.1，取 6 个。$$

螺栓排列如图 7-64 左边所示。

需要注意的是，对于承受轴心剪力作用的高强度螺栓摩擦型连接，在杆件设计中，当验算杆件及连接板的净截面强度时，因为截面上每个螺栓所传之力的一部分已经由摩擦力在孔前传走（图 7-65），净截面上所受内力应扣除已传走的力。因此，验算最外列螺栓处危险截面的强度时，应按下式计算：

$$\sigma = \frac{N'}{A_n} \leqslant f \quad (7\text{-}66\text{a})$$

$$N' = N(1 - 0.5 n_1/n) \quad (7\text{-}66\text{b})$$

式中 n——连接一侧的高强度螺栓总数；

n_1——计算截面（最外列螺栓处）上的高强度螺栓数；

0.5——孔前传力系数。

承受轴心剪力作用的高强度螺栓摩擦型连接的杆件，除按式（7-66）验算净截面强度外，还应按下式验算毛截面强度：

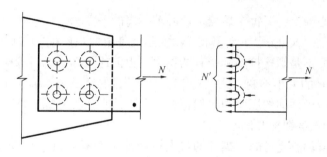

图 7-65 高强度螺栓的孔前传力

$$\sigma = \frac{N}{A} \leqslant f \tag{7-67}$$

式中 A——构件的毛截面面积。

7.7.6.2 高强度螺栓群承受扭矩作用或扭矩、剪力共同作用

高强度螺栓群在扭矩作用或扭矩、剪力共同作用时的抗剪计算方法与普通螺栓群相同,但应采用高强度螺栓承载力设计值进行计算。

7.7.6.3 高强度螺栓群承受轴心拉力作用时所需螺栓数目:

高强度螺栓群承受轴心拉力作用

$$n \geqslant \frac{N}{N_t^b}$$

式中 N_t^b——沿杆轴方向受拉力时,单个高强度螺栓(摩擦型连接或承压型连接)的承载力设计值(见表 7-10)。

7.7.6.4 高强度螺栓群弯矩受拉

高强度螺栓连接(包括摩擦型和承压型)的外拉力 N_t 设计要求总是小于等于 $0.8P$,在连接受弯矩而使螺栓沿螺杆方向受力时,被连接构件的接触面仍一直保持紧密贴合,因此,可认为中和轴在螺栓群的形心轴上(图 7-66),而最外排螺栓受力最大。按照普通螺栓群小偏心受拉中关于弯矩使螺栓产生最大拉力的推导方法,同样可得高强度螺栓群弯矩受拉时的最大拉力及其验算式为:

$$N_1 = \frac{My_1}{\Sigma y_i^2} \leqslant N_t^b \tag{7-68}$$

式中 y_1——螺栓群形心轴至最外排螺栓的距离;

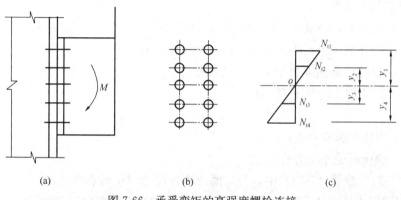

图 7-66 承受弯矩的高强度螺栓连接

Σy_i^2 ——形心轴上、下每个螺栓至形心轴距离的平方和。

需要明确的是，式（7-68）计算的 N_1 实际上是由弯矩产生的作用于高强度螺栓连接的最大外拉力，而不是螺栓杆实际受到的拉力。由前述可知，此时螺栓杆受到的拉力基本上保持着预拉力 P 的大小不变。式（7-68）计算的目的就是为了确保在外拉力作用下，每个螺栓环周边区域板件间的压紧力仍然存在，而不是直接验算螺栓杆本身。

7.7.6.5 高强度螺栓群偏心受拉

高强度螺栓群偏心受拉时，螺栓的最大设计外拉力不会超过 $0.8P$，板层间始终保持紧密贴合，端板不会被拉开，故摩擦型连接高强度螺栓和承压型连接高强度螺栓均可按普通螺栓小偏心受拉计算，即：

$$N_1 = \frac{N}{n} + \frac{Ne}{\Sigma y_i^2} y_1 \leqslant N_t^b \tag{7-69}$$

7.7.6.6 高强度螺栓群受拉弯剪共同作用（例 7-15）

(1) 摩擦型连接高强度螺栓

图 7-67 所示为摩擦型连接高强度螺栓承受拉力、弯矩和剪力共同作用时的情况。由前述可知，摩擦型连接高强度螺栓承受剪力和拉力联合作用时，螺栓连接板层间的压紧力和接触面的抗滑移系数将随外拉力的增加而减小，单个螺栓抗剪承载力设计值为：

$$N_{v,t}^b = 0.9 n_f \mu (P - 1.25 N_t) \tag{7-70}$$

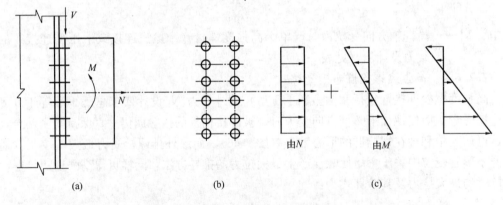

图 7-67 摩擦型连接高强度螺栓的应力

由图 7-67（c）可知，每行螺栓所受外拉力 N_{ti} 各不相同，故应按下式计算摩擦型连接高强螺栓群的抗剪强度：

$$V \leqslant n_0(0.9 n_f \mu P) + 0.9 n_f \mu [(P - 1.25 N_{t1}) + (P - 1.25 N_{t2}) + \cdots] \tag{7-71}$$

式中 n_0 ——受压区（包括中和轴处）的高强度螺栓数；

N_{t1}、N_{t2} ——受拉区高强度螺栓所承受的外拉力。

也可将式（7-71）写成下列形式。

$$V \leqslant 0.9 n_f \mu (nP - 1.25 \Sigma N_{ti}) \tag{7-72}$$

式中 n ——连接的螺栓总数；

ΣN_{ti} ——螺栓承受外拉力的总和。

在式（7-71）或式（7-72）中，只考虑螺栓外拉力对抗剪承载力的不利影响，未考虑受压区板层间压力增加的有利作用，故按该式计算的结果是略偏安全的。

此外，螺栓的最大外拉力尚应满足：
$$N_{ti} \leqslant N_t^b$$

（2）承压型连接高强度螺栓

对承压型连接高强度螺栓，应按表 7-10 中的相应公式计算螺栓杆的抗拉、抗剪强度，即按式（7-64）计算：

$$\sqrt{\left(\frac{N_v}{N_v^b}\right)^2 + \left(\frac{N_t}{N_t^b}\right)^2} \leqslant 1$$

同时还应按式（7-65）验算孔壁承压：
$$N_v \leqslant N_c^b/1.2$$

式中的 1.2 为承压强度设计值降低系数。

【**例 7-15**】 图 7-68 所示高强度螺栓摩擦型连接，图中内力均为设计值。被连接构件的钢材为 Q235B，螺栓为 10.9 级 M20，接触面采用喷砂处理，试验算此连接的承载力。

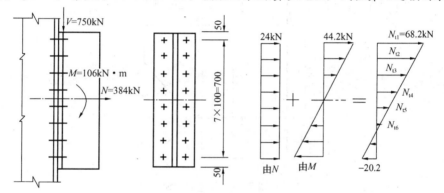

图 7-68 例 7-15 图

【**解**】 由表 7-8 和表 7-9 查得预拉力 $P=155\mathrm{kN}$，抗滑移系数 $\mu=0.45$。单个螺栓的最大外拉力为：

$$N_{t1} = \frac{N}{n} + \frac{My_1}{\sum y_i^2} = \frac{384 \times 10^3}{16} + \frac{106 \times 10^6 \times 350}{2 \times 2 \times (350^2 + 250^2 + 150^2 + 50^2)}$$
$$= 24.0 + 44.2 = 68.2\mathrm{kN} < 0.8P = 124\mathrm{kN}$$

按比例关系可求得螺栓所受外拉力：
$N_{t2}=55.6\mathrm{kN}, N_{t3}=42.9\mathrm{kN}, N_{t4}=30.3\mathrm{kN}, N_{t5}=17.7\mathrm{kN}, N_{t6}=5.1\mathrm{kN}$
故 $\sum N_{ti} = (68.2+55.6+42.9+30.3+17.7+5.1) \times 2 = 440\mathrm{kN}$
连接的受剪承载力设计值按式（7-72）计算：

$$\sum N_{v,t}^b = 0.9 n_f \mu (nP - 1.25 \sum N_{ti})$$
$$= 0.9 \times 1 \times 0.45 \times (16 \times 155 - 1.25 \times 440) = 781.7\mathrm{kN} > V$$
$$= 750\mathrm{kN}。$$

故连接承载力满足要求。

习 题

7-1 试设计双角钢与节点板的角焊缝连接（图 7-69）。钢材为 Q235B，焊条为 E43 型，手工焊，轴

心力设计值 $N=1000$kN，分别采用三面围焊和两面侧焊进行设计。

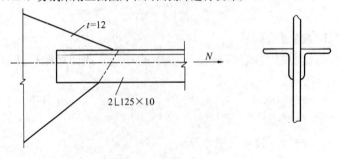

图 7-69 习题 7-1 图

7-2 试求图 7-70 所示连接的最大设计荷载。钢材 Q235B，焊条 E43 型，手工焊，角焊缝焊脚尺寸 $h_f=8$mm，$e_1=300$mm。

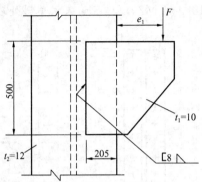

图 7-70 习题 7-2 图

7-3 试设计如图 7-71 所示牛腿与连接角焊缝①、②、③。钢材为 Q235B，焊条 E43 型，手工焊。

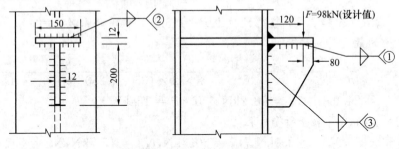

图 7-71 习题 7-3 图

7-4 习题 7-3 的连接中，如将焊缝②及焊缝③改为对接焊缝（按三级质量标准检验），试求该连接的最大荷载。

7-5 焊接工字形梁在腹板上设一道拼接的对接焊缝（图 7-72），拼接处作用有弯矩设计值 $M=1122$kN·m，剪力设计值 $V=374$kN，钢材为 Q235B，焊条 E43 型，半自动焊，三级检验标准，试验算该焊缝的强度。

7-6 试设计图 7-70 的粗制螺栓连接，$F=100$kN（设计值），$e_1=300$mm。

7-7 如图 7-73 所示构件连接，钢材为 Q235B，螺栓为粗制螺栓，$d_1=d_2=170$mm。试设计：

①角钢与连接板的螺栓连接；

②竖向连接板与柱翼缘板的螺栓连接。

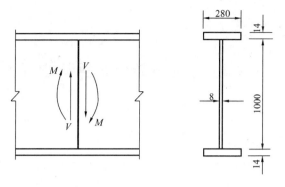

图 7-72 习题 7-5 图

7-8 按摩擦型连接高强度螺栓设计习题 7-7 中所要求的连接（取消承托板），螺栓强度级别及接触面处理方式自选。试分别按①$d_1=d_2=170$mm；②$d_1=150$mm，$d_2=190$mm 两种情况进行设计。

7-9 按承压型连接高强度螺栓设计习题 7-7 中角钢与连接板的连接。螺栓强度级别及接触面处理方式自选。

7-10 图 7-74 的牛腿用 2L100×20（由大角钢截得）及 10.9 级 M22 摩擦型连接高强度螺栓与柱相连，构件钢材为 Q235B，接触面采用喷砂处理，要求确定连接角钢两个肢上的螺栓数目。

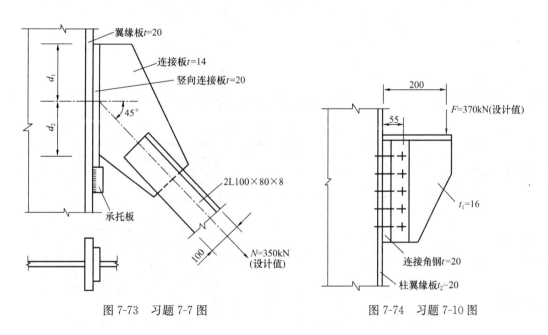

图 7-73 习题 7-7 图　　　　图 7-74 习题 7-10 图

附录

附录1 钢材和连接的强度设计值

钢材的强度设计值（N/mm²）　　　　　　　　　　　附表 1-1

钢材		抗拉、抗压和抗弯 f	抗剪 f_v	端面承压（刨平顶紧）f_{ce}
牌号	厚度或直径（mm）			
Q235 钢	≤16	215	125	325
	>16~40	205	120	
	>40~60	200	115	
	>60~100	190	110	
Q345 钢	≤16	310	180	400
	>16~35	295	170	
	>35~50	265	155	
	>50~100	250	145	
Q390 钢	≤16	350	205	415
	>16~35	335	190	
	>35~50	315	180	
	>50~100	295	170	
Q420 钢	≤16	380	220	440
	>16~35	360	210	
	>35~50	340	195	
	>50~100	325	185	

注：表中厚度系指计算点的厚度，对轴心受力构件系指截面中较厚板件的厚度。

焊缝的强度设计值（N/mm²）　　　　　　　　　　　附表 1-2

焊接方法和焊条型号	构件钢材		对接焊缝				角焊缝
	牌号	厚度或直径（mm）	抗压 f_c^w	焊缝质量为下列等级时，抗拉 f_t^w		抗剪 f_v^w	抗拉、抗压和抗剪 f_f^w
				一级、二级	三级		
自动焊、半自动焊和 E43 型焊条的手工焊	Q235 钢	≤16	215	215	185	125	160
		>16~40	205	205	175	120	
		>40~60	200	200	170	115	
		>60~100	190	190	160	110	
自动焊、半自动焊和 E50 型焊条的手工焊	Q345 钢	≤16	310	310	265	180	200
		>16~35	295	295	250	170	
		>35~50	265	265	225	155	
		>50~100	250	250	210	145	
自动焊、半自动焊和 E55 型焊条的手工焊	Q390 钢	≤16	350	350	300	205	220
		>16~35	335	335	285	190	
		>35~50	315	315	270	180	
		>50~100	295	295	250	170	
自动焊、半自动焊和 E55 型焊条的手工焊	Q420 钢	≤16	380	380	320	220	220
		>16~35	360	360	305	210	
		>35~50	340	340	290	195	
		>50~100	325	325	275	185	

注：1. 自动焊和半自动焊所采用的焊丝和焊剂，应保证其熔敷金属抗拉强度不低于现行国家标准《埋弧焊用碳钢焊丝和焊剂》GB/T 5293 和《低合金钢埋弧焊用焊剂》GB/T 12470 中相关的规定；
　　2. 焊缝质量等级应符合现行国家标准《钢结构工程施工质量验收规范》的规定；
　　3. 对接焊缝在受压区强度设计值取 f_c^w，在受拉区强度设计值取 f_t^w。

螺栓连接的强度设计值（N/mm²）　　　　　　　　附表1-3

螺栓的钢材牌号（或性能等级）和构件的钢材牌号		普通螺栓					锚栓	承压型连接高强度螺栓		
		C级螺栓			A级、B级螺栓					
		抗拉 f_t^b	抗剪 f_v^b	承压 f_c^b	抗拉 f_t^b	抗剪 f_v^b	承压 f_c^b	抗拉 f_t^a	抗拉 f_t^b	抗剪 f_v^b	承压 f_c^b
普通螺栓	4.6级、4.8级	170	140	—	—	—	—	—	—	—	—
	5.6级	—	—	—	210	190	—	—	—	—	—
	8.8级	—	—	—	400	320	—	—	—	—	—
锚栓	Q235钢	—	—	—	—	—	—	140	—	—	—
	Q345钢	—	—	—	—	—	—	180	—	—	—
承压型连接高强度螺栓	8.8级	—	—	—	—	—	—	—	400	250	—
	10.9级	—	—	—	—	—	—	—	500	310	—
构件	Q235钢	—	—	305	—	—	405	—	—	—	470
	Q345钢	—	—	385	—	—	510	—	—	—	590
	Q390钢	—	—	400	—	—	530	—	—	—	615
	Q420钢	—	—	425	—	—	560	—	—	—	655

注：1. A级螺栓用于 $d \leqslant 24mm$ 和 $l \leqslant 10d$ 或 $l \leqslant 150mm$（按较小值）的螺栓；B级螺栓用于 $d > 24mm$ 或 $l > 10d$ 或 $l > 150mm$（按较小值）的螺栓；d 为公称直径，l 为螺杆公称长度；
2. A、B级螺栓孔的精度和孔壁表面粗糙度、C级螺栓孔的允许偏差和孔壁表面粗糙度，均应符合现行国家标准《钢结构工程施工质量验收规范》GB 50205—2002的要求。

结构构件或连接设计强度的折减系数　　　　　　　　附表1-4

项次	情况	折减系数
1	单面连接的单角钢 （1）按轴心受力计算强度和连接 （2）按轴心受压计算稳定性 　　等边角钢 　　短边相连的不等边角钢 　　长边相连的不等边角钢	0.85 $0.6+0.0015\lambda$，但不大于1.0 $0.5+0.0025\lambda$，但不大于1.0 0.70
2	无垫板的单面施焊对接焊缝	0.85
3	施工条件较差的高空安装焊缝和铆钉连接	0.90
4	沉头和半沉头铆钉连接	0.80

注：1. λ——长细比，对中间无连系的单角钢压杆，应按最小回转半径计算；当 $\lambda < 20$ 时，取 $\lambda = 20$；
2. 当几种情况同时存在时，其折减系数应连乘。

附录2　轴心受压构件的稳定系数

a类截面轴心受压构件的稳定系数 φ　　　　　　　　附表2-1

$\lambda\sqrt{\dfrac{f_y}{235}}$	0	1	2	3	4	5	6	7	8	9
0	1.000	1.000	1.000	1.000	0.999	0.999	0.998	0.998	0.997	0.996
10	0.995	0.994	0.993	0.992	0.991	0.989	0.988	0.986	0.985	0.983
20	0.981	0.979	0.977	0.976	0.974	0.972	0.970	0.968	0.966	0.964
30	0.963	0.961	0.959	0.957	0.955	0.952	0.950	0.948	0.946	0.944
40	0.941	0.939	0.937	0.934	0.932	0.929	0.927	0.924	0.921	0.919
50	0.916	0.913	0.910	0.907	0.904	0.900	0.897	0.894	0.890	0.886

续表

$\lambda\sqrt{\dfrac{f_y}{235}}$	0	1	2	3	4	5	6	7	8	9
60	0.883	0.879	0.875	0.871	0.867	0.863	0.858	0.854	0.849	0.844
70	0.839	0.834	0.829	0.824	0.818	0.813	0.807	0.801	0.795	0.789
80	0.783	0.776	0.770	0.763	0.757	0.750	0.743	0.736	0.728	0.721
90	0.714	0.706	0.699	0.691	0.684	0.676	0.668	0.661	0.653	0.645
100	0.638	0.630	0.622	0.615	0.607	0.600	0.592	0.585	0.577	0.570
110	0.563	0.555	0.548	0.541	0.534	0.527	0.520	0.514	0.507	0.500
120	0.494	0.488	0.481	0.475	0.469	0.463	0.457	0.451	0.445	0.440
130	0.434	0.429	0.423	0.418	0.412	0.407	0.402	0.397	0.392	0.387
140	0.383	0.378	0.373	0.369	0.364	0.360	0.356	0.351	0.347	0.343
150	0.339	0.335	0.331	0.327	0.323	0.320	0.316	0.312	0.309	0.305
160	0.302	0.298	0.295	0.292	0.289	0.285	0.282	0.279	0.276	0.273
170	0.207	0.267	0.264	0.262	0.259	0.256	0.253	0.251	0.248	0.246
180	0.243	0.241	0.238	0.236	0.233	0.231	0.229	0.226	0.224	0.222
190	0.220	0.218	0.215	0.213	0.211	0.209	0.207	0.205	0.203	0.201
200	0.199	0.198	0.196	0.194	0.192	0.190	0.189	0.187	0.185	0.183
210	0.182	0.180	0.179	0.177	0.175	0.174	0.172	0.171	0.169	0.168
220	0.166	0.165	0.164	0.162	0.161	0.159	0.158	0.157	0.155	0.154
230	0.153	0.152	0.150	0.149	0.148	0.147	0.146	0.144	0.143	0.142
240	0.141	0.140	0.139	0.138	0.136	0.135	0.134	0.133	0.132	0.131
250	0.130									

b 类截面轴心受压构件的稳定系数 φ 附表 2-2

$\lambda\sqrt{\dfrac{f_y}{235}}$	0	1	2	3	4	5	6	7	8	9
0	1.000	1.000	1.000	0.999	0.999	0.998	0.997	0.996	0.995	0.994
10	0.992	0.991	0.989	0.987	0.985	0.983	0.981	0.978	0.976	0.973
20	0.970	0.967	0.963	0.960	0.957	0.953	0.950	0.946	0.943	0.939
30	0.936	0.932	0.929	0.925	0.922	0.918	0.914	0.910	0.906	0.903
40	0.899	0.895	0.891	0.887	0.882	0.878	0.874	0.870	0.865	0.861
50	0.856	0.852	0.847	0.842	0.838	0.833	0.828	0.823	0.818	0.813
60	0.807	0.802	0.797	0.791	0.786	0.780	0.774	0.769	0.763	0.757
70	0.751	0.745	0.739	0.732	0.726	0.720	0.714	0.707	0.701	0.694
80	0.688	0.681	0.675	0.668	0.661	0.655	0.648	0.641	0.635	0.628
90	0.621	0.614	0.608	0.601	0.594	0.588	0.581	0.575	0.568	0.561
100	0.555	0.549	0.542	0.536	0.529	0.523	0.517	0.511	0.505	0.499
110	0.493	0.487	0.481	0.475	0.470	0.464	0.458	0.453	0.447	0.442
120	0.437	0.432	0.426	0.421	0.416	0.411	0.406	0.402	0.397	0.392
130	0.387	0.383	0.378	0.374	0.370	0.365	0.361	0.357	0.353	0.349
140	0.345	0.341	0.337	0.333	0.329	0.326	0.322	0.318	0.315	0.311
150	0.308	0.304	0.301	0.298	0.295	0.291	0.288	0.285	0.282	0.279

续表

$\lambda\sqrt{\frac{f_y}{235}}$	0	1	2	3	4	5	6	7	8	9
160	0.276	0.273	0.270	0.267	0.265	0.262	0.259	0.256	0.254	0.251
170	0.249	0.246	0.244	0.241	0.239	0.236	0.234	0.232	0.229	0.227
180	0.225	0.223	0.220	0.218	0.216	0.214	0.212	0.210	0.208	0.206
190	0.204	0.202	0.200	0.198	0.197	0.195	0.193	0.191	0.190	0.188
200	0.186	0.184	0.183	0.181	0.180	0.178	0.176	0.175	0.173	0.172
210	0.170	0.169	0.167	0.166	0.165	0.163	0.162	0.160	0.159	0.158
220	0.156	0.155	0.154	0.153	0.151	0.150	0.149	0.148	0.146	0.145
230	0.144	0.143	0.142	0.141	0.140	0.138	0.137	0.136	0.135	0.134
240	0.133	0.132	0.131	0.130	0.129	0.128	0.127	0.126	0.125	0.124
250	0.123									

c 类截面轴心受压构件的稳定系数 φ 附表 2-3

$\lambda\sqrt{\frac{f_y}{235}}$	0	1	2	3	4	5	6	7	8	9
0	1.000	1.000	1.000	0.999	0.999	0.998	0.997	0.996	0.995	0.993
10	0.992	0.990	0.988	0.986	0.983	0.981	0.978	0.976	0.973	0.970
20	0.966	0.959	0.953	0.947	0.940	0.934	0.928	0.921	0.915	0.909
30	0.902	0.896	0.890	0.884	0.877	0.871	0.865	0.858	0.852	0.846
40	0.839	0.833	0.826	0.820	0.814	0.807	0.801	0.794	0.788	0.781
50	0.775	0.768	0.762	0.755	0.748	0.742	0.735	0.729	0.722	0.715
60	0.709	0.702	0.695	0.689	0.682	0.676	0.669	0.662	0.656	0.649
70	0.643	0.636	0.629	0.623	0.616	0.610	0.604	0.597	0.591	0.584
80	0.578	0.572	0.566	0.559	0.553	0.547	0.541	0.535	0.529	0.523
90	0.517	0.511	0.505	0.500	0.494	0.488	0.483	0.477	0.472	0.467
100	0.463	0.458	0.454	0.449	0.445	0.441	0.436	0.432	0.428	0.423
110	0.419	0.415	0.411	0.407	0.403	0.399	0.395	0.391	0.387	0.383
120	0.379	0.375	0.371	0.367	0.364	0.360	0.356	0.353	0.349	0.346
130	0.342	0.339	0.335	0.332	0.328	0.325	0.322	0.319	0.315	0.312
140	0.309	0.306	0.303	0.300	0.297	0.294	0.291	0.288	0.285	0.282
150	0.280	0.277	0.274	0.271	0.269	0.266	0.264	0.261	0.258	0.256
160	0.254	0.251	0.249	0.246	0.244	0.242	0.239	0.237	0.235	0.233
170	0.230	0.228	0.226	0.224	0.222	0.220	0.218	0.216	0.214	0.212
180	0.210	0.208	0.206	0.205	0.203	0.201	0.199	0.197	0.196	0.194
190	0.192	0.190	0.189	0.187	0.186	0.184	0.182	0.181	0.179	0.178
200	0.176	0.175	0.173	0.172	0.170	0.169	0.168	0.166	0.165	0.163
210	0.162	0.161	0.159	0.158	0.157	0.156	0.154	0.153	0.152	0.151
220	0.150	0.148	0.147	0.146	0.145	0.144	0.143	0.142	0.140	0.139
230	0.138	0.137	0.136	0.135	0.134	0.133	0.132	0.131	0.130	0.129
240	0.128	0.127	0.126	0.125	0.124	0.124	0.123	0.122	0.121	0.120
250	0.119									

d 类截面轴心受压构件的稳定系数 φ 附表 2-4

$\lambda\sqrt{\frac{f_y}{235}}$	0	1	2	3	4	5	6	7	8	9
0	1.000	1.000	0.999	0.999	0.998	0.996	0.994	0.992	0.990	0.987
10	0.984	0.981	0.978	0.974	0.969	0.965	0.960	0.955	0.949	0.944
20	0.937	0.927	0.918	0.909	0.900	0.891	0.883	0.874	0.865	0.857
30	0.848	0.840	0.831	0.823	0.815	0.807	0.799	0.790	0.782	0.774
40	0.766	0.759	0.751	0.743	0.735	0.728	0.720	0.712	0.705	0.697
50	0.690	0.683	0.675	0.668	0.661	0.654	0.646	0.639	0.632	0.625
60	0.618	0.612	0.605	0.598	0.591	0.585	0.578	0.572	0.565	0.559
70	0.552	0.546	0.540	0.534	0.528	0.522	0.516	0.510	0.504	0.498
80	0.493	0.487	0.481	0.476	0.470	0.465	0.460	0.454	0.449	0.444
90	0.439	0.434	0.429	0.424	0.419	0.414	0.410	0.405	0.401	0.397
100	0.394	0.390	0.387	0.383	0.380	0.376	0.373	0.370	0.366	0.363
110	0.359	0.356	0.353	0.350	0.346	0.343	0.340	0.337	0.334	0.331
120	0.328	0.325	0.322	0.319	0.316	0.313	0.310	0.307	0.304	0.301
130	0.299	0.296	0.293	0.290	0.288	0.285	0.282	0.280	0.277	0.275
140	0.272	0.270	0.267	0.265	0.262	0.260	0.258	0.255	0.253	0.251
150	0.248	0.246	0.244	0.242	0.240	0.237	0.235	0.233	0.231	0.229
160	0.227	0.225	0.223	0.221	0.219	0.217	0.215	0.213	0.212	0.210
170	0.208	0.206	0.204	0.203	0.201	0.199	0.197	0.196	0.194	0.192
180	0.191	0.189	0.188	0.186	0.184	0.183	0.181	0.180	0.178	0.177
190	0.176	0.174	0.173	0.171	0.170	0.168	0.167	0.166	0.164	0.163
200	0.162									

附录 3 受弯构件的容许挠度

受弯构件的容许挠度 附表 3

项次	构 件 类 别	挠度容许值 $[v_T]$	$[v_Q]$
1	吊车梁和吊车桁架（按自重和起重量最大的一台吊车计算挠度） （1）手动吊车和单梁吊车（含悬挂吊车） （2）轻级工作制桥式吊车 （3）中级工作制桥式吊车 （4）重级工作制桥式吊车	$l/500$ $l/800$ $l/1000$ $l/1200$	
2	手动或电动葫芦的轨道梁	$l/400$	
3	有重轨（重量≥38kg/m）轨道的工作平台梁 有轻轨（重量≥24kg/m）轨道的工作平台梁	$l/600$ $l/400$	—
4	楼（屋）盖梁或桁架，工作平台梁（第 3 项除外）和平台板 （1）主梁或桁架（包括设有悬挂起重设备的梁和桁架） （2）抹灰顶棚的次梁 （3）除（1）、（2）外的其他梁（包括楼梯梁） （4）屋盖檩条 　　支承无积灰的瓦楞铁和石棉瓦屋面者 　　支承压型金属板、有积灰的瓦楞铁和石棉瓦等屋面者 　　支承其他屋面材料者 （5）平台板	$l/400$ $l/250$ $l/250$ $l/150$ $l/200$ $l/200$ $l/150$	$l/500$ $l/350$ $l/300$

续表

项次	构件类别	挠度容许值	
		[v_T]	[v_Q]
5	墙梁构件（风荷载不考虑阵风系数） （1）支柱 （2）抗风桁架（作为连续支柱的支承时） （3）砌体墙的横梁（水平方向） （4）支承压型金属板、瓦楞铁和石棉瓦墙面的横梁（水平方向） （5）带有玻璃窗的横梁（竖直和水平方向）	 l/200	l/400 l/1000 l/300 l/200 l/200

注：1. l 为受弯构件的跨度（对悬臂梁和伸臂梁为悬伸长度为2倍；
2. [v_T] 为全部荷载标准值产生的挠度（如有起拱应减去拱度）的容许值；
    [v_Q] 为可变荷载标准值产生的挠度的容许值。

附录4 梁的整体稳定系数

附4.1 焊接工字形等截面简支梁

焊接工字形等截面（附图4-1）简支梁的整体稳定系数 φ_b 应按下式计算：

$$\varphi_b = \beta_b \frac{4320}{\lambda_y^2} \cdot \frac{Ah}{W_x} \left[\sqrt{1 + \left(\frac{\lambda_y t_1}{4.4h}\right)^2} + \eta_b \right] \frac{235}{f_y} \qquad 附(4-1)$$

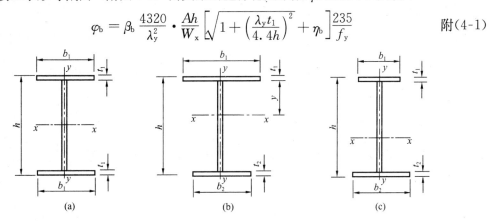

附图4-1 焊接工字形截面
（a）双轴对称工字形截面；（b）加强受压翼缘的单轴对称工字形截面；
（c）加强受拉翼缘的单轴对称工字形截面

式中 β_b——梁整体稳定的等效弯矩系数，按附表4-1采用；

工字形截面简支梁系数 β_b 附表4-1

项次	侧向支承	荷载		$\xi = \frac{l_1 t_1}{b_1 h}$		适用范围
				$\xi \leqslant 2.0$	$\xi > 2.0$	
1	跨中无侧向支承	均布荷载作用在	上翼缘	$0.69+0.13\xi$	0.95	附图4-1（a）、（b）的截面
2			下翼缘	$1.73-0.20\xi$	1.33	
3		集中荷载作用在	上翼缘	$0.73+0.18\xi$	1.09	
4			下翼缘	$2.23-0.28\xi$	1.67	

续表

项次	侧向支承	荷载		$\xi=\dfrac{l_1 t_1}{b_1 h}$		适用范围
				$\xi \leqslant 2.0$	$\xi > 2.0$	
5	跨度中点有一个侧向支承点	均布荷载作用在	上翼缘	1.15		
6			下翼缘	1.40		
7		集中荷载作用在截面高度上任意位置		1.75		
8	跨中点有不少于两个等距离侧向支承点	任意荷载作用在	上翼缘	1.20		附图 4-1 中的所有截面
9			下翼缘	1.40		
10	梁端有弯矩，但跨中无荷载作用			$1.75-1.05\left(\dfrac{M_2}{M_1}\right)^2 + 0.3\left(\dfrac{M_2}{M_1}\right)^2$，但 $\leqslant 2.3$		

注：1. $\xi = \dfrac{l_1 t_1}{b_1 h}$——参数，其中 b_1 和 l_1 见第 5 章 5.4.6 节；

2. M_1 和 M_2 为梁的端弯矩，使梁产生同向曲率时 M_1 和 M_2 取同号，产生反向曲率时，取异号，$|M_1| \geqslant |M_2|$；

3. 表中项次 3、4 和 7 的集中荷载是指一个或少数几个集中荷载位于跨中央附近的情况，对其他情况的集中荷载，应按表中项次 1、2、5、6 内的数值采用；

4. 表中项次 8、9 的 β_b，当集中荷载作用在侧向支承点处时，取 $\beta_b = 1.20$；

5. 荷载作用在上翼缘系指荷载作用点在翼缘表面，方向指向截面形心；荷载作用在下翼缘系指荷载作用点在翼缘表面，方向背向截面形心；

6. 对 $\alpha_b > 0.8$ 的加强受压翼缘工字形截面，下列情况的 β_b 值应乘以相应的系数：

   项次 1　　当 $\xi \leqslant 1.0$ 时　　0.95
   项次 3　　当 $\xi \leqslant 0.5$ 时　　0.90
   　　　　　当 $0.5 < \xi \leqslant 1.0$ 时　0.95

$\lambda_y = l_1/i_y$——梁在侧向支承点间对截面弱轴 y-y 的长细比，i_y 为梁毛截面对 y 轴的截面回转半径；

　　A——梁的毛截面面积；

　　h、t_1——梁截面的全高和受压翼缘厚度；

　　η_b——截面不对称影响系数；

对双轴对称工字形截面[附图 4-1(a)]
$$\eta_b = 0$$
对单轴对称工字形截面[附图 4-1(b、c)]

加强受压翼缘　　　　　$\eta_b = 0.8(2\alpha_b - 1)$

加强受拉翼缘　　　　　$\eta_b = 2\alpha_b - 1$

$\alpha_b = \dfrac{I_1}{I_1 + I_2}$——$I_1$ 和 I_2 分别为受压翼缘和受拉翼缘对 y 轴的惯性矩。

当按附式（4-1）算得的 φ_b 值大于 0.60 时，应按下式计算的 φ'_b 代替 φ_b 值：

$$\varphi'_b = 1.07 - \frac{0.282}{\varphi_b} \leqslant 1.0 \qquad \text{附}(4\text{-}2)$$

注：附式（4-1）亦适用于等截面铆接（或高强度螺栓连接）简支梁，其受压翼缘厚度 t_1 包括翼缘角钢厚度在内。

附4.2 轧制 H 型钢简支梁

轧制 H 型钢简支梁整体稳定系数 φ_b 应按附式（4-1）计算，取 η_b 等于零，当所得的 φ_b 值大于 0.60 时，应按附式（4-2）算得相应的 φ'_b 代替 φ_b 值。

附4.3 轧制普通工字钢简支梁

轧制普通工字钢简支梁整体稳定系数 φ_b 应按附表 4-2 采用，当所得的 φ_b 值大于 0.60 时，应按附式（4-2）算得相应的 φ'_b 代替 φ_b 值。

轧制普通工字钢简支梁的 φ_b 附表 4-2

项次	荷载情况		工字钢型号	自由长度 l_1 (m)								
				2	3	4	5	6	7	8	9	10
1	跨中无侧向支承点的梁	集中荷载作用于 上翼缘	10～20	2.00	1.30	0.99	0.80	0.68	0.58	0.53	0.48	0.43
			22～32	2.40	1.48	1.09	0.86	0.72	0.62	0.54	0.49	0.45
			36～63	2.80	1.60	1.07	0.83	0.56	0.56	0.50	0.45	0.40
2		集中荷载作用于 下翼缘	10～20	3.10	1.95	1.34	1.01	0.82	0.69	0.63	0.57	0.52
			22～40	5.50	2.80	1.84	1.37	0.86	0.86	0.73	0.64	0.56
			45～63	7.30	3.60	2.30	1.62	1.20	0.96	0.80	0.69	0.60
3	跨中无侧向支承点的梁	均布荷载作用于 上翼缘	10～20	1.70	1.12	0.84	0.68	0.57	0.50	0.45	0.41	0.37
			22～40	2.10	1.30	0.93	0.73	0.60	0.51	0.45	0.40	0.36
			45～63	2.60	1.45	0.97	0.73	0.59	0.50	0.44	0.38	0.35
4		均布荷载作用于 下翼缘	10～20	2.50	1.55	1.08	0.83	0.68	0.56	0.52	0.47	0.42
			22～40	4.00	2.20	1.45	1.10	0.85	0.70	0.60	0.52	0.46
			45～63	5.60	2.80	1.80	1.25	0.95	0.78	0.65	0.55	0.49
5	跨中有侧向支承点的梁（不论荷载作用点在截面高度上的位置）		10～20	2.20	1.39	1.01	0.79	0.66	0.57	0.52	0.47	0.42
			22～40	3.00	1.80	1.24	0.96	0.76	0.65	0.56	0.49	0.43
			45～63	4.00	2.20	1.38	1.01	0.80	0.66	0.56	0.49	0.43

注：1. 同附表 4.1 的注 3、注 5；
2. 表中的 φ_b 适用于 Q235 钢，对其他钢号，表中数值应乘以 $235/f_y$。

附4.4 轧制槽钢简支梁

轧制槽钢简支梁的整体稳定系数，不论荷载形式和荷载作用点在截面高度上的位置均可按下式计算：

$$\varphi_b = \frac{570bt}{l_1 h} \cdot \frac{235}{f_y} \qquad \text{附}(4\text{-}3)$$

式中 h、b、t——分别为槽钢截面的高度、翼缘宽度和平均厚度。

按附式（4-3）算得的 φ_b 值大于 0.6 时，应按附式（4-2）算得相应的 φ'_b 代替 φ_b 值。

附 4.5 双轴对称工字形等截面（含 H 型钢）悬臂梁

双轴对称工字形等截面（含 H 型钢）悬臂梁的整体稳定系数，可按附式（4-1）计算，但式中系数 β_b 应按附表 4-3 查得，$\lambda_y = l_1/i_y$（l_1 为悬臂梁的悬伸长度）。当求得的 φ_b 值大于 0.6 时，应按附式（4-2）算得相应的 φ'_b 值代替 φ_b 值。

双轴对称工字形等截面（含 H 型钢）悬臂梁的系数 β_b 　　　　　附表 4-3

项次	荷载形式		$\xi = \dfrac{l_1 t}{bh}$		
			$0.60 \leq \xi \leq 1.24$	$1.24 < \xi \leq 1.96$	$1.96 < \xi \leq 3.10$
1	自由端一个集中荷载作用在	上翼缘	$0.21 + 0.67\xi$	$0.72 + 0.26\xi$	$1.17 + 0.03\xi$
2		下翼缘	$2.94 - 0.65\xi$	$2.64 - 0.40\xi$	$2.15 - 0.15\xi$
3	均布荷载作用在上翼缘		$0.62 + 0.82\xi$	$1.25 + 0.31\xi$	$1.66 + 0.10\xi$

注：本表是按支承端为固定的情况确定的，当用于由邻跨延伸出来的伸臂梁时，应在构造上采取措施加强支承处的抗扭能力。

附 4.6 受弯构件整体稳定系数的近似计算

均匀弯曲的受弯构件，当 $\lambda_y \leq 120\sqrt{235/f_y}$ 时，其整体稳定系数 φ_b 可按下列近似公式计算：

1 工字形截面（含 H 型钢）：

双轴对称时：

$$\varphi_b = 1.07 - \frac{\lambda_y^2}{44000} \cdot \frac{f_y}{235} \qquad 附(4\text{-}4)$$

单轴对称时：

$$\varphi_b = 1.07 - \frac{W_x}{(2\alpha_b + 0.1)Ah} \cdot \frac{\lambda_y^2}{14000} \cdot \frac{f_y}{235} \qquad 附(4\text{-}5)$$

2 T 形截面（弯矩作用在对称轴平面，绕 x 轴）：

1）弯矩使翼缘受压时：

双角钢 T 形截面：

$$\varphi_b = 1 - 0.0017\lambda_y\sqrt{f_y/235} \qquad 附(4\text{-}6)$$

部分 T 型钢和两板组合 T 形截面：

$$\varphi_b = 1 - 0.0022\lambda_y\sqrt{f_y/235} \qquad 附(4\text{-}7)$$

2）弯矩使翼缘受拉且腹板宽厚比不大于 $18\sqrt{235/f_y}$ 时：

$$\varphi_b = 1 - 0.0005\lambda_y\sqrt{f_y/235} \qquad 附(4\text{-}8)$$

按附式（4-4）～附式（4-8）算得的 φ_b 值大于 0.6 时，不需按附式（4-2）换算成 φ'_b 值；当按附式（4-4）和附式（4-5）算得的 φ_b 值大于 1.0 时，取 $\varphi_b = 1.0$。

附录5 各种截面回转半径的近似值

各种截面回转半径的近似值 附表5

截面	回转半径	截面	回转半径	截面	回转半径	截面	回转半径
角钢	$i_x=0.30h$, $i_y=0.90b$, $i_z=0.195h$	工字形	$i_x=0.40h$, $i_y=0.21b$	槽形	$i_x=0.38h$, $i_y=0.60b$	槽形	$i_x=0.41h$, $i_y=0.22b$
角钢	$i_x=0.32h$, $i_y=0.28b$, $i_z=0.18\dfrac{h+b}{2}$	工字形	$i_x=0.45h$, $i_y=0.235b$	组合	$i_x=0.38h$, $i_y=0.44b$	工字	$i_x=0.23h$, $i_y=0.49b$
T形	$i_x=0.30h$, $i_y=0.215b$	箱形	$i_x=0.44h$, $i_y=0.28b$	工字	$i_x=0.32b$, $i_y=0.58b$	组合	$i_x=0.29h$, $i_y=0.50b$
T形	$i_x=0.32h$, $i_y=0.20b$	槽形	$i_x=0.43h$, $i_y=0.43b$	工字	$i_x=0.32h$, $i_y=0.40b$	组合	$i_x=0.29h$, $i_y=0.45b$
T形	$i_x=0.28h$, $i_y=0.24b$	十字	$i_x=0.39h$, $i_y=0.20b$	Z形	$i_x=0.38h$, $i_y=0.21b$	矩形	$i_x=0.29h$, $i_y=0.29b$
T形	$i_x=0.30h$, $i_y=0.17b$	工字	$i_x=0.42h$, $i_y=0.22b$	槽形	$i_x=0.44h$, $i_y=0.32b$	箱形	$i_x=0.24h$平, $i_y=0.41b$平
T形	$i_x=0.28h$, $i_y=0.21b$	Z形	$i_x=0.43h$, $i_y=0.24b$	箱形	$i_x=0.44h$, $i_y=0.38b$	圆形	$i=0.25d$
角钢	$i_x=0.21h$, $i_y=0.21b$, $i_z=0.185h$	Z形	$i_x=0.365h$, $i_y=0.275b$	十字	$i_h=0.37h$, $i_y=0.54b$	圆管	$i=0.35d$平
十字	$i_x=0.21h$, $i_y=0.21b$	组合	$i_x=0.35h$, $i_y=0.56b$	组合	$i_x=0.37h$, $i_y=0.45b$	工字	$i_x=0.39h$, $i_y=0.53b$
工字	$i_x=0.45h$, $i_y=0.24b$	T形	$i_x=0.39h$, $i_y=0.29b$	工字	$i_x=0.40h$, $i_y=0.24b$		

附录 6 型 钢 表

普通工字钢

符号 h—高度；
b—翼缘宽度；
t_w—腹板厚；
t—翼缘平均厚；
I—惯性矩；
W—截面模量；
i—回转半径；
S—半截面的静力矩。

长度：型号 10～18，长 5～19m；
型号 20～63，长 6～19m

附表 6-1

型号	\$h\$	\$b\$	尺寸 (mm) \$t_w\$	\$t\$	\$R\$	截面积 (cm²)	重量 (kg/m)	\$x-x\$ 轴 \$I_x\$ (cm⁴)	\$W_x\$ (cm³)	\$i_x\$ (cm)	\$I_x/S_x\$ (cm)	\$y-y\$ 轴 \$I_y\$ (cm⁴)	\$W_y\$ (cm³)	\$i_y\$ (cm)
10	100	68	4.5	7.6	6.5	14.3	11.2	245	49	4.14	8.69	33	9.6	1.51
12.6	126	74	5.0	8.4	7.0	18.1	14.2	488	77	5.19	11.0	47	12.7	1.61
14	140	80	5.5	9.1	7.5	21.5	16.9	712	102	5.75	12.2	64	16.1	1.73
16	160	88	6.0	9.9	8.0	26.1	20.5	1127	141	6.57	13.9	93	21.1	1.89
18	180	94	6.5	10.7	8.5	30.7	24.1	1699	185	7.37	15.4	123	26.2	2.00
20 a	200	100	7.0	11.4	9.0	35.5	27.9	2369	237	8.16	17.4	158	31.6	2.11
20 b	200	102	9.0	11.4	9.0	39.5	31.1	2502	250	7.95	17.1	169	33.1	2.07
22 a	220	110	7.5	12.3	9.5	42.1	33.0	3406	310	8.99	19.2	226	41.1	2.32
22 b	220	112	9.5	12.3	9.5	46.5	36.5	3583	326	8.78	18.9	240	42.9	2.27
25 a	250	116	8.0	13.0	10.0	48.5	38.1	5017	401	10.2	21.7	280	48.4	2.40
25 b	250	118	10.0	13.0	10.0	53.5	42.0	5278	422	9.93	21.4	297	50.4	2.36
28 a	280	122	8.5	13.7	10.5	55.4	43.5	7115	508	11.3	24.3	344	56.4	2.49
28 b	280	124	10.5	13.7	10.5	61.0	47.9	7481	534	11.1	24.0	364	58.7	2.44

续表

符号 h—高度;
b—翼缘宽度;
t_w—腹板厚;
t—翼缘平均厚;
I—惯性矩;
W—截面模量

i—回转半径;
S—半截面的静力矩。
长度:型号10~18,长5~19m;
　　　型号20~63,长6~19m

型号		h	b	t_w	t	R	截面积 (cm^2)	重量 (kg/m)	I_x (cm^4)	W_x (cm^3)	i_x (cm)	I_x/S_x (cm)	I_y (cm^4)	W_y (cm^3)	i_y (cm)
				(mm)											
32	a	320	130	9.5	15.0	11.5	67.1	52.7	11080	692	12.8	27.7	459	70.6	2.62
	b		132	11.5			73.5	57.7	11626	727	12.6	27.3	484	73.3	2.57
	c		134	13.5			79.9	62.7	12173	761	12.3	26.9	510	76.1	2.53
36	a	360	136	10.0	15.8	12.0	76.4	60.0	15796	878	14.4	31.0	555	81.6	2.69
	b		138	12.0			83.6	65.6	16574	921	14.1	30.6	584	84.6	2.64
	c		140	14.0			90.8	71.3	17351	964	13.8	30.2	614	87.7	2.60
40	a	400	142	10.5	16.5	12.5	86.1	67.6	21714	1086	15.9	34.4	660	92.9	2.77
	b		144	12.5			94.1	73.8	22781	1139	15.6	33.9	693	96.2	2.71
	c		146	14.5			102	80.1	23847	1192	15.3	33.5	727	99.7	2.67
45	a	450	150	11.5	18.0	13.5	102	80.4	32241	1433	17.7	38.5	855	114	2.89
	b		152	13.5			111	87.4	33759	1500	17.4	38.1	895	118	2.84
	c		154	15.5			120	94.5	35278	1568	17.1	37.6	938	122	2.79
50	a	500	158	12.0	20	14	119	93.6	46472	1859	19.7	42.9	1122	142	3.07
	b		160	14.0			129	101	48556	1942	19.4	42.3	1171	146	3.01
	c		162	16.0			139	109	50639	2026	19.1	41.9	1224	151	2.96
56	a	560	166	12.5	21	14.5	135	106	65576	2342	22.0	47.9	1366	165	3.18
	b		168	14.5			147	115	68503	2447	21.6	47.3	1424	170	3.12
	c		170	16.5			158	124	71430	2551	21.3	46.8	1485	175	3.07
63	a	630	176	13.0	22	15	155	122	94004	2984	24.7	53.8	1702	194	3.32
	b		178	15.0			167	131	98171	3117	24.2	53.2	1771	199	3.25
	c		180	17.0			180	141	102339	3249	23.9	52.6	1842	205	3.20

H 型 钢　　　　　　　　　　　　　　　　附表 6-2

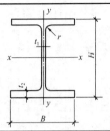

H—截面高度；　　　b—翼缘宽度；
t_1—腹板厚度；　　　t_2—翼缘厚度；
I—截面惯性矩；　　　W—截面模量；
i—截面回转半径。
HW、HM、HN 分别代表宽翼缘、中翼缘、窄翼缘 H 型钢

类别	型号 (高度×宽度)	尺　寸　(mm)				截面面积 (cm^2)	重量 (kg/m)	$x-x$ 轴			$y-y$ 轴		
		$H×B$	t_1	t_2	r			I_x (cm^4)	W_x (cm^3)	i_x (cm)	I_y (cm^4)	W_y (cm^3)	i_y (cm)
HW	100×100	100×100	6	8	10	21.90	17.2	383	76.5	4.18	134	26.7	2.47
	125×125	125×125	6.5	9	10	30.31	23.8	847	126	5.29	294	47.0	3.11
	150×150	150×150	7	10	13	40.55	31.9	1660	221	6.39	564	75.1	3.73
	175×175	175×175	7.5	11	13	51.43	40.3	2900	331	7.50	984	112	4.37
	200×200	200×200	8	12	16	64.28	50.5	4770	477	8.61	1600	160	4.99
		#200×204	12	12	16	72.28	56.7	5030	503	8.35	1700	167	4.85
	250×250	250×250	9	14	16	92.18	72.4	10800	867	10.8	3650	292	6.29
		#250×255	14	14	16	104.7	82.2	11500	919	10.5	3880	304	6.09
	300×300	#294×302	12	12	20	108.3	85.0	17000	1160	12.5	5520	365	7.14
		300×300	10	15	20	120.4	94.5	20500	1370	13.1	6760	450	7.49
		300×305	15	15	20	135.4	106	21600	1440	12.6	7100	466	7.24
	350×350	#344×348	10	16	20	146.0	115	33300	1940	15.1	11200	646	8.78
		350×350	12	19	20	173.9	137	40300	2300	15.2	13600	776	8.84
	400×400	#388×402	15	15	24	179.2	141	49200	2540	16.6	16300	809	9.52
		#394×398	11	18	24	187.6	147	56400	2860	17.3	18900	951	10.0
		400×400	13	21	24	219.5	172	66900	3340	17.5	22400	1120	10.1
		#400×408	21	21	24	251.5	197	71100	3560	16.8	23800	1170	9.73
		#414×405	18	28	24	296.2	233	93000	4490	17.7	31000	1530	10.2
		#428×407	20	35	24	361.4	284	119000	5580	18.2	39400	1930	10.4
		#458×417	30	50	24	529.3	415	187000	8180	18.8	60500	2900	10.7
		#498×432	45	70	24	770.8	605	298000	12000	19.7	94400	4370	11.1
HM	150×100	148×100	6	9	13	27.25	21.4	1040	140	6.17	151	30.2	2.35
	200×150	194×150	6	9	16	39.76	31.2	2740	283	8.30	508	67.7	3.57
	250×175	244×175	7	11	16	56.24	44.1	6120	502	10.4	985	113	4.18
	300×200	294×200	8	12	20	73.03	57.3	11400	779	12.5	1600	160	4.69
	350×250	340×250	9	14	20	101.5	79.7	21700	1280	14.6	3650	292	6.00
	400×300	390×300	10	16	24	136.7	107	38900	2000	16.9	7210	481	7.26
	450×300	440×300	11	18	24	157.4	124	56100	2550	18.9	8110	541	7.18
	500×300	482×300	11	15	28	146.4	115	60800	2520	20.4	6770	451	6.80
		488×300	11	18	28	164.4	129	71400	2930	20.8	8120	541	7.03
	600×300	582×300	12	17	28	174.5	137	103000	3530	24.3	7670	511	6.63
		588×300	12	20	28	192.5	151	118000	4020	24.8	9020	601	6.85
		#594×302	14	23	28	222.4	175	137000	4620	24.9	10600	701	6.90

续表

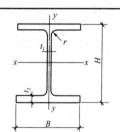

H—截面高度; b—翼缘宽度;
t_1—腹板厚度; t_2—翼缘厚度;
I—截面惯性矩; W—截面模量;
i—截面回转半径。
HW、HM、HN 分别代表宽翼缘、中翼缘、窄翼缘 H 型钢

类别	型号(高度×宽度)	尺寸 (mm) $H\times B$	t_1	t_2	r	截面面积 (cm^2)	重量 (kg/m)	$x-x$ 轴 I_x (cm^4)	W_x (cm^3)	i_x (cm)	$y-y$ 轴 I_y (cm^4)	W_y (cm^3)	i_y (cm)
HN	100×50	100×50	5	7	10	12.16	9.54	192	38.5	3.98	14.9	5.96	1.11
	125×60	125×60	6	8	10	17.01	13.3	417	66.8	4.95	29.3	9.75	1.31
	150×75	150×75	5	7	10	18.16	14.3	679	90.6	6.12	49.6	13.2	1.65
	160×90	160×90	5	8	10	22.46	17.6	999	125	6.67	97.6	21.7	2.08
	175×90	175×90	5	8	10	23.21	18.2	1220	140	7.26	97.6	21.7	2.05
	200×100	198×99	4.5	7	13	23.59	18.5	1610	163	8.27	114	23.0	2.20
		200×100	5.5	8	13	27.57	21.7	1880	188	8.25	134	26.8	2.21
	250×125	248×124	5	8	13	32.89	25.8	3560	287	10.4	255	41.1	2.78
		250×125	6	9	13	37.87	29.7	4080	326	10.4	294	47.0	2.79
	280×125	280×125	6	9	13	39.67	31.1	5270	376	11.5	294	47.0	2.72
	300×150	298×149	5.5	8	16	41.55	32.6	6460	433	12.4	443	59.4	3.26
		300×150	6.5	9	16	47.53	37.3	7350	490	12.4	508	67.7	3.27
	350×175	346×174	6	9	16	53.19	41.8	11200	649	14.5	792	91.0	3.86
		350×175	7	11	16	63.66	50.0	13700	782	14.7	985	113	3.93
	#400×150	#400×150	8	13	16	71.12	55.8	18800	942	16.3	734	97.9	3.21
	400×200	396×199	7	11	16	72.16	56.7	20000	1010	16.7	1450	145	4.48
		400×200	8	13	16	84.12	66.0	23700	1190	16.8	1740	174	4.54
	#450×150	#450×150	9	14	20	83.41	65.5	27100	1200	18.0	793	106	3.08
	450×200	446×199	8	12	20	84.95	66.72	29000	1300	18.5	1580	159	4.31
		450×200	9	14	20	97.41	76.5	33700	1500	18.6	1870	187	4.38
	#500×150	#500×150	10	16	20	98.23	77.1	38500	1540	19.8	907	121	3.04
	500×200	496×199	9	14	20	101.3	79.5	41900	1690	20.3	1840	185	4.27
		500×200	10	16	20	114.2	89.6	47800	1910	20.5	2140	214	4.33
		#506×201	11	19	20	131.3	103	56500	2230	20.8	2580	257	4.43
	600×200	596×199	10	15	24	121.2	95.1	69300	2330	23.9	1980	199	4.04
		600×200	11	17	24	135.2	106	78200	2610	24.1	2280	228	4.11
		#606×201	12	20	24	153.3	120	91000	3000	24.4	2720	271	4.21
	700×300	#692×300	13	20	28	211.5	166	172000	4980	28.6	9020	602	6.53
		700×300	13	24	28	235.5	185	201000	5760	29.3	10800	722	6.78
	*800×300	*792×300	14	22	28	243.4	191	254000	6400	32.3	9930	662	6.39
		*800×300	14	26	28	267.4	210	292000	7290	33.0	11700	782	6.62
	*900×300	*890×299	15	23	28	270.9	213	345000	7760	35.7	10300	688	6.16
		*900×300	16	28	28	309.8	243	411000	9140	36.4	12600	843	6.39
		*912×302	18	34	28	364.0	286	498000	10900	37.0	15700	1040	6.56

注: 1. "#"表示为非常用规格。
2. "*"表示的规格,目前国内尚未生产。
3. 型号属同一范围的产品,其内侧尺寸高度相同。
4. 截面面积计算公式为: $t_1(H-2t_2)+2Bt_2+0.858r^2$。

剖 分 T 型 钢　　　附表 6-3

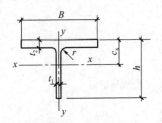

H—截面高度；　　b—翼缘宽度；
t_1—腹板厚度；　　t_2—翼缘厚度；
I—截面惯性矩；　　W—截面模量；
i—截面回转半径。
TW、TM、TN 分别代表各自 H 型钢剖分的 T 型钢

类别	型号(高度×宽度)	尺寸 (mm)					截面面积 (cm^2)	重量 (kg/m)	$x-x$轴			$y-y$轴			C_x (cm)	对应H型钢系列型号
		h	B	t_1	t_2	r			I_x (cm^4)	W_x (cm^3)	i_x (cm)	I_y (cm^4)	W_y (cm^3)	i_y (cm)		
TW	50×100	50	100	6	8	10	10.95	8.56	16.1	4.03	1.21	66.9	13.4	2.47	1.00	100×100
	62.5×125	62.5	125	6.5	9	10	15.16	11.9	35.0	6.91	1.52	147	23.5	3.11	1.19	125×125
	75×150	75	150	7	10	13	20.28	15.9	66.4	10.8	1.81	282	37.6	3.73	1.37	150×150
	87.5×175	87.5	175	7.5	11	13	25.71	20.2	115	15.9	2.11	492	56.2	4.37	1.55	175×175
	100×200	100	200	8	12	16	32.14	25.2	185	22.3	2.40	801	80.1	4.99	1.73	200×200
		#100	204	12	12	16	36.14	28.3	256	32.4	2.66	851	83.5	4.85	2.09	
	125×250	125	250	9	14	16	46.09	36.2	412	39.5	2.99	1820	146	6.29	2.08	250×250
		#125	255	14	14	16	52.34	41.1	589	59.4	3.36	1940	152	6.09	2.58	
	150×300	#147	302	12	12	20	54.16	42.5	858	72.3	3.98	2760	183	7.14	2.83	300×300
		150	300	10	15	20	60.22	47.3	798	63.7	3.64	3380	225	7.49	2.47	
		150	305	15	15	20	67.72	53.1	1110	92.5	4.05	3550	233	7.24	3.02	
	175×350	#172	348	10	16	20	73.00	57.3	1230	84.7	4.11	5620	323	8.78	2.67	350×350
		175	350	12	19	20	86.94	68.2	1520	104	4.18	6790	388	8.84	2.86	
	200×400	#194	402	15	15	24	89.62	70.3	2480	158	5.26	8130	405	9.52	3.69	400×400
		#197	398	11	18	24	93.80	73.6	2050	123	4.67	9460	476	10.0	3.01	
		200	400	13	21	24	109.7	86.1	2480	147	4.75	11200	560	10.1	3.21	
		#200	408	21	21	24	125.7	98.7	3650	229	5.39	11900	584	9.73	4.07	
		#207	405	18	28	24	148.1	116	3620	213	4.95	15500	766	10.2	3.68	
		#214	407	20	35	24	180.7	142	4380	250	4.92	19700	967	10.4	3.90	
TM	74×100	74	100	6	9	13	13.63	10.7	51.7	8.80	1.95	75.4	15.1	2.35	1.55	150×150
	97×150	97	150	6	9	16	19.88	15.6	125	15.8	2.50	254	33.9	3.57	1.78	200×150
	122×175	122	175	7	11	16	28.12	22.1	289	29.1	3.20	492	56.3	4.18	2.27	250×175
	147×200	147	200	8	12	20	36.52	28.7	572	48.2	3.96	802	80.2	4.69	2.82	300×200
	170×250	170	250	9	14	20	50.76	39.9	1020	73.1	4.48	1830	146	6.00	3.09	350×250
	200×300	195	300	10	16	24	68.37	53.7	1730	108	5.03	3600	240	7.26	3.40	400×300
	220×300	220	300	11	18	24	78.69	61.8	2680	150	5.84	4060	270	7.18	4.05	450×300

续表

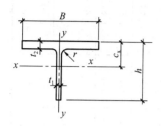

H—截面高度； b—翼缘宽度；
t_1—腹板厚度； t_2—翼缘厚度；
I—截面惯性矩； W—截面模量；
i—截面回转半径。
TW、TM、TN 分别代表各自 H 型钢剖分的 T 型钢

类别	型号 (高度×宽度)	尺寸 (mm)					截面面积 (cm^2)	重量 (kg/m)	x—x 轴			y—y 轴			C_x (cm)	对应 H 型钢系列型号
		h	B	t_1	t_2	r			I_x (cm^4)	W_x (cm^3)	i_x (cm)	I_y (cm^4)	W_y (cm^3)	i_y (cm)		
TM	250×300	241	300	11	15	28	73.23	57.5	3420	178	6.83	3380	226	6.80	4.90	500×300
		244	300	11	18	28	82.23	64.5	3620	184	6.64	4060	271	7.03	4.65	
	300×300	291	300	12	17	28	87.25	68.5	6360	280	8.54	3830	256	6.63	6.39	600×300
		294	300	12	20	28	96.25	75.5	6710	288	8.35	4510	301	6.85	6.08	
TN	50×50	50	50	5	7	10	6.079	4.79	11.9	3.18	1.40	7.45	2.98	1.11	1.27	100×50
	62.5×60	62.5	60	6	8	10	8.499	6.67	27.5	5.96	1.80	14.6	4.88	1.31	1.63	125×60
	75×75	75	75	5	7	10	9.079	7.14	42.7	7.46	2.17	24.8	6.61	1.65	1.78	150×75
	87.5×90	87.5	90	5	8	10	11.60	9.11	70.7	10.4	2.47	48.8	10.8	2.05	1.92	175×90
	100×100	99	99	4.5	7	13	11.80	9.26	94.0	12.1	2.82	56.9	11.5	2.20	2.13	200×100
		100	100	5.5	8	13	13.79	10.8	115	14.8	2.88	67.1	13.4	2.21	2.27	
	125×125	124	124	5	8	13	16.45	12.9	208	21.3	3.56	128	20.6	2.78	2.62	250×125
		125	125	6	9	13	18.94	14.8	249	25.6	3.62	147	23.5	2.79	2.78	
	150×150	149	149	5.5	8	16	20.77	16.3	395	33.8	4.36	221	29.7	3.26	3.22	300×150
		150	150	6.5	9	16	23.76	18.7	465	40.0	4.42	254	33.9	3.27	3.38	
	175×175	173	174	6	9	16	26.60	20.9	681	50.0	5.06	396	45.5	3.86	3.68	350×175
		175	175	7	11	16	31.83	25.0	816	59.3	5.06	492	56.3	3.93	3.74	
	200×200	198	199	7	11	16	36.08	28.3	1190	76.4	5.76	724	72.7	4.48	4.17	400×200
		200	200	8	13	16	42.06	33.0	1400	88.6	5.76	868	86.8	4.54	4.23	
	225×200	223	199	8	12	20	42.54	33.4	1880	109	6.65	790	79.4	4.31	5.07	450×200
		225	200	9	14	20	48.71	38.2	2160	124	6.66	936	93.6	4.38	5.13	
	250×200	248	199	9	14	20	50.64	39.7	2840	150	7.49	922	92.7	4.27	5.90	500×200
		250	200	10	16	20	57.12	44.8	3210	169	7.50	1070	107	4.33	5.96	
		#253	201	11	19	20	65.65	51.5	3670	190	7.48	1290	128	4.43	5.95	
	300×200	298	199	10	15	24	60.62	47.6	5200	236	9.27	991	100	4.04	7.76	600×200
		300	200	11	17	24	67.60	53.1	5820	262	9.28	1140	114	4.11	7.81	
		#300	201	12	20	24	76.63	60.1	6580	292	9.26	1360	135	4.21	7.76	

注："#"表示为非常用规格。

附表 6-4

普 通 槽 钢

符号 同普通工字型钢，但 W_y 为对应于翼缘披尖的截面模量

长度：型号 5~8，长 5~12m；
型号 10~18，长 5~19m；
型号 20~40，长 6~19m

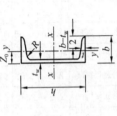

型号	尺寸 (mm)					截面积 (cm^2)	质量 (kg/m)	x—x 轴			y—y 轴			y_1—y_1 轴	Z_0
	h	b	t_w	t	R			I_x (cm^4)	W_x (cm^3)	i_x (cm)	I_y (cm^4)	W_y (cm^3)	i_y (cm)	I_{y1} (cm^4)	(cm)
5	50	37	4.5	7.0	7.0	6.92	5.44	26	10.4	1.94	8.3	3.5	1.10	20.9	1.35
6.3	63	40	4.8	7.5	7.5	8.45	6.63	51	16.3	2.46	11.9	4.6	1.19	28.3	1.39
8	80	43	5.0	8.0	8.0	10.24	8.04	101	25.3	3.14	16.6	5.8	1.27	37.4	1.42
10	100	48	5.3	8.5	8.5	12.74	10.00	198	39.7	3.94	25.6	7.8	1.42	54.9	1.52
12.6	126	53	5.5	9.0	9.0	15.69	12.31	389	61.7	4.98	38.0	10.3	1.56	77.8	1.59
14 a	140	58	6.0	9.5	9.5	18.51	14.53	564	80.5	5.52	53.2	13.0	1.70	107.2	1.71
14 b	140	60	8.0	9.5	9.5	21.31	16.73	609	87.1	5.35	61.2	14.1	1.69	120.6	1.67
16 a	160	63	6.5	10.0	10.0	21.95	17.23	866	108.3	6.28	73.4	16.3	1.83	144.1	1.79
16 b	160	65	8.5	10.0	10.0	25.15	19.75	935	116.8	6.10	83.4	17.6	1.82	160.8	1.75
18 a	180	68	7.0	10.5	10.5	25.69	20.17	1273	141.4	7.04	98.6	20.0	1.96	189.7	1.88
18 b	180	70	9.0	10.5	10.5	29.29	22.99	1370	152.2	6.84	111.0	21.5	1.95	210.1	1.84
20 a	200	73	7.0	11.0	11.0	28.83	22.63	1780	178.0	7.86	128.0	24.2	2.11	244.0	2.01
20 b	200	75	9.0	11.0	11.0	32.83	25.77	1914	191.4	7.64	143.6	25.9	2.09	268.4	1.95
22 a	220	77	7.0	11.5	11.5	31.84	24.99	2394	217.6	8.67	157.8	28.2	2.23	298.2	2.10
22 b	220	79	9.0	11.5	11.5	36.24	28.45	2571	233.8	8.42	176.5	30.1	2.21	326.3	2.03

续表

符号 同普通工字型钢，但 W_y 为对应于翼缘肢尖的截面模量

长度：型号 5～8，长 5～12m；
型号 10～18，长 5～19m
型号 20～40，长 6～19m

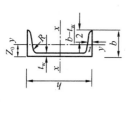

型号		h	b	t_w	t	R	截面积 (cm^2)	质量 (kg/m)	$x-x$ 轴			$y-y$ 轴			y_1-y_1 轴	Z_0
				(mm)					I_x (cm^4)	W_x (cm^3)	i_x (cm)	I_y (cm^4)	W_y (cm^3)	i_y (cm)	I_{y1} (cm^4)	(cm)
25	a	250	78	7.0	12.0	12.0	34.91	27.40	3359	268.7	9.81	175.9	30.7	2.24	324.8	2.07
	b		80	9.0	12.0	12.0	39.91	31.33	3619	289.6	9.52	196.4	32.7	2.22	355.1	1.99
	c		82	11.0	12.0	12.0	44.91	35.25	3880	310.4	9.30	215.9	34.6	2.19	388.6	1.96
28	a	280	82	7.5	12.5	12.5	40.02	31.42	4753	339.5	10.90	217.9	35.7	2.33	393.3	2.09
	b		84	9.5	12.5	12.5	45.62	35.81	5118	365.6	10.59	241.5	37.9	2.30	428.5	2.02
	c		86	11.5	12.5	12.5	51.22	40.21	5484	391.7	10.35	264.1	40.0	2.27	467.3	1.99
32	a	320	88	8.0	14.0	14.0	48.50	38.07	7511	469.4	12.44	304.7	46.4	2.51	547.5	2.24
	b		90	10.0	14.0	14.0	54.90	43.10	8057	503.5	12.11	335.6	49.1	2.47	592.9	2.16
	c		92	12.0	14.0	14.0	61.30	48.12	8603	537.7	11.85	365.0	51.6	2.44	642.7	2.13
36	a	360	96	9.0	16.0	16.0	60.89	47.80	11874	659.7	13.96	455.0	63.6	2.73	818.5	2.44
	b		98	11.0	16.0	16.0	68.09	53.45	12652	702.9	13.63	496.7	66.9	2.70	880.5	2.37
	c		100	13.0	16.0	16.0	75.29	59.10	13429	746.1	13.36	536.6	70.0	2.67	948.0	2.34
40	a	400	100	10.5	18.0	18.0	75.04	58.91	17578	878.9	15.30	592.0	78.8	2.81	1057.9	2.49
	b		102	12.5	18.0	18.0	83.04	65.19	18644	932.2	14.98	640.6	82.6	2.78	1135.8	2.44
	c		104	14.5	18.0	18.0	91.04	71.47	19711	985.6	14.71	687.8	86.2	2.75	1220.3	2.42

附表 6-5

等 边 角 钢

角型钢号	圆角 R mm	重心矩 Z_0 mm	截面积 A cm²	质量 kg/m	惯性矩 I_x cm⁴	截面模量 W_x^{max} cm³	截面模量 W_x^{min} cm³	回转半径 i_x cm	回转半径 i_{x0} cm	回转半径 i_{y0} cm	i_y,当 a 为下列数值: 6mm cm	8mm	10mm	12mm	14mm
L20×3	3.5	6.0	1.13	0.89	0.40	0.66	0.29	0.59	0.75	0.39	1.08	1.17	1.25	1.34	1.43
L20×4	3.5	6.4	1.46	1.15	0.50	0.78	0.36	0.58	0.73	0.38	1.11	1.19	1.28	1.37	1.46
L25×3	3.5	7.3	1.43	1.12	0.82	1.12	0.46	0.76	0.95	0.49	1.27	1.36	1.44	1.53	1.61
L25×4	3.5	7.6	1.86	1.46	1.03	1.34	0.59	0.74	0.93	0.48	1.30	1.38	1.47	1.55	1.64
L30×3	4.5	8.5	1.75	1.37	1.46	1.72	0.68	0.91	1.15	0.59	1.47	1.55	1.63	1.71	1.80
L30×4	4.5	8.9	2.28	1.79	1.84	2.08	0.87	0.90	1.13	0.58	1.49	1.57	1.65	1.74	1.82
L36×3	4.5	10.0	2.11	1.66	2.58	2.59	0.99	1.11	1.39	0.71	1.70	1.78	1.86	1.94	2.03
L36×4	4.5	10.4	2.76	2.16	3.29	3.18	1.28	1.09	1.38	0.70	1.73	1.80	1.89	1.97	2.05
L36×5	4.5	10.7	3.38	2.65	3.95	3.68	1.56	1.08	1.36	0.70	1.75	1.83	1.91	1.99	2.08
L40×3	5	10.9	2.36	1.85	3.59	3.28	1.23	1.23	1.55	0.79	1.86	1.94	2.01	2.09	2.18
L40×4	5	11.3	3.09	2.42	4.60	4.05	1.60	1.22	1.54	0.79	1.88	1.96	2.04	2.12	2.20
L40×5	5	11.7	3.79	2.98	5.53	4.72	1.96	1.21	1.52	0.78	1.90	1.98	2.06	2.14	2.23
L45×3	5	12.2	2.66	2.09	5.17	4.25	1.58	1.39	1.76	0.90	2.06	2.14	2.21	2.29	2.37
L45×4	5	12.6	3.49	2.74	6.65	5.29	2.05	1.38	1.74	0.89	2.08	2.16	2.24	2.32	2.40
L45×5	5	13.0	4.29	3.37	8.04	6.20	2.51	1.37	1.72	0.88	2.10	2.18	2.26	2.34	2.42
L45×6	5	13.3	5.08	3.99	9.33	6.99	2.95	1.36	1.71	0.88	2.12	2.20	2.28	2.36	2.44
L50×3	5.5	13.4	2.97	2.33	7.18	5.36	1.96	1.55	1.96	1.00	2.26	2.33	2.41	2.48	2.56
L50×4	5.5	13.8	3.90	3.06	9.26	6.70	2.56	1.54	1.94	0.99	2.28	2.36	2.43	2.51	2.59
L50×5	5.5	14.2	4.80	3.77	11.21	7.90	3.13	1.53	1.92	0.98	2.30	2.38	2.45	2.53	2.61
L50×6	5.5	14.6	5.69	4.46	13.05	8.95	3.68	1.51	1.91	0.98	2.32	2.40	2.48	2.56	2.64
L56×3	6	14.8	3.34	2.62	10.19	6.86	2.48	1.75	2.20	1.13	2.50	2.57	2.64	2.72	2.80
L56×4	6	15.3	4.39	3.45	13.18	8.63	3.24	1.73	2.18	1.11	2.52	2.59	2.67	2.74	2.82
L56×5	6	15.7	5.42	4.25	16.02	10.22	3.97	1.72	2.17	1.10	2.54	2.61	2.69	2.77	2.85
L56×8	6	16.8	8.37	6.57	23.63	14.06	6.03	1.68	2.11	1.09	2.60	2.67	2.75	2.83	2.91

续表

角型钢号	圆角 R mm	重心矩 Z_0 mm	截面积 A cm²	质量 kg/m	惯性矩 I_x cm⁴	截面模量 W_x^{max} cm³	截面模量 W_x^{min} cm³	回转半径 i_x cm	回转半径 i_{x0} cm	回转半径 i_{y0} cm	双角钢 i_y，当a为下列数值：6mm cm	8mm	10mm	12mm	14mm
L63×6 4	7	17.0	4.98	3.91	19.03	11.22	4.13	1.96	2.46	1.26	2.79	2.87	2.94	3.02	3.09
5	7	17.4	6.14	4.82	23.17	13.33	5.08	1.94	2.45	1.25	2.82	2.89	2.96	3.04	3.12
6	7	17.8	7.29	5.72	27.12	15.26	6.00	1.93	2.43	1.24	2.83	2.91	2.98	3.06	3.14
8	7	18.5	9.51	7.47	34.45	18.59	7.75	1.90	2.39	1.23	2.87	2.95	3.03	3.10	3.18
10	7	19.3	11.66	9.15	41.09	21.3	9.39	1.88	2.36	1.22	2.91	2.99	3.07	3.15	3.23
L70×6 4	8	18.6	5.57	4.37	26.39	14.16	5.14	2.18	2.74	1.40	3.07	3.14	3.21	3.29	3.36
5	8	19.1	6.88	5.40	32.31	16.89	6.32	2.16	2.73	1.39	3.09	3.16	3.24	3.31	3.39
6	8	19.5	8.16	6.41	37.77	19.39	7.48	2.15	2.71	1.38	3.11	3.18	3.26	3.33	3.41
7	8	19.9	9.42	7.40	43.09	21.68	8.59	2.14	2.69	1.38	3.13	3.20	3.28	3.36	3.43
8	8	20.3	10.67	8.37	48.17	23.79	9.68	2.13	2.68	1.37	3.15	3.22	3.30	3.38	3.46
L75×7 5	9	20.3	7.41	5.82	39.96	19.73	7.30	2.32	2.92	1.50	3.29	3.36	3.43	3.50	3.58
6	9	20.7	8.80	6.91	46.91	22.69	8.63	2.31	2.91	1.49	3.31	3.38	3.45	3.53	3.60
7	9	21.1	10.16	7.98	53.57	25.42	9.93	2.30	2.89	1.48	3.33	3.40	3.47	3.55	3.63
8	9	21.5	11.50	9.03	59.96	27.93	11.20	2.28	2.87	1.47	3.35	3.42	3.50	3.57	3.65
10	9	22.2	14.13	11.09	71.98	32.40	13.64	2.26	2.84	1.46	3.38	3.46	3.54	3.61	3.69
L80×7 5	9	21.5	7.91	6.21	48.79	22.70	8.34	2.48	3.13	1.60	3.49	3.56	3.63	3.71	3.78
6	9	21.9	9.40	7.38	57.35	26.16	9.87	2.47	3.11	1.59	3.51	3.58	3.65	3.73	3.80
7	9	22.3	10.86	8.53	65.58	29.38	11.37	2.46	3.10	1.58	3.53	3.60	3.67	3.75	3.83
8	9	22.7	12.30	9.66	73.50	32.36	12.83	2.44	3.08	1.57	3.55	3.62	3.70	3.77	3.85
10	9	23.5	15.13	11.87	88.43	37.68	15.64	2.42	3.04	1.56	3.58	3.66	3.74	3.81	3.89
L90×8 6	10	24.4	10.64	8.35	82.77	33.99	12.61	2.79	3.51	1.80	3.91	3.98	4.05	4.12	4.20
7	10	24.8	12.30	9.66	94.83	38.28	14.54	2.78	3.50	1.78	3.93	4.00	4.07	4.14	4.22
8	10	25.2	13.94	10.95	106.5	42.30	16.42	2.76	3.48	1.78	3.95	4.02	4.09	4.17	4.24
10	10	25.9	17.17	13.48	128.6	49.57	20.07	2.74	3.45	1.76	3.98	4.06	4.13	4.21	4.28
12	10	26.7	20.31	15.94	149.2	55.93	23.57	2.71	3.41	1.75	4.02	4.09	4.17	4.25	4.32

续表

角型	角钢号	圆角 R (mm)	重心矩 Z_0 (mm)	截面积 A (cm²)	质量 (kg/m)	惯性矩 I_x (cm⁴)	单角钢 截面模量 W_x^{max} (cm³)	W_x^{min} (cm³)	回转半径 i_x (cm)	i_{x0} (cm)	i_{y0} (cm)	双角钢 i_y,当 a 为下列数值 (cm) 6mm	8mm	10mm	12mm	14mm
L100×10	6	12	26.7	11.93	9.37	115.0	43.04	15.68	3.10	3.91	2.00	4.30	4.37	4.44	4.51	4.58
	7		27.1	13.80	10.83	131.9	48.57	18.10	3.09	3.89	1.99	4.32	4.39	4.46	4.53	4.61
	8		27.6	15.64	12.28	148.2	53.78	20.47	3.08	3.88	1.98	4.34	4.41	4.48	4.55	4.63
	10		28.4	19.26	15.12	179.5	63.29	25.06	3.05	3.84	1.96	4.38	4.45	4.52	4.60	4.67
	12		29.1	22.80	17.90	208.9	71.72	29.47	3.03	3.81	1.95	4.41	4.49	4.56	4.64	4.71
	14		29.9	26.26	20.61	236.5	79.19	33.73	3.00	3.77	1.94	4.45	4.53	4.60	4.68	4.75
	16		30.6	29.63	23.26	262.5	85.81	37.82	2.98	3.74	1.93	4.49	4.56	4.64	4.72	4.80
L110×10	7	12	29.6	15.20	11.93	177.2	59.78	22.05	3.41	4.30	2.20	4.72	4.79	4.86	4.94	5.01
	8		30.1	17.24	13.53	199.5	66.36	24.95	3.40	4.28	2.19	4.74	4.81	4.88	4.96	5.03
	10		30.9	21.26	16.69	242.2	78.48	30.60	3.38	4.25	2.17	4.78	4.85	4.92	5.00	5.07
	12		31.6	25.20	19.78	282.6	89.34	36.05	3.35	4.22	2.15	4.82	4.89	4.96	5.04	5.11
	14		32.4	29.06	22.81	320.7	99.07	41.31	3.32	4.18	2.14	4.85	4.93	5.00	5.08	5.15
L125×12	8	14	33.7	19.75	15.50	297.0	88.20	32.52	3.88	4.88	2.50	5.34	5.41	5.48	5.55	5.62
	10		34.4	24.37	19.13	361.7	104.8	39.97	3.85	4.85	2.48	5.38	5.45	5.52	5.59	5.66
	12		35.3	28.91	22.70	423.2	119.9	47.17	3.83	4.82	2.46	5.41	5.48	5.56	5.63	5.70
	14		36.1	33.37	26.19	481.7	133.6	54.16	3.80	4.78	2.45	5.45	5.52	5.59	5.67	5.74
L140×14	10	14	38.2	27.37	21.49	514.7	134.6	50.58	4.34	5.46	2.78	5.98	6.05	6.12	6.20	6.27
	12		39.0	32.51	25.52	603.7	154.6	59.80	4.31	5.43	2.77	6.02	6.09	6.16	6.23	6.31
	14		39.8	37.57	29.49	688.8	173.0	68.75	4.28	5.40	2.75	6.06	6.13	6.20	6.27	6.34
	16		40.6	42.54	33.39	770.2	189.9	77.46	4.26	5.36	2.74	6.09	6.16	6.23	6.31	6.38
L160×14	10	16	43.1	31.50	24.73	779.5	180.8	66.70	4.97	6.27	3.20	6.78	6.85	6.92	6.99	7.06
	12		43.9	37.44	29.39	916.6	208.6	78.98	4.95	6.24	3.18	6.82	6.89	6.96	7.03	7.10
	14		44.7	43.30	33.99	1048	234.4	90.95	4.92	6.20	3.16	6.86	6.93	7.00	7.07	7.14
	16		45.5	49.07	38.52	1175	258.3	102.6	4.89	6.17	3.14	6.89	6.96	7.03	7.10	7.18

续表

附表 6-6 双角钢

单角钢

角钢型号	圆角 R	重心矩 Z_0	截面积 A	质量	惯性矩 I_x	截面模量 W_x^{max}	截面模量 W_x^{min}	回转半径 i_x	回转半径 i_{x0}	回转半径 i_{y0}	i_y,当 a 为下列数值: 6mm	8mm	10mm	12mm	14mm
	mm	mm	cm²	kg/m	cm⁴	cm³	cm³	cm	cm	cm	cm				
L180×16 12	16	48.9	42.24	33.16	1321	270.0	100.8	5.59	7.05	3.58	7.63	7.70	7.77	7.84	7.91
14		49.7	48.90	38.38	1514	304.6	116.3	5.57	7.02	3.57	7.67	7.74	7.81	7.88	7.95
16		50.5	55.47	43.54	1701	336.9	131.4	5.54	6.98	3.55	7.70	7.77	7.84	7.91	7.98
18		51.3	61.95	48.63	1881	367.1	146.1	5.51	6.94	3.53	7.73	7.80	7.87	7.95	8.02
L200×18 14	18	54.6	54.64	42.89	2104	385.1	144.7	6.20	7.82	3.98	8.47	8.54	8.61	8.67	8.75
16		55.4	62.01	48.68	2366	427.0	163.7	6.18	7.79	3.96	8.50	8.57	8.64	8.71	8.78
18		56.2	69.30	54.40	2621	466.5	182.2	6.15	7.75	3.94	8.53	8.60	8.67	8.75	8.82
20		56.9	76.50	60.06	2867	503.6	200.4	6.12	7.72	3.93	8.57	8.64	8.71	8.78	8.85
24		58.4	90.66	71.17	3338	571.5	235.8	6.07	7.64	3.90	8.63	8.71	8.78	8.85	8.92

附表 6-6 不等边角钢 双角钢

单角钢

角钢型号 (B×b×t)	圆角 R	重心矩 Z_x	重心矩 Z_y	截面积 A	质量	回转半径 i_x	回转半径 i_{x0}	回转半径 i_{y0}	i_{y1},当 a 为下列数值 6mm	8mm	10mm	12mm	i_{y2},当 a 为下列数 6mm	8mm	10mm	12mm
	mm	mm	mm	cm²	kg/m	cm	cm	cm	cm				cm			
L25×16×3	3.5	4.2	8.6	1.16	0.91	0.44	0.78	0.34	0.84	0.93	1.02	1.11	1.40	1.48	1.57	1.66
4		4.6	9.0	1.50	1.18	0.43	0.77	0.34	0.87	0.96	1.05	1.14	1.42	1.51	1.60	1.68
L32×20×3		4.9	10.8	1.49	1.17	0.55	1.01	0.43	0.97	1.05	1.14	1.23	1.71	1.79	1.88	1.96
4		5.3	11.2	1.94	1.52	0.54	1.00	0.43	0.99	1.08	1.16	1.25	1.74	1.82	1.90	1.99

续表

角钢型号 ($B\times b\times t$)	圆角 R	重心矩 Z_x (mm)	重心矩 Z_y (mm)	截面积 A (cm²)	质量 (kg/m)	单角钢 回转半径 i_x (cm)	单角钢 回转半径 i_{x0} (cm)	单角钢 回转半径 i_{y0} (cm)	双角钢 i_{y1}, 当 a 为下列数 (cm) 6mm	8mm	10mm	12mm	双角钢 i_{y2}, 当 a 为下列数 (cm) 6mm	8mm	10mm	12mm
L40×25×3	4	5.9	13.2	1.89	1.48	0.70	1.28	0.64	1.13	1.21	1.30	1.38	2.07	2.14	2.23	2.31
L40×25×4	4	6.3	13.7	1.94	1.94	0.69	1.26	0.54	1.16	1.24	1.32	1.41	2.09	2.17	2.25	2.34
L45×28×3	5	6.4	14.7	2.15	1.69	0.79	1.44	0.61	1.23	1.31	1.39	1.74	2.28	2.36	2.44	2.52
L45×28×4	5	6.8	15.1	2.81	2.20	0.78	1.43	0.60	1.25	1.33	1.41	1.50	2.31	2.39	2.47	2.55
L50×32×3	5.5	7.3	16.0	2.43	1.91	0.91	1.60	0.70	1.37	1.45	1.53	1.61	2.49	2.56	2.64	2.72
L50×32×4	5.5	7.7	16.5	3.18	2.49	0.90	1.59	0.69	1.40	1.47	1.55	1.64	2.51	2.59	2.67	2.75
L56×36×3	6	8.0	17.8	2.74	2.15	1.03	1.80	0.79	1.51	1.59	1.66	1.74	2.75	2.82	2.90	2.98
L56×36×4	6	8.5	18.2	3.59	2.82	1.02	1.79	0.78	1.53	1.61	1.69	1.77	2.77	2.85	2.93	3.01
L56×36×5	6	8.8	18.7	4.42	3.47	1.01	1.77	0.78	1.56	1.63	1.71	1.79	2.80	2.88	2.96	3.04
L63×40×4	7	9.2	20.4	4.06	3.19	1.14	2.02	0.88	1.66	1.74	1.81	1.89	3.09	3.16	3.24	3.32
L63×40×5	7	9.5	20.8	4.99	3.92	1.12	2.00	0.87	1.68	1.76	1.84	1.92	3.11	3.19	3.27	3.35
L63×40×6	7	9.9	21.2	5.91	4.64	1.11	1.99	0.86	1.71	1.78	1.86	1.94	3.13	3.21	3.29	3.37
L63×40×7	7	10.3	21.6	6.80	5.34	1.10	1.97	0.86	1.73	1.81	1.89	1.97	3.16	3.24	3.32	3.40
L70×45×4	7.5	10.2	22.3	4.55	3.57	1.29	2.25	0.99	1.84	1.91	1.99	2.07	3.39	3.46	3.54	3.62
L70×45×5	7.5	10.6	22.8	5.61	4.40	1.28	2.23	0.98	1.86	1.94	2.01	2.09	3.41	3.49	3.57	3.64
L70×45×6	7.5	11.0	23.2	6.64	5.22	1.26	2.22	0.97	1.88	1.96	2.04	2.11	3.44	3.51	3.59	3.67
L70×45×7	7.5	11.3	23.6	7.66	6.01	1.25	2.20	0.97	1.90	1.98	2.06	2.14	3.46	3.54	3.61	3.69
L75×50×5	8	11.7	24.0	6.13	4.81	1.43	2.39	1.09	2.06	2.13	2.20	2.28	3.60	3.68	3.76	3.83
L75×50×6	8	12.1	24.4	7.26	5.70	1.42	2.38	1.08	2.08	2.15	2.23	2.30	3.63	3.70	3.78	3.86
L75×50×8	8	12.9	25.2	9.47	7.43	1.40	2.35	1.07	2.12	2.19	2.27	2.35	3.67	3.75	3.83	3.91
L75×50×10	8	13.6	26.0	11.6	9.10	1.38	2.33	1.06	2.16	2.24	2.31	2.40	3.71	3.79	3.87	3.95

续表

角钢型号 ($B \times b \times t$)	圆角 R	重心矩 Z_x mm	重心矩 Z_y mm	截面积 A cm²	质量 kg/m	单角钢 回转半径 cm i_x	单角钢 回转半径 cm i_{x0}	单角钢 回转半径 cm i_{y0}	双角钢 i_{y1},当a为下列数 cm 6mm	8mm	10mm	12mm	双角钢 i_{y2},当a为下列数 cm 6mm	8mm	10mm	12mm
L80×50×5	8	11.4	26.0	6.38	5.00	1.42	2.57	1.10	2.02	2.09	2.17	2.24	3.88	3.95	4.03	4.10
L80×50×6	8	11.8	26.5	7.56	5.93	1.41	2.55	1.09	2.04	2.11	2.19	2.27	3.90	3.98	4.05	4.13
L80×50×7	8	12.1	26.9	8.72	6.85	1.39	2.54	1.08	2.06	2.13	2.21	2.29	3.92	4.00	4.08	4.16
L80×50×8	8	12.5	27.3	9.87	7.75	1.38	2.52	1.07	2.08	2.15	2.23	2.31	3.94	4.02	4.10	4.18
L90×56×5	9	12.5	29.1	7.21	5.66	1.59	2.90	1.23	2.22	2.29	2.36	2.44	4.32	4.39	4.47	4.55
L90×56×6	9	12.9	29.5	8.56	6.72	1.58	2.88	1.22	2.24	2.31	2.39	2.46	4.34	4.42	4.50	4.57
L90×56×7	9	13.3	30.0	9.88	7.76	1.57	2.87	1.22	2.26	2.33	2.41	2.49	4.37	4.44	4.52	4.60
L90×56×8	9	13.6	30.4	11.2	8.78	1.56	2.85	1.21	2.28	2.35	2.43	2.51	4.39	4.47	4.54	4.62
L100×63×6	10	14.3	32.4	9.62	7.55	1.79	3.21	1.38	2.49	2.56	2.63	2.71	4.77	4.85	4.92	5.00
L100×63×7	10	14.7	32.8	11.1	8.72	1.78	3.20	1.37	2.51	2.58	2.65	2.73	4.80	4.87	4.95	5.03
L100×63×8	10	15.0	33.2	12.6	9.88	1.77	3.18	1.37	2.53	2.60	2.67	2.75	4.82	4.90	4.97	5.05
L100×63×10	10	15.8	34.0	15.5	12.1	1.75	3.15	1.35	2.57	2.64	2.72	2.79	4.86	4.94	5.02	5.10
L100×80×6	10	19.7	29.5	10.6	8.35	2.40	3.17	1.73	3.31	3.38	3.45	3.52	4.54	4.62	4.69	4.76
L100×80×7	10	20.1	30.0	12.3	9.66	2.39	3.16	1.71	3.32	3.39	3.47	3.54	4.57	4.64	4.71	4.79
L100×80×8	10	20.5	30.4	13.9	10.9	2.37	3.15	1.71	3.34	3.41	3.49	3.56	4.59	4.66	4.73	4.81
L100×80×10	10	21.3	31.2	17.2	13.5	2.35	3.12	1.69	3.38	3.38	3.53	3.60	4.63	4.70	4.78	4.85
L110×70×6	10	15.7	35.3	10.6	8.35	2.01	3.54	1.54	2.74	2.81	2.88	2.96	5.21	5.29	5.36	5.44
L110×70×7	10	16.1	35.7	12.3	9.66	2.00	3.53	1.53	2.76	2.83	2.90	2.98	5.24	5.31	5.39	5.46
L110×70×8	10	16.5	36.2	13.9	10.9	1.98	3.51	1.53	2.78	2.85	2.92	3.00	5.26	5.34	5.41	5.49
L110×70×10	10	17.2	37.0	17.2	13.5	1.96	3.48	1.51	2.82	2.89	2.96	3.04	5.30	5.38	5.46	5.53

续表

角钢型号 $(B \times b \times t)$	圆角 R	重心矩 (mm)		截面积 A (cm²)	质量 (kg/m)	单角钢			双角钢							
						回转半径 (cm)			i_{y1}, 当 a 为下列数 (cm)				i_{y2}, 当 a 为下列数 (cm)			
		Z_x	Z_y			i_x	i_{x0}	i_{y0}	6mm	8mm	10mm	12mm	6mm	8mm	10mm	12mm
L125×80× 7	11	18.0	40.1	14.1	11.1	2.30	4.02	1.76	3.13	3.18	3.25	3.33	5.90	5.97	6.04	6.12
L125×80× 8	11	18.4	40.6	16.0	12.6	2.29	4.01	1.75	3.13	3.20	3.27	3.35	5.92	5.99	6.07	6.14
L125×80× 10	11	19.2	41.4	19.7	15.5	2.26	3.98	1.74	3.17	3.24	3.31	3.39	5.96	6.04	6.11	6.19
L125×80× 12	11	20.2	42.2	23.4	18.3	2.24	3.95	1.72	3.20	3.28	3.35	3.43	6.00	6.08	6.16	6.23
L140×90× 8	12	20.4	45.0	18.0	14.2	2.59	4.50	1.98	3.49	3.56	3.63	3.70	6.58	6.65	6.73	6.80
L140×90× 10	12	21.2	45.8	22.3	17.5	2.56	4.47	1.96	3.52	3.59	3.66	3.73	6.62	6.70	6.77	6.85
L140×90× 12	12	21.9	46.6	26.4	20.7	2.54	4.44	1.95	3.56	3.63	3.70	3.77	6.66	6.74	6.81	6.89
L140×90× 14	12	22.7	47.4	30.5	23.9	2.51	4.42	1.94	3.59	3.66	3.74	3.81	6.70	6.78	6.86	6.93
L160×100× 10	13	22.8	52.4	25.3	19.9	2.85	5.14	2.19	3.84	3.91	3.98	4.05	7.55	7.63	7.70	7.78
L160×100× 12	13	33.6	53.2	30.1	23.6	2.82	5.11	2.18	3.87	3.94	4.01	4.09	7.60	7.67	7.75	7.82
L160×100× 14	13	24.3	54.0	34.7	27.2	2.80	5.08	2.16	3.91	3.98	4.05	4.12	7.64	7.71	7.79	7.86
L160×100× 16	13	25.1	54.8	39.3	30.8	2.77	5.05	2.15	3.94	4.02	4.09	4.16	7.68	7.75	7.83	7.90
L180×110× 10	14	24.4	58.9	28.4	22.3	3.13	5.81	2.42	4.16	4.23	4.30	4.36	8.49	8.56	8.63	8.71
L180×110× 12	14	25.2	59.8	33.7	26.5	3.10	5.78	2.40	4.19	4.26	4.33	4.40	8.53	8.60	8.68	8.75
L180×110× 14	14	25.9	60.6	39.0	30.6	3.08	5.75	2.39	4.23	4.30	4.37	4.44	8.57	8.64	8.72	8.79
L180×110× 16	14	26.7	61.4	44.1	34.6	3.05	5.72	2.37	4.26	4.33	4.40	4.47	8.61	8.68	8.76	8.84
L200×125× 12	14	28.3	65.4	37.9	29.8	3.57	6.44	2.75	4.75	4.82	4.88	4.95	9.39	9.47	9.54	9.62
L200×125× 14	14	29.1	66.2	43.9	34.4	3.54	6.41	2.73	4.78	4.85	4.92	4.99	9.43	9.51	9.58	9.66
L200×125× 16	14	29.9	67.0	49.7	39.0	3.52	6.38	2.71	4.81	4.88	4.95	5.02	9.47	9.55	9.62	9.70
L200×125× 18	14	30.6	67.8	55.5	43.6	3.49	6.35	2.70	4.85	4.92	4.99	5.06	9.51	9.59	9.66	9.74

注：一个角钢的惯性矩 $I_x = Ai_x^2$，$I_y = Ai_y^2$；一个角钢的截面模量 $W_x^{max} = I_x/Z_x$，$W_x^{min} = I_x/(b-Z_x)$；$W_y^{max} = I_y/Z_y$，$W_y^{min} = I_y/(B-Z_y)$。

热轧无缝钢管　　附表 6-7

I—截面惯性矩；
W—截面模量；
i—截面回转半径

尺寸(mm)		截面面积 A	每米重量	截面特性			尺寸(mm)		截面面积 A	每米重量	截面特性		
d	t			I	W	i	d	t			I	W	i
		cm²	kg/m	cm⁴	cm³	cm			cm²	kg/m	cm⁴	cm³	cm
32	2.5	2.32	1.82	2.54	1.59	1.05	60	4.5	7.85	6.16	30.41	10.14	1.97
	3.0	2.73	2.15	2.90	1.82	1.03		5.0	8.64	6.78	32.94	10.98	1.95
	3.5	3.13	2.46	3.23	2.02	1.02		5.5	9.42	7.39	35.32	11.77	1.94
	4.0	3.52	2.76	3.52	2.20	1.00		6.0	10.18	7.99	37.56	12.52	1.92
38	2.5	2.79	2.19	4.41	2.32	1.26	63.5	3.0	5.70	4.48	26.15	8.24	2.14
	3.0	3.30	2.59	5.09	2.68	1.24		3.5	6.60	5.18	29.79	9.38	2.12
	3.5	3.79	2.98	5.70	3.00	1.23		4.0	7.48	5.87	33.24	10.47	2.11
	4.0	4.27	3.35	6.26	3.29	1.21		4.5	8.34	6.55	36.50	11.50	2.09
42	2.5	3.10	2.44	6.07	2.89	1.40		5.0	9.19	7.21	39.60	12.47	2.08
	3.0	3.68	2.89	7.03	3.35	1.38		5.5	10.02	7.87	42.52	13.39	2.06
	3.5	4.23	3.32	7.91	3.77	1.37		6.0	10.84	8.51	45.28	14.26	2.04
	4.0	4.78	3.75	8.71	4.15	1.35	68	3.0	6.13	4.81	32.42	9.54	2.30
45	2.5	3.34	2.62	7.56	3.36	1.51		3.5	7.09	5.57	36.99	10.88	2.28
	3.0	3.96	3.11	8.77	3.90	1.49		4.0	8.04	6.31	41.34	12.16	2.27
	3.5	4.56	3.58	9.89	4.40	1.47		4.5	8.98	7.05	45.47	13.37	2.25
	4.0	5.15	4.04	10.93	4.86	1.46		5.0	9.90	7.77	49.41	14.53	2.23
50	2.5	3.73	2.93	10.55	4.22	1.68		5.5	10.80	8.48	53.14	15.63	2.22
	3.0	4.43	3.48	12.28	4.91	1.67		6.0	11.69	9.17	56.68	16.67	2.20
	3.5	5.11	4.01	13.90	4.56	1.65	70	3.0	6.31	4.96	35.50	10.14	2.37
	4.0	5.78	4.54	15.41	6.16	1.63		3.5	7.31	5.74	40.53	11.58	2.35
	4.5	6.43	5.05	16.81	6.72	1.62		4.0	8.29	6.51	45.33	12.95	2.34
	5.0	7.07	5.55	18.11	7.25	1.60		4.5	9.26	7.27	49.89	14.26	2.32
54	3.0	4.81	3.77	15.68	5.81	1.81		5.0	10.21	8.01	54.24	15.50	2.30
	3.5	5.55	4.36	17.79	6.59	1.79		5.5	11.14	8.75	58.38	16.68	2.29
	4.0	6.28	4.93	19.76	7.32	1.77		6.0	12.06	9.47	62.31	17.80	2.27
	4.5	7.00	5.49	21.61	8.00	1.76	73	3.0	6.60	5.18	40.48	11.09	2.48
	5.0	7.70	6.04	23.34	8.64	1.74		3.5	7.64	6.00	46.26	12.67	2.46
	5.5	8.38	6.58	24.96	9.24	1.73		4.0	8.67	6.81	51.78	14.19	2.44
	6.0	9.05	7.10	26.46	9.80	1.71		4.5	9.68	7.60	57.04	15.63	2.43
57	3.0	5.09	4.00	18.61	6.53	1.91		5.0	10.68	8.38	62.07	17.01	2.41
	3.5	5.88	4.62	21.14	7.42	1.90		5.5	11.66	9.16	66.87	18.32	2.39
	4.0	6.66	5.23	23.52	8.25	1.88		6.0	12.63	9.91	71.43	19.57	2.38
	4.5	7.42	5.83	25.76	9.04	1.86	76	3.0	6.88	5.40	45.91	12.08	2.58
	5.0	8.17	6.41	27.86	9.78	1.85		3.5	7.97	6.26	52.50	13.82	2.57
	5.5	8.90	6.99	29.84	10.47	1.83		4.0	9.05	7.10	58.81	15.48	2.55
	6.0	9.61	7.55	31.69	11.12	1.82		4.5	10.11	7.93	64.85	17.07	2.53
60	3.0	5.37	4.22	21.88	7.29	2.02		5.0	11.15	8.75	70.62	18.59	2.52
	3.5	6.21	4.88	24.88	8.29	2.00		5.5	12.18	9.56	76.14	20.04	2.50
	4.0	7.04	5.52	27.73	9.24	1.98		6.0	13.19	10.36	81.41	21.42	2.48

205

续表

I—截面惯性矩；
W—截面模量；
i—截面回转半径

尺寸(mm)		截面面积 A	每米重量	截面特性			尺寸(mm)		截面面积 A	每米重量	截面特性		
				I	W	i					I	W	i
d	t	cm²	kg/m	cm⁴	cm³	cm	d	t	cm²	kg/m	cm⁴	cm³	cm
83	3.5	8.74	6.86	69.19	16.67	2.81	114	7.5	25.09	19.70	357.58	62.73	3.77
	4.0	9.93	7.79	77.64	18.71	2.80		8.0	26.64	20.91	376.30	66.02	3.76
	4.5	11.10	8.71	85.76	20.67	2.78	121	4.0	14.70	11.54	251.87	41.63	4.14
	5.0	12.25	9.62	93.56	22.54	2.76		4.5	16.47	12.93	279.83	46.25	4.12
	5.5	13.39	10.51	101.04	24.35	2.75		5.0	18.22	14.30	307.05	50.75	4.11
	6.0	14.51	11.39	108.22	26.08	2.73		5.5	19.96	15.67	333.54	55.13	4.09
	6.5	15.62	12.26	115.10	27.74	2.71		6.0	21.68	17.02	359.32	59.39	4.07
	7.0	16.71	13.12	121.69	29.32	2.70		6.5	23.38	18.35	384.40	63.54	4.05
89	3.5	9.40	7.38	86.05	19.34	3.03		7.0	25.07	19.68	408.80	67.57	4.04
	4.0	10.68	8.38	96.68	21.73	3.01		7.5	26.74	20.99	432.51	71.49	4.02
	4.5	11.95	9.38	106.92	24.03	2.99		8.0	28.40	22.29	455.57	75.30	4.01
	5.0	13.19	10.36	116.79	26.24	2.98	127	4.0	15.46	12.13	292.61	46.08	4.35
	5.5	14.43	11.33	126.29	28.38	2.96		4.5	17.32	13.59	325.29	51.23	4.33
	6.0	15.75	12.28	135.43	30.43	2.94		5.0	19.16	15.04	357.14	56.24	4.32
	6.5	16.85	13.22	144.22	32.41	2.93		5.5	20.99	16.48	388.19	61.13	4.30
	7.0	18.03	14.16	152.67	34.31	2.91		6.0	22.81	17.90	418.44	65.90	4.28
95	3.5	10.06	7.90	105.45	22.20	3.24		6.5	24.61	19.32	447.92	70.54	4.27
	4.0	11.44	8.98	118.60	24.97	3.22		7.0	26.39	20.72	476.63	75.06	4.25
	4.5	12.79	10.04	131.31	27.64	3.20		7.5	28.16	22.10	504.58	79.46	4.23
	5.0	14.14	11.10	143.58	30.23	3.19		8.0	29.91	23.48	531.80	83.75	4.22
	5.5	15.46	12.14	155.43	32.72	3.17	133	4.0	16.21	12.73	337.53	50.76	4.56
	6.0	16.78	13.17	166.86	35.13	3.15		4.5	18.17	14.26	375.42	56.45	4.55
	6.5	18.07	14.19	177.89	37.45	3.14		5.0	20.11	15.78	412.40	62.02	4.53
	7.0	19.35	15.19	188.51	39.69	3.12		5.5	22.03	17.29	448.50	67.44	4.51
102	3.5	10.83	8.50	131.52	25.79	3.48		6.0	23.94	18.79	483.72	72.74	4.50
	4.0	12.32	9.67	148.09	29.04	3.47		6.5	25.83	20.28	518.07	77.91	4.48
	4.5	13.78	10.82	164.14	32.18	3.45		7.0	27.71	21.75	551.58	82.94	4.46
	5.0	15.24	11.96	179.68	35.23	3.43		7.5	29.57	23.21	584.25	87.86	4.45
	5.5	16.67	13.09	194.72	38.18	3.42		8.0	31.42	24.66	616.11	92.65	4.43
	6.0	18.10	14.21	209.28	41.03	3.40	140	4.5	19.16	15.04	440.12	62.87	4.79
	6.5	19.50	15.31	223.35	43.79	3.38		5.0	21.21	16.65	483.76	69.11	4.78
	7.0	20.89	16.40	236.96	46.46	3.37		5.5	23.24	18.24	526.40	75.20	4.76
114	4.0	13.82	10.85	209.35	36.73	3.89		6.0	25.26	19.83	568.06	81.15	4.74
	4.5	15.48	12.15	232.41	40.77	3.87		6.5	27.26	21.40	608.76	86.97	4.73
	5.0	17.12	13.44	254.81	44.70	3.86		7.0	29.25	22.96	648.51	92.64	4.71
	5.5	18.75	14.72	276.58	48.52	3.84		7.5	31.22	24.51	687.32	98.19	4.69
	6.0	20.36	15.98	297.73	52.23	3.82		8.0	33.18	26.04	725.21	103.60	4.68
	6.5	21.95	17.23	318.26	55.84	3.81		9.0	37.04	29.08	798.29	114.04	4.64
	7.0	23.53	18.47	338.19	59.33	3.79		10	40.84	32.06	867.86	123.98	4.61

续表

I—截面惯性矩；
W—截面模量；
i—截面回转半径

尺寸(mm)		截面面积A	每米重量	截面特性			尺寸(mm)		截面面积A	每米重量	截面特性		
				I	W	i					I	W	i
d	t	cm²	kg/m	cm⁴	cm³	cm	d	t	cm²	kg/m	cm⁴	cm³	cm
146	4.5	20.00	15.70	501.16	68.65	5.01	180	5.0	27.49	21.58	1053.17	117.02	6.19
	5.0	22.15	17.39	551.10	75.49	4.99		5.5	30.15	23.67	1148.79	127.64	6.17
	5.5	24.28	19.06	599.95	82.19	4.97		6.0	32.80	25.75	1242.72	138.08	6.16
	6.0	26.39	20.72	647.73	88.73	4.95		6.5	35.43	27.81	1335.00	148.33	6.14
	6.5	28.49	22.36	694.44	95.13	4.94		7.0	38.04	29.87	1425.63	158.40	6.12
	7.0	30.57	24.00	740.12	101.39	4.92		7.5	40.64	31.91	1514.64	168.29	6.10
	7.5	32.63	25.62	784.77	107.50	4.90		8.0	43.23	33.93	1602.04	178.00	6.09
	8.0	34.68	27.23	828.41	113.48	4.89		9.0	48.35	37.95	1772.12	196.90	6.05
	9.0	38.74	30.41	912.71	125.03	4.85		10	53.41	41.92	1936.01	215.11	6.02
	10	42.73	33.54	993.16	136.05	4.82		12	63.33	49.72	2245.84	249.54	5.95
152	4.5	20.85	16.37	567.61	74.69	5.22	194	5.0	29.69	23.31	1326.54	136.76	6.68
	5.0	23.09	18.13	624.43	82.16	5.20		5.5	32.57	25.57	1447.86	149.26	6.67
	5.5	25.31	19.87	680.06	89.48	5.18		6.0	35.44	27.82	1567.21	161.57	6.65
	6.0	27.52	21.60	734.52	96.65	5.17		6.5	38.29	30.06	1684.61	173.67	6.63
	6.5	29.71	23.32	787.82	103.66	5.15		7.0	41.12	32.28	1800.08	185.57	6.62
	7.0	31.89	25.03	839.99	110.52	5.13		7.5	43.94	34.50	1913.64	197.28	6.60
	7.5	34.05	26.73	891.03	117.24	5.12		8.0	46.75	36.70	2025.31	208.79	6.58
	8.0	36.19	28.41	940.97	123.81	5.10		9.0	52.31	41.06	2243.08	231.25	6.55
	9.0	40.43	31.74	1037.59	136.53	5.07		10	57.81	45.38	2453.55	252.94	6.51
	10	44.61	35.02	1129.99	148.68	5.03		12	68.51	53.86	2853.25	294.15	6.45
159	4.5	21.84	17.15	652.27	82.05	5.46	203	6.0	37.13	29.15	1803.07	177.64	6.97
	5.0	24.19	18.99	717.88	90.30	5.45		6.5	40.13	31.50	1938.81	191.02	6.95
	5.5	26.52	20.82	782.18	98.39	5.43		7.0	43.10	33.84	2072.43	204.18	6.93
	6.0	28.84	22.64	845.19	106.31	5.41		7.5	46.06	36.16	2203.94	217.14	6.92
	6.5	31.14	24.45	906.92	114.08	5.40		8.0	49.01	38.47	2333.37	229.89	6.90
	7.0	33.43	26.24	967.41	121.69	5.38		9.0	54.85	43.06	2586.08	254.79	6.87
	7.5	35.70	28.02	1026.65	129.14	5.36		10	60.63	47.60	2830.72	278.89	6.83
	8.0	37.95	29.79	1084.67	136.44	5.35		12	72.01	56.52	3296.49	324.78	6.77
	9.0	42.41	33.29	1197.12	150.58	5.31		14	83.13	65.25	3732.07	367.69	6.70
	10	46.81	36.75	1304.88	164.14	5.28		16	94.00	73.79	4138.78	407.76	6.64
168	4.5	23.11	18.14	772.96	92.02	5.78	219	6.0	40.15	31.52	2278.74	208.10	7.53
	5.0	25.60	20.10	851.14	101.33	5.77		6.5	43.39	34.06	2451.64	223.89	7.52
	5.5	28.08	22.04	927.85	110.46	5.75		7.0	46.62	36.60	2622.04	239.46	7.50
	6.0	30.54	23.97	1003.12	119.42	5.73		7.5	49.83	39.12	2789.96	254.79	7.48
	6.5	32.98	25.89	1076.95	128.21	5.71		8.0	53.03	41.63	2955.43	269.90	7.47
	7.0	35.41	27.79	1149.36	136.83	5.70		9.0	59.38	46.61	3279.12	299.46	7.43
	7.5	37.82	29.69	1220.38	145.28	5.68		10	65.66	51.54	3593.29	328.15	7.40
	8.0	40.21	31.57	1290.01	153.57	5.66		12	78.04	61.26	4193.81	383.00	7.33
	9.0	44.96	35.29	1425.22	169.67	5.63		14	90.16	70.78	4758.50	434.57	7.26
	10	49.64	38.97	1555.13	185.13	5.60		16	102.04	80.10	5288.81	483.00	7.20

续表

I—截面惯性矩；
W—截面模量；
i—截面回转半径

尺寸(mm)		截面面积 A	每米重量	截面特性			尺寸(mm)		截面面积 A	每米重量	截面特性		
d	*t*			*I*	*W*	*i*	*d*	*t*			*I*	*W*	*i*
		cm²	kg/m	cm⁴	cm³	cm			cm²	kg/m	cm⁴	cm³	cm
245	6.5	48.70	38.23	3465.46	282.89	8.44	299	7.5	68.68	53.92	7300.02	488.30	10.31
	7.0	52.34	41.08	3709.06	302.78	8.42		8.0	73.14	57.41	7747.42	518.22	10.29
	7.5	55.96	43.93	3949.52	322.41	8.40		9.0	82.00	64.37	8628.09	577.13	10.26
	8.0	59.56	46.76	4186.87	341.79	8.38		10	90.79	71.27	9490.15	634.79	10.22
	9.0	66.73	52.38	4652.32	379.78	8.35		12	108.20	84.93	11159.52	746.46	10.16
	10	73.83	57.95	5105.63	416.79	8.32		14	125.35	98.40	12757.61	853.35	10.09
	12	87.84	68.95	5976.67	487.89	8.25		16	142.25	111.67	14286.48	955.62	10.02
	14	101.60	79.76	6801.68	555.24	8.18	325	7.5	74.81	58.73	9431.80	580.42	11.23
	16	115.11	90.36	7582.30	618.96	8.12		8.0	79.67	62.54	10013.92	616.24	11.21
273	6.5	54.42	42.72	4834.18	354.15	9.42		9.0	89.35	70.14	11161.33	686.85	11.18
	7.0	58.50	45.92	5177.30	379.29	9.41		10	98.96	77.68	12286.52	756.09	11.14
	7.5	62.56	49.11	5516.47	404.14	9.39		12	118.00	92.63	14471.45	890.55	11.07
	8.0	66.60	52.28	5851.71	428.70	9.37		14	136.78	107.38	16570.98	1019.75	11.01
	9.0	74.64	58.60	6510.56	476.96	9.34		16	155.32	121.93	18587.38	1143.84	10.94
	10	82.62	64.86	7154.09	524.11	9.31	351	8.0	86.21	67.67	12684.36	722.76	12.13
	12	98.39	77.24	8396.14	615.10	9.24		9.0	96.70	75.91	14147.55	806.13	12.10
	14	113.91	89.42	9579.75	701.81	9.17		10	107.13	84.10	15584.62	888.01	12.06
	16	129.18	101.41	10706.79	784.38	9.10		12	127.80	100.32	18381.63	1047.39	11.99
								14	148.22	116.35	21077.86	1201.02	11.93
								16	168.39	132.19	23675.75	1349.05	11.86

电 焊 钢 管　　　　　　　　　　　　　　　　　　　　　　　　　附表 6-8

I—截面惯性矩；
W—截面模量；
i—截面回转半径

尺寸(mm)		截面面积 A	每米重量	截面特性			尺寸(mm)		截面面积 A	每米重量	截面特性		
d	*t*	(cm²)	(kg/m)	*I* (cm⁴)	*W* (cm³)	*i* (cm)	*d*	*t*	(cm²)	(kg/m)	*I* (cm⁴)	*W* (cm³)	*i* (cm)
32	2.0	1.88	1.48	2.13	1.33	1.06	51	2.0	3.08	2.42	9.26	3.63	1.73
	2.5	2.32	1.82	2.54	1.59	1.05		2.5	3.81	2.99	11.23	4.40	1.72
38	2.0	2.26	1.78	3.68	1.93	1.27		3.0	4.52	3.55	13.08	5.13	1.70
	2.5	2.79	2.19	4.41	2.32	1.26		3.5	5.22	4.10	14.81	5.81	1.68
40	2.0	2.39	1.87	4.32	2.16	1.35	53	2.0	3.20	2.52	10.43	3.94	1.80
	2.5	2.95	2.31	5.20	2.60	1.33		2.5	3.97	3.11	12.67	4.78	1.79
42	2.0	2.51	1.97	5.04	2.40	1.42		3.0	4.71	3.70	14.78	5.58	1.77
	2.5	3.10	2.44	6.07	2.89	1.40		3.5	5.44	4.27	16.75	6.32	1.75
45	2.0	2.70	2.12	6.26	2.78	1.52	57	2.0	3.46	2.71	13.08	4.59	1.95
	2.5	3.34	2.62	7.56	3.36	1.51		2.5	4.28	3.36	15.93	5.59	1.93
	3.0	3.96	3.11	8.77	3.90	1.49		3.0	5.09	4.00	18.61	6.53	1.91
								3.5	5.88	4.62	21.14	7.42	1.90

续表

I—截面惯性矩；
W—截面模量；
i—截面回转半径

尺寸(mm)		截面面积 A (cm^2)	每米重量 (kg/m)	截面特性			尺寸(mm)		截面面积 A (cm^2)	每米重量 (kg/m)	截面特性		
d	t			I (cm^4)	W (cm^3)	i (cm)	d	t			I (cm^4)	W (cm^3)	i (cm)
60	2.0	3.64	2.86	15.34	5.11	2.05	102	2.0	6.28	4.93	78.57	15.41	3.54
	2.5	4.52	3.55	18.70	6.23	2.03		2.5	7.81	6.13	96.77	18.97	3.52
	3.0	5.37	4.22	21.88	7.29	2.02		3.0	9.33	7.32	114.42	22.43	3.50
	3.5	6.21	4.88	24.88	8.29	2.00		3.5	10.83	8.50	131.52	25.79	3.48
63.5	2.0	3.86	3.03	18.29	5.76	2.18		4.0	12.32	9.67	148.09	29.04	3.47
	2.5	4.79	3.76	22.32	7.03	2.16		4.5	13.78	10.82	164.14	32.18	3.45
	3.0	5.70	4.48	26.15	8.24	2.14		5.0	15.24	11.96	179.68	35.23	3.43
	3.5	6.60	5.18	29.79	9.38	2.12	108	3.0	9.90	7.77	136.49	25.28	3.71
70	2.0	4.27	3.35	24.72	7.06	2.41		3.5	11.49	9.02	157.02	29.08	3.70
	2.5	5.30	4.16	30.23	8.64	2.39		4.0	13.07	10.26	176.95	32.77	3.68
	3.0	6.31	4.96	35.50	10.14	2.37	114	3.0	10.46	8.21	161.24	28.29	3.93
	3.5	7.31	5.74	40.53	11.58	2.35		3.5	12.15	9.54	185.63	32.57	3.91
	4.5	9.26	7.27	49.89	14.26	2.32		4.0	13.82	10.85	209.35	36.73	3.89
76	2.0	4.65	3.65	31.85	8.38	2.62		4.5	15.48	12.15	232.41	40.77	3.87
	2.5	5.77	4.53	39.03	10.27	2.60		5.0	17.12	13.44	254.81	44.70	3.86
	3.0	6.88	5.40	45.91	12.08	2.58	121	3.0	11.12	8.73	193.69	32.01	4.17
	3.5	7.97	6.26	52.50	13.82	2.57		3.5	12.92	10.14	223.17	36.89	4.16
	4.0	9.05	7.10	58.81	15.48	2.55		4.0	14.70	11.54	251.87	41.63	4.14
	4.5	10.11	7.93	64.85	17.07	2.53	127	3.0	11.69	9.17	224.75	35.39	4.39
83	2.0	5.09	4.00	41.76	10.06	2.86		3.5	13.58	10.66	259.11	40.80	4.37
	2.5	6.32	4.96	51.26	12.35	2.85		4.0	15.46	12.13	292.61	46.08	4.35
	3.0	7.54	5.92	60.40	14.56	2.83		4.5	17.32	13.59	325.29	51.23	4.33
	3.5	8.74	6.86	69.19	16.67	2.81		5.0	19.16	15.04	357.14	56.24	4.32
	4.0	9.93	7.79	77.64	18.71	2.80	133	3.5	14.24	11.18	298.71	44.92	4.58
	4.5	11.10	8.71	85.76	20.67	2.78		4.0	16.21	12.73	337.53	50.76	4.56
89	2.0	5.47	4.29	51.75	11.63	3.08		4.5	18.17	14.26	375.42	56.45	4.55
	2.5	6.79	5.33	63.59	14.29	3.06		5.0	20.11	15.78	412.42	62.02	4.53
	3.0	8.11	6.36	75.02	16.86	3.04	140	3.5	15.01	11.78	349.79	49.97	4.83
	3.5	9.40	7.38	86.05	19.34	3.03		4.0	17.09	13.42	395.47	56.50	4.81
	4.0	10.68	8.38	96.68	21.73	3.01		4.5	19.16	15.04	440.12	62.87	4.79
	4.5	11.95	9.38	106.92	24.03	2.99		5.0	21.21	16.65	483.76	69.11	4.78
95	2.0	5.84	4.59	63.20	13.31	3.29		5.5	23.24	18.24	526.40	75.20	4.76
	2.5	7.26	5.70	77.76	16.37	3.27	152	3.5	16.33	12.82	450.35	59.26	5.25
	3.0	8.67	6.81	91.83	19.33	3.25		4.0	18.60	14.60	509.59	67.05	5.23
	3.5	10.06	7.90	105.45	22.20	3.24		4.5	20.85	16.37	567.61	74.69	5.22
								5.0	23.09	18.13	624.43	82.16	5.20
								5.5	25.31	19.87	680.06	89.48	5.18

附录7 螺 栓 规 格

螺栓螺纹处的有效截面面积

附表7

公称直径	12	14	16	18	20	22	24	27	30
螺栓有效截面积 A_e (cm^2)	0.84	1.15	1.57	1.92	2.45	3.03	3.53	4.59	5.61
公称直径	33	36	39	42	45	48	52	56	60
螺栓有效截面积 A_e (cm^2)	6.94	8.17	9.76	11.2	13.1	14.7	17.6	20.3	23.6
公称直径	64	68	72	76	80	85	90	95	100
螺栓有效截面积 A_e (cm^2)	26.8	30.6	34.6	38.9	43.4	49.5	55.9	62.7	70.0

参 考 文 献

[1] 中华人民共和国国家标准．钢结构设计规范 GB 50017—2003．北京：中国计划出版社，2003．
[2] 中华人民共和国国家标准．建筑结构可靠度设计统一标准 GB 50068—2001．北京：中国建筑工业出版社，2001．
[3] 中华人民共和国国家标准．建筑结构荷载规范 GB 50009—2001．北京：中国建筑工业出版社，2001．
[4] 中华人民共和国国家标准．钢结构工程施工质量验收规范 GB 50205—2001．北京：中国计划出版社，2001．
[5] 中华人民共和国国家标准．冷弯薄壁型钢结构结构技术规范 GB 50018—2002．北京：中国计划出版社，2002．
[6] 中华人民共和国行业标准．建筑钢结构焊接技术规程 JGJ 81—2002．北京：中国建筑工业出版社，2002．
[7] 中华人民共和国国家标准．建筑结构制图标准 GB/T 50105—2001．北京：中国计划出版社，2001．
[8] 崔佳，魏明钟，赵熙元，但泽义著．钢结构设计规范理解与应用．北京：中国建筑工业出版社，2004．
[9] 陈绍蕃著．钢结构设计原理(第二版)．北京：科学出版社，1998．
[10] 赵熙元等．建筑钢结构设计手册．北京：冶金工业出版社，1995．
[11] 卢铁鹰等．钢结构．重庆：西南师范大学出版社，1993．
[12] 李开禧，肖允徽．逆算单元长度法计算单轴失稳时钢压杆的临界力．重庆：重庆建筑工程学院学报，1982(4)．
[13] 王国周，翟履谦等．钢结构原理与设计．北京：清华大学出版社，1993．
[14] 夏志斌，姚谏．钢结构．杭州：浙江大学出版社，1998．
[15] 欧阳可庆主编．钢结构．北京：中国建筑工业出版社，1991．
[16] 沈祖炎，陈杨骥，陈以一．钢结构基本原理(第二版)．北京：中国建筑工业出版社，2005．
[17] 《钢结构设计规范》编制组．《钢结构设计规范》专题指南．北京：中国计划出版社，2003．
[18] 陈骥．钢结构稳定理论与设计．北京：科学出版社，2001．